3ds Max 9.0
——室内设计

职 业 教 育 教 学 用 书

主 编 苏 兵

副主编 乐一顺 刘洪宇

张丽华 孙 蓓

华东师范大学出版社

·上海·

图书在版编目（CIP）数据

3ds Max 9.0 室内设计/苏兵主编. —上海：华东师范大
学出版社，2010.11
中等职业学校教学用书
ISBN 978 - 7 - 5617 - 8225 - 5

Ⅰ.①3… Ⅱ.①苏… Ⅲ.①室内设计：计算机辅助
设计—图形软件，3DS MAX 9.0—专业学校—教材
Ⅳ.①TU238 - 39

中国版本图书馆 CIP 数据核字（2010）第 216701 号

3ds Max 9.0
——室内设计

职业教育教学用书

主　　编　苏　兵
责任编辑　李　琴
审读编辑　沈吟吟
装帧设计　冯　笑

出版发行　华东师范大学出版社
社　　址　上海市中山北路 3663 号　邮编 200062
网　　址　www.ecnupress.com.cn
电　　话　021 - 60821666　行政传真 021 - 62572105
客服电话　021 - 62865537　门市(邮购)电话 021 - 62869887
地　　址　上海市中山北路 3663 号华东师范大学校内先锋路口
网　　店　http://hdsdcbs.tmall.com

印 刷 者　广东虎彩云印刷有限公司
开　　本　787×1092　16 开
印　　张　14
字　　数　290 千字
版　　次　2012 年 1 月第 1 版
印　　次　2021 年 2 月第 5 次
书　　号　ISBN 978 - 7 - 5617 - 8225 - 5/G·4815
定　　价　37.80 元

出 版 人　王　焰

CHUBANSHUOMING
出版说明

本书是职业学校教学用书。

本书在编写上突破了传统 3ds Max 教材的编写模式,以岗位职业能力分析和职业技能考核为指导,以项目教学和任务驱动为总原则,力求理论和实践的结合。本书在内容的安排上遵循中职学生的认知规律,采用简明易懂的文字叙述、细致详尽的操作示例,帮助学生能更快、更充分地掌握 3ds Max 9.0 的相关操作技能。具体栏目设计如下:

任务描述 通过对任务的描述,引出各任务的主要内容。

任务分析 分析任务中会涉及到的必要操作步骤和重要知识点。

方法与步骤 通过详细的步骤操作叙述,全面培养学生 3ds Max 9.0 软件的操作能力。

拓展训练 作为针对相关任务巩固学习的练习题,供学生复习、操练。

为方便教师授课,本书配套有素材和视频教程(原光盘内容)、课时安排建议表和拓展训练的参考答案,请至 have.ecnupress.com.cn 搜索关键字 "3ds"下载。

华东师范大学出版社
2010 年 12 月

3D Studio Max,简称为 3ds Max 或 MAX,是 Autodesk 公司开发的基于 PC 系统的三维动画渲染和制作软件。本书以 3ds Max 9.0 为编写对象,该版本在造型、材质、渲染功能以及灯光设置等方面都较以往版本有了很大改进,尤其是显示速度得到了提升,降低了软件对于计算机配置的限制和依赖。3ds Max 9.0 软件已被广泛应用于建筑图效果设计、三维动画设计等领域。另外,本书还采用 V-Ray 1.5RC3 软件作为建模 3ds Max 9.0 软件的效果渲染器,力求提供高质量的图片和动画渲染。

本书在编写上突破了传统 3ds Max 教材的编写模式,以岗位职业能力分析和职业技能考核为指导,确立以项目式教学和任务驱动为总原则,力求理论和实践相结合。本书在内容安排上遵循中等职业学校学生的认知规律,采用简明易懂的文字叙述、详尽细致的操作解析,使学生能更快、更充分地掌握 3ds Max 9.0 软件的相关操作技能。

本书具有以下特点:

1 采用 3ds Max 9.0 英文版软件,在操作过程中出现的每一个英文命令,均附加了中文注解,帮助学生更快、更好地掌握该软件的操作。

2 在灯光、材质等内容上加大了力度,使学生在学会基本建模的同时,能掌握较高难度的灯光及材质的初步设置操作。

3 全书各个项目以极具现代都市装修设计风格的客厅、卧室及厨房等为编写内容,使学生在掌握 3ds Max 9.0 软件基本操作的同时,对建筑装饰设计风格也具备一定的审美和鉴赏能力。

本书适用于职业学校建筑装饰等专业教学,也可作为 3ds Max 9.0 的自学用书。

本书由苏兵担任主编,乐一顺、刘洪宇、张丽华和孙蓓担任副主编。 项目一和项目六由苏兵负责编写,项目二由乐一顺负责编写,项目三由刘洪宇负责编写,项目四由张丽华负责编写,项目五由孙蓓负责编写。 全书由苏兵负责统稿。

由于 3ds Max 相关技术的更新频繁,有关知识、操作方法也会不断增加或改善,本书无法一一穷尽,如有不足、不当之处,恳请专家和读者指正。

编　者
2010 年 12 月

目 录 Contents

3ds Max 9.0——室内设计

目 录 Contents

项目一

3ds Max 9.0 概述

　　3ds Max 9.0 是 Autodesk 公司 3D Studio(简称 3DS)系列三维动画软件的较新版本,该版本在建模、材质、渲染功能和灯光设置等方面都有很大改进,最值得一提的是显示速度有了较大的提升,同时降低了 3ds Max 9.0 软件对计算机配置的限制和依赖。作为应用极其广泛的三维建模渲染软件,3ds Max 9.0 完全能够满足制作高质量动画、最新游戏、设计效果等各领域的需要,并被广泛地运用于建筑图效果设计、三维动画设计、机构仿真模拟、广告设计、工业造型、游戏电影制作等各种行业中。

一、三维建模

　　三维建模是 3ds Max 软件中最基础也是最关键的部分。下面介绍几种 3ds Max 自带的基本创建命令:

　　◆ Standard Primitives(标准几何体):指最基本的几何体,形体比较简单,如:长方体、球体等,如图 1-0-1 所示。

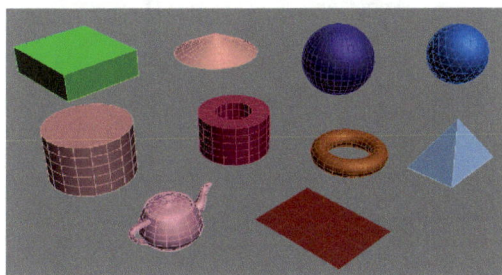

图 1-0-1　标准几何体	图 1-0-2　扩展几何体

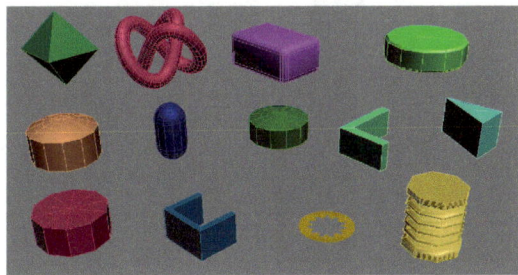

　　◆ Extended Primitives(扩展几何体):指相对复杂的几何体,如:倒角长方体、胶囊形状等,如图 1-0-2 所示。

　　◆ Compound Objects(复合物体):指可以将两个基本的几何体或二维物体,通过特殊的方式结合而生成的物体。

　　◆ Editable Polygon(多边形建模):将几何体转换为多边形后进行编辑。

　　◆ NURBS 建模:通过创建一条或多条 NURBS 曲线,然后将其连接起来而形成的面。

　　◆ 细分建模:对基本的几何体进行细分处理,添加一定量的细节。

二、创建二维图形

　　3ds Max 9.0 是一款三维软件,但在建模时,由于物体的错综复杂,有时还需要利用二维图形进行创建,之后再将其转换成三维图形。

二维图形的创建是由节点和线段组成的,通过编辑节点和线段可以实现自己想要的图形。

(1)先使用"Line"(线)命令来创建如图 1-0-3 所示图形,再通过"Lathe"(车削)修改器使该二维物体转换成三维物体,效果如图 1-0-4 所示。

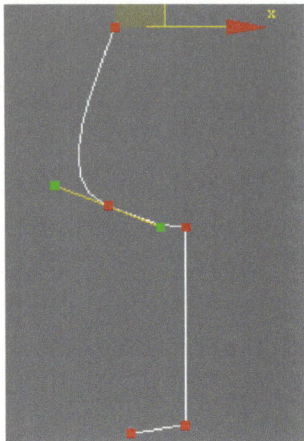

图 1-0-3 创建二维图形

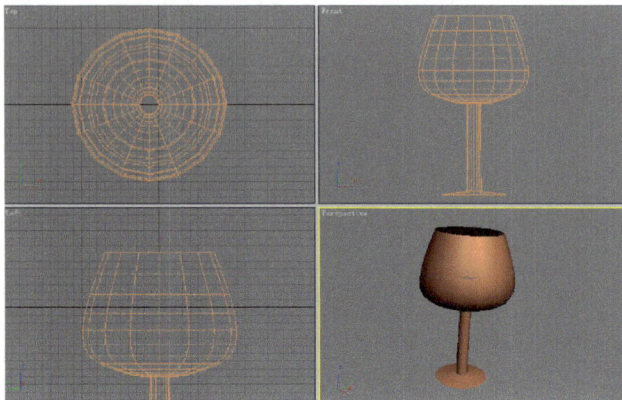

图 1-0-4 "Lathe"(车削)命令后

(2)先单击"Text"(文本)按钮创建如图 1-0-5 所示二维图形,再通过"Extrude"(挤出)修改器创建如图 1-0-6 所示效果。

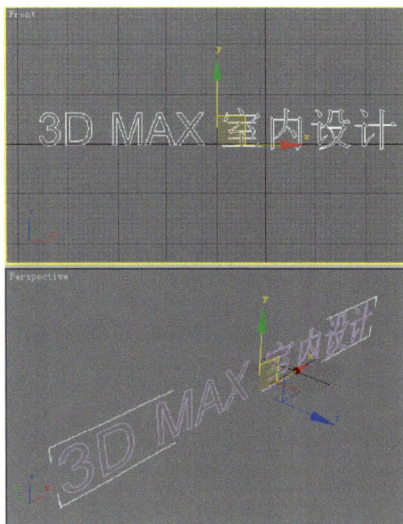

图 1-0-5 创建二维图形

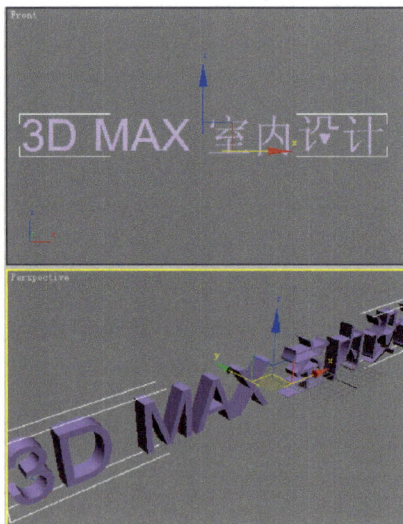

图 1-0-6 "Extrude"(挤出)命令后

三、二维图形转换为三维模型相关命令

学会创建二维图形后,接下来介绍几种常用的二维图形转换为三维图形的修改器。

1."Lathe"(车削)修改器

"Lathe"(车削)是通过旋转中心轴创建三维对象的修改器,我们可以在选中二维图形后,进入"Modify"（修改）面板，在"Modifier List"（修改器列表）的下拉列表中选择"Lahte"（车削）修改器（对象必须是二维图形）即可完成操作。图 1-0-7 所示即为"Modify"（修改）面板中的"Parameters"（参数）参展栏，其中：

（1）"Degrees"（度数）：设置旋转角度，默认值为"360.0"，即一圈。

◆ "Flip Normals"（翻转法线）：较为重要的选项，直接影响显示效果，可以修改法线方向。

（2）"Segments"（分段数）：控制生成的三维物体在旋转方向上的分段数量，该数值越大，则外表面越光滑，但相应的渲染时间会越长。

（3）"Direction"（方向）：设定旋转轴，根据实际需求沿 x 轴、y 轴或 z 轴中的一个方向进行旋转。

参数

度数

分段数

翻转法线

方向

对齐

图 1-0-7　车削修改器参数

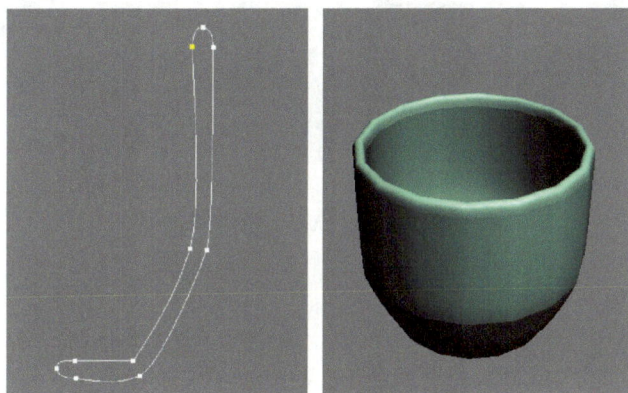

（4）"Align"（对齐）：设定旋转轴与二维图形的对齐方式。如果单击"Min"（最小）按钮，旋转轴将和当前视图 x 轴方向上的最小位置对齐。

使用"Lathe"（车削）修改器制作模型的基本思路分别如图 1-0-8、图 1-0-9 所示。

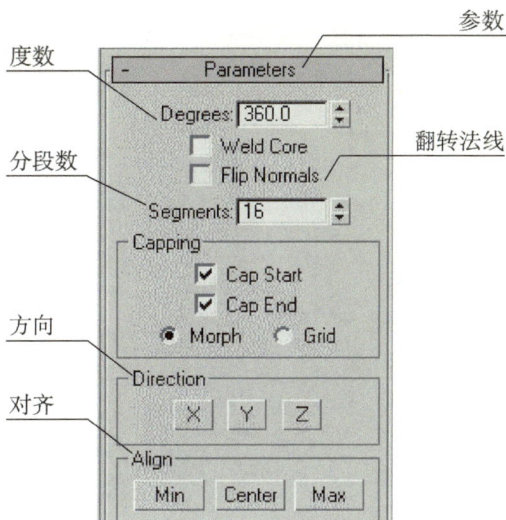

(a) "Line"(画线)命令画线　　　　　(b) "Lathe"(车削)后

图 1-0-8　"Lathe"（车削）修改器制作模型 1

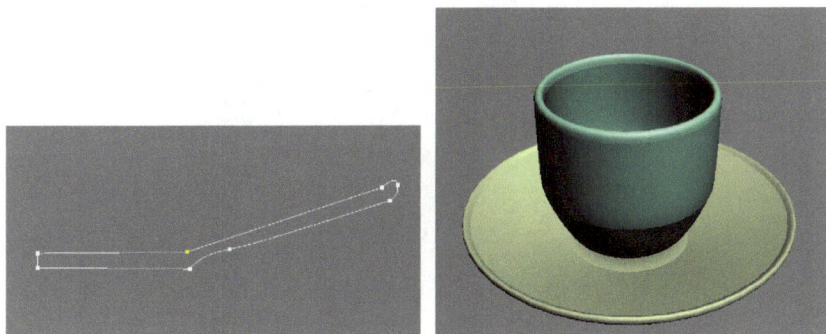

(a) "Line"(画线)命令画线　　　　　(b) "Lathe"(车削)后

图 1-0-9　"Lathe"（车削）修改器制作模型 2

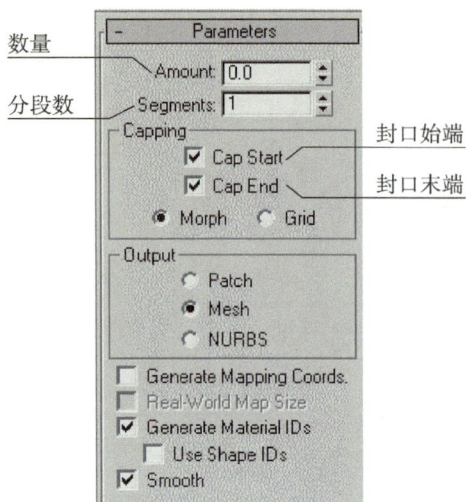

数量 —— Amount: 0.0

分段数 —— Segments: 1

封口始端 —— Cap Start

封口末端 —— Cap End

图 1-0-10　挤出修改器参数

2. "Extrude"（挤出）修改器

"Extrude"（挤出）是常用的将二维图形转换为三维物体的修改器，其"Parameters"（参数）卷展栏如图 1-0-10 所示，其中：

（1）"Amount"（数量）：设置挤出的数值，即设置图形转换后的厚度。

（2）"Segments"（分段数）：设置在挤出方向上的分段数。在做弯曲操作时效果比较明显，数值越大越平滑。

（3）"Cap Start"、"Cap End"（封口始端、封口末端）：控制始端和末端是否封闭。

使用"Extrude"（挤出）修改器制作模型的基本思路如图 1-0-11 所示。

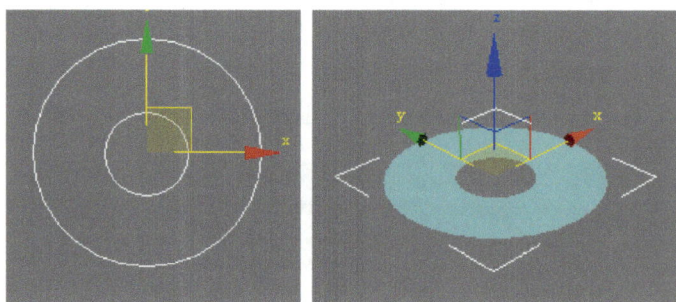

(a) "Circle"(圆)命令画圆　　　　(b) "Extrude"(挤出)后

图 1-0-11　"Extrude"（挤出）修改器

3. "Bevel"（倒角）修改器

"Bevel"（倒角）是可以将二维图形挤出成三维物体的修改器，挤出后的对象在边缘可以生成平或圆的倒角。其"Parameters"（参数）卷展栏如图 1-0-12 所示，其中：

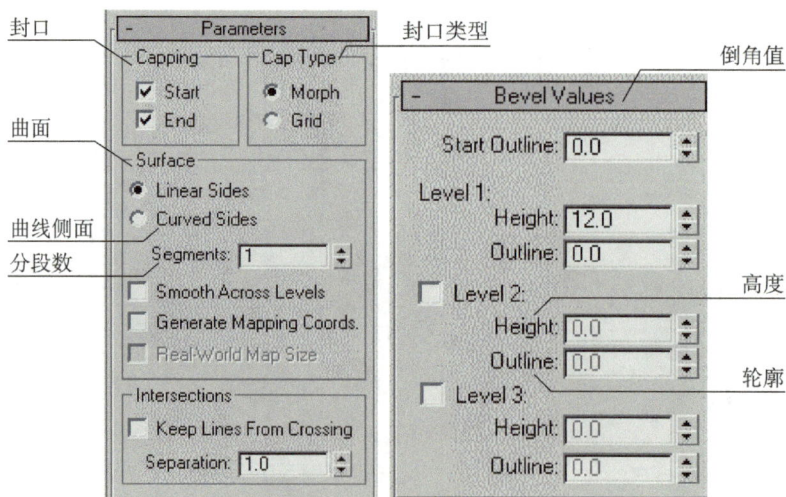

封口 —— Capping　　封口类型 —— Cap Type

曲面 —— Surface

曲线侧面 —— Curved Sides

分段数 —— Segments

倒角值 —— Bevel Values

高度 —— Height

轮廓 —— Outline

图 1-0-12　倒角修改器参数

（1）"Capping"（封口）：控制生成模型始端和末端是否封闭。

（2）"Cap Type"（封口类型）：控制始端和末端的面的类型。使用默认的"Morph"（变形）会更节省面数。

（3）"Surface"（曲面）：控制倒角的类型。如果选择"Curved Sides"（曲线侧面），则"Segments"（分段数）数值越大曲面越光滑。

（4）"Bevel Values"（倒角值）：这里可以设置 3 个倒角参数。"Height"（高度）参数用于控制挤出的距离，"Outline"（轮廓）参数用于控制倒角的倾斜度。

使用"Bevel"（倒角）修改器制作模型的基本思路如图 1-0-13 所示。

(a) "Line"（线）和"Circle"（圆）命令画图   (b) "Bevel"（倒角）后

图 1-0-13 "Bevel"（倒角）修改器

四、常用的三维模型修改器

在 3ds Max 9.0 软件中，提供了许多三维模型的修改器，下面介绍几种常用的修改器。

1. "Bend"（弯曲）修改器

"Bend"（弯曲）修改器允许将当前选中的对象围绕轴进行 360°弯曲，它可以在任意三个轴上控制弯曲的角度和方向，也可以对某一段限制弯曲。其"Parameters"（参数）卷展栏如图 1-0-14 所示，其中：

（1）"Bend"（弯曲）如下：

◆ "Angle"（角度）：设置弯曲角度。

◆ "Direction"（方向）：设置弯曲的水平方向。

（2）"Bend Axis"（弯曲轴）：指定弯曲的轴向，有 x 轴、y 轴、z 轴三个轴向。

（3）"Limits"（限制）如下：

◆ "Limit Effect"（弯曲效果）：限制弯曲的段距。

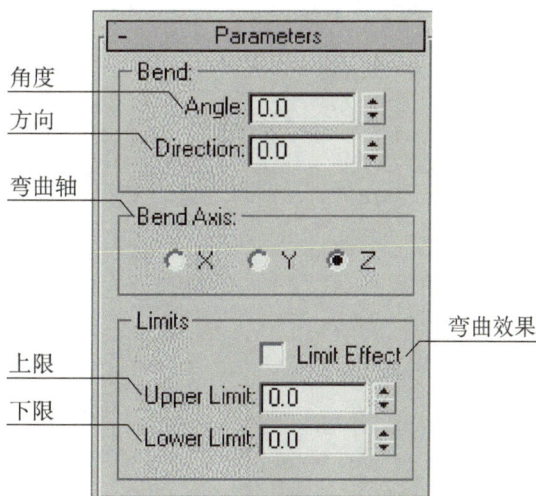

图 1-0-14 弯曲修改器参数

◆ "Upper Limit"（上限）：设置弯曲的上边界，超出此边界后弯曲操作不再影响几何体。
◆ "Lower Limit"（下限）：设置弯曲的下边界，超出此边界后弯曲操作不再影响几何体。
使用"Bend"（弯曲）修改器制作模型的基本思路如图 1-0-15 所示。

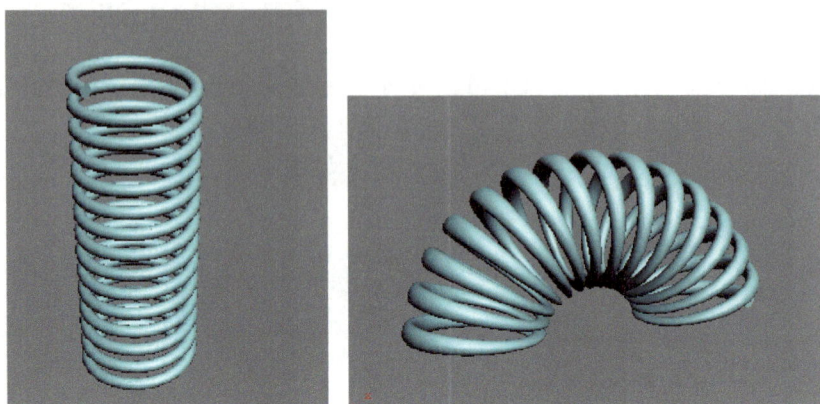

(a) "Bend"(弯曲)命令前　　　　　　(b) "Bend"(弯曲)后

图 1-0-15　"Bend"(弯曲)修改器

2. "FFD"（自由变形工具）修改器

3ds Max 9.0 提供了 5 种自由变形工具修改器，即："FFD 2×2×2"、"FFD 3×3×3"、"FFD 4×4×4"、"FFD(box)"和"FFD(cly)"，前三种是设置好点数的长方体自由变形工具修改器，后两种是可以根据设置的点数创建长方体形状与圆柱体形状的自由变形工具修改器。

"FFD"（自由变形）的"Parameters"（参数）卷展栏基本一样，图 1-0-16 所示为"FFD(box)"（盒体自由变形工具）的"Parameters"（参数）卷展栏，其中：

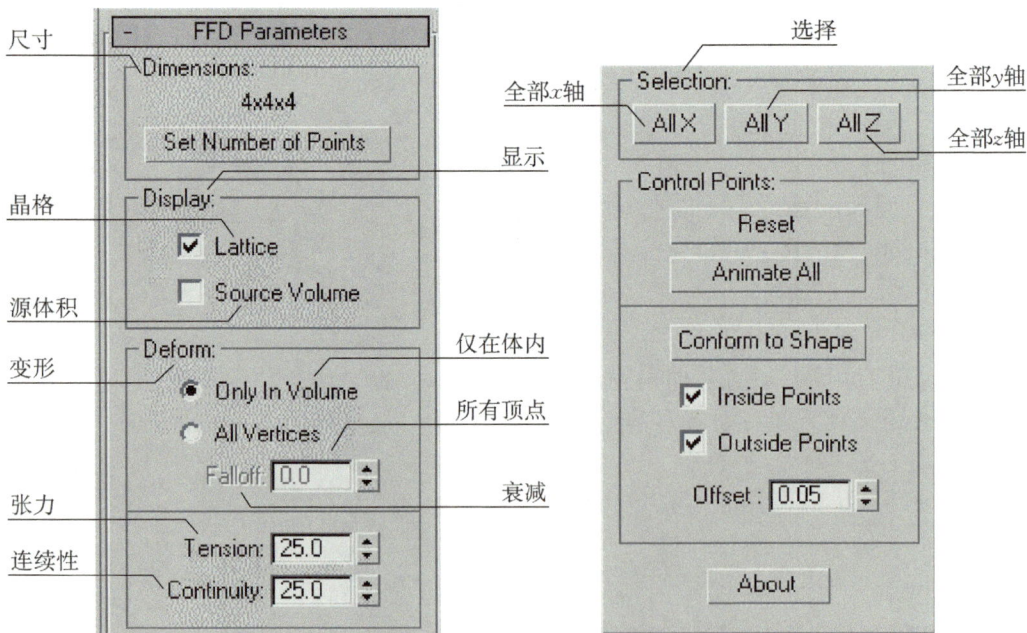

(a) 自由变形工具卷展栏　　　　　　(b) 选项板

图 1-0-16　自由变形工具修改器参数

（1）"Dimensions"（尺寸）：通过单击"Set Number of Points"（设定点数）按钮来指定控制点的数目。

（2）"Display"（显示）：控制"FFD"（自由变形工具）在视口中的显示。

◆ "Lattice"（晶格）：将绘制连接控制点的线条以形成栅格。

◆ "Source Volume"（源体积）：控制点和晶格以未修改的状态显示。

（3）"Deform"（变形）：可指定哪些顶点受"FFD"（自由变形工具）影响。

◆ "Only In Volume"（仅在体内）：只有位于源体积内的顶点会变形。

◆ "All Vertices"（所有顶点）：所有顶点都会变形，不管他们位于源体积的内部还是外部，具体取决于"Falloff"（衰减）微调器中的数值。

◆ "Tension/Continuity"（张力/连续性）：调整变形样条线的张力和连续性。

（4）"Selection"（选择）：选择控制点的其他方式。

（5）"All X/All Y/All Z"（全部 x 轴/全部 y 轴/全部 z 轴）：当单击一个按钮并选择一个控制点时，沿着由该按钮指定的局部维度的所有控制点都会被选中。通过单击两个按钮，可以选择两个维度中的所有控制点。

使用"FFD"（自由变形工具）修改器制作模型的基本思路如图 1-0-17 所示。

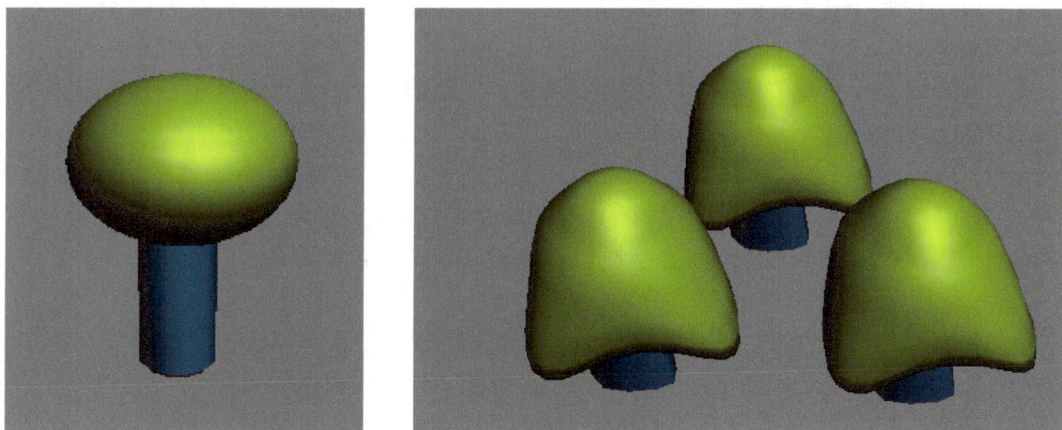

(a) "Sphere/ChamferCyl"（球体/斜切圆柱体）基本体

(b) "FFD"（自由变形工具）后

图 1-0-17　"FFD"（自由变形工具）修改器

3. "Mesh Smooth"（网格平滑）修改器

"Mesh Smooth"（网格平滑）修改器用于对尖锐不规则的表面进行光滑处理，使用此修改器后，会为模型加入更多的面来代替直面部分，从而使整个表面更加平滑。但要注意的是：使用"Mesh Smooth"（网格平滑）修改器会大大增加物体表面的线段数，增加其复杂度，直接影响渲染速度，因此，要谨慎使用。其"Parameters"（参数）卷展栏如图 1-0-18 所示，其中：

（1）"Subdivision Method"（细分方法）如下：

◆ "NURMS"（减少非均匀有理数网格平滑）：产生非均匀类型的光滑网格模型，没有平滑强度参数可调，非常接近于"NURMS"（减少非均匀有理数网格平滑）曲面，每个控制点都有权重可调，可以通过对边的权重更宏观地调节模型的形态。

◆ "Classic"（标准）：产生标准的三角形或四边形细分。

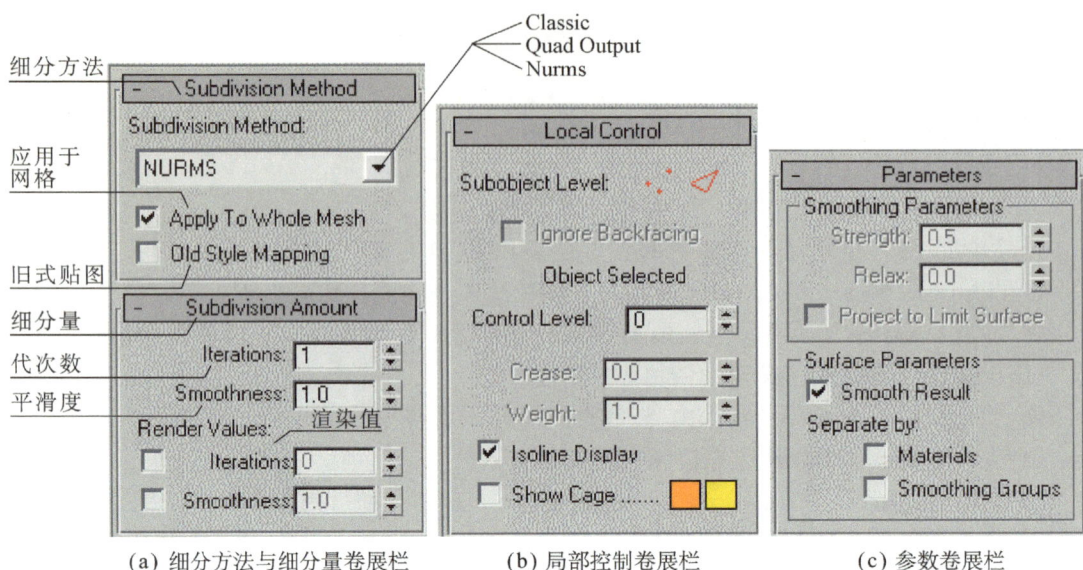

细分方法 —— Subdivision Method

应用于网格 —— Apply To Whole Mesh（应用于网格）

旧式贴图 —— Old Style Mapping

细分量 —— Subdivision Amount

代次数 —— Iterations

平滑度 —— Smoothness

渲染值 —— Render Values

Classic
Quad Output
Nurms

（a）细分方法与细分量卷展栏　　（b）局部控制卷展栏　　（c）参数卷展栏

图 1-0-18　网格平滑修改器参数

◆ "Quad Output"（四面边输出）：只产生四边形的细分，它的圆滑效果比较接近方形，不是非常圆滑。

◆ "Apply To Whole Mesh"（应用于网格）：勾选此复选框会忽略从下层向上层传递来的次物体选择，将光滑设定指定给整个模型，但下层的次物体级选择不会失效，它会跳过光滑修改继续向上层传递。

◆ "Old Style Mapping"（旧式贴图）：勾选此复选框时，将应用 3ds Max 9.0 中计算贴图的方法处理光滑后的贴图坐标，往往会在创建新面时扭曲下面的贴图坐标。

（2）"Subdivision Amount"（细分量）如下：

◆ "Iterations"（代次数）：设置对表面进行重复光滑的次数。数值越高，光滑效果越明显，但计算速度大大降低。如果运算不过来，可以按 ESC 键返回前一次的设置。

◆ "Smoothness"（平滑度）：控制新增表面与原表面折角的光滑度。数值为"0.0"时，在原表面不创建任何面；数值为"1.0"时，则原表面为平面也会增加光滑表面。

◆ "Render Values"（渲染值）：用于物体渲染时精度的设置。

使用"Mesh Smooth"（网格平滑）修改器制作模型的基本思路如图 1-0-19 所示。

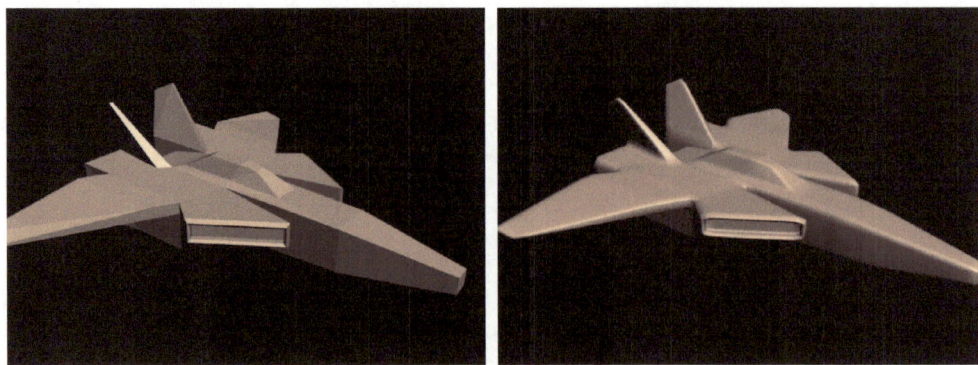

（a）"Mesh Smooth"（网格平滑）前　　　　（b）"Mesh Smooth"（网格平滑）后

图 1-0-19　"Mesh Smooth"（网格平滑）修改器

4. "Lattice"（晶格）修改器

"Lattice"（晶格）修改器可以将网格物体进行线框化，这种线框化比"线框"材质更加先进，它是在造型上完成真正的线框化转化。此修改器常用于制作框架结构的建筑，而且既能作用于整个物体，也能作用于选择的次物体，功能非常强大。其"Parameters"（参数）卷展栏如图1-0-20所示，其中部分参数的作用如下：

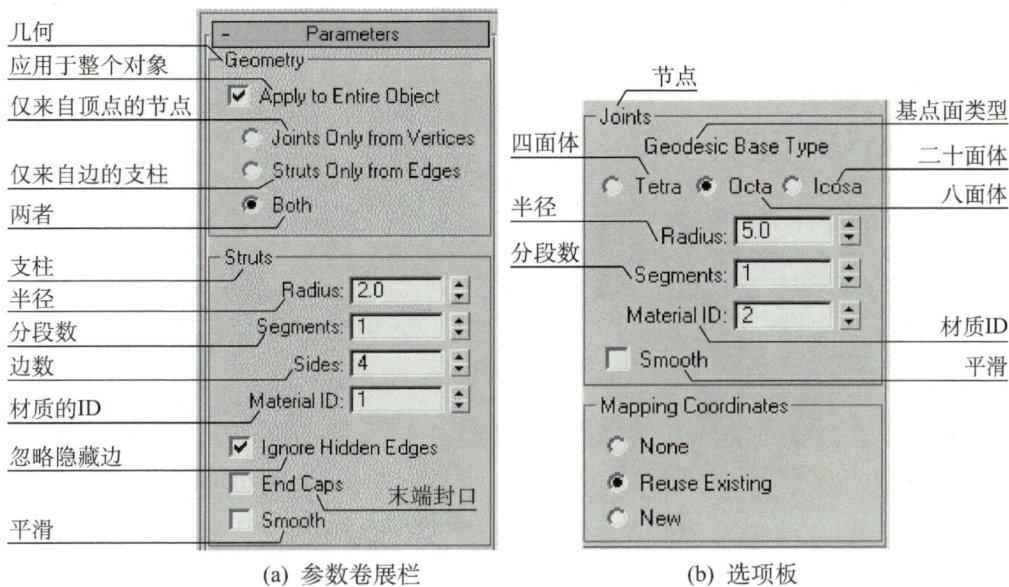

(a) 参数卷展栏　　　　　(b) 选项板

图 1-0-20　晶格修改器参数

（1）"Geometry"（几何）：其参数用来指定是否使用整个对象或选中的子对象，并控制支柱和定点的显示情况。

◆ "Apply to Entire Object"（应用于整个对象）：勾选此复选框时，应用线框到全部的边和片段；取消勾选时，仅应用线框到修改层级传递上来的次物体中。

◆ "Joints Only from Vertices"（仅来自顶点的节点）：只显示节点造型。

◆ "Struts Only from Edges"（仅来自边的支柱）：只显示支柱造型。

◆ "Both"（两者）：将支柱与节点造型都显示出来。

（2）"Struts"（支柱）：其参数用来设置有关支柱的控制参数。

◆ "Radius"（半径）：设置支柱截面的半径大小，即支柱的粗细程度。

◆ "Segments"（分段数）：设置支柱长度上的分段划分数。

◆ "Sides"（边数）：设置支柱截面图形的边数，越大越圆滑。

◆ "Material ID"（材质 ID）：为支柱设置特殊的材质 ID 号。

◆ "Ignore Hidden Edges"（忽略隐藏边）：勾选此复选框时，只在可见边产生支柱；取消勾选时，将在全部边上创建支柱。

◆ "End Caps"（末端封口）：为支柱两端加盖，使支柱成为封闭的造型。

◆ "Smooth"（平滑）：对支柱表面进行光滑处理，产生光滑的圆柱体。

（3）"Joints"（节点）：其参数用来设置节点的控制参数。

◆ "Geodesic Base Type"（基点面类型）：设置以何种几何体作为节点的基本造型，可以选择"Tetra"(四面体)、"Octa"(八面体)、"Icosa"(二十面体)三种类型。

◆ "Radius"(半径):设置节点造型的半径,即节点的大小。

◆ "Segments"(分段数):设置节点造型的分段划分数,数值越大,面数越多,造型越接近球体。

◆ "Material ID"(材质 ID):给节点造型指定特殊的材质 ID 号。

◆ "Smooth"(平滑):对节点造型进行表面光滑处理,产生球体的效果。

使用"Lattice"(晶格)修改器制作模型的基本思路如图 1-0-21 所示。

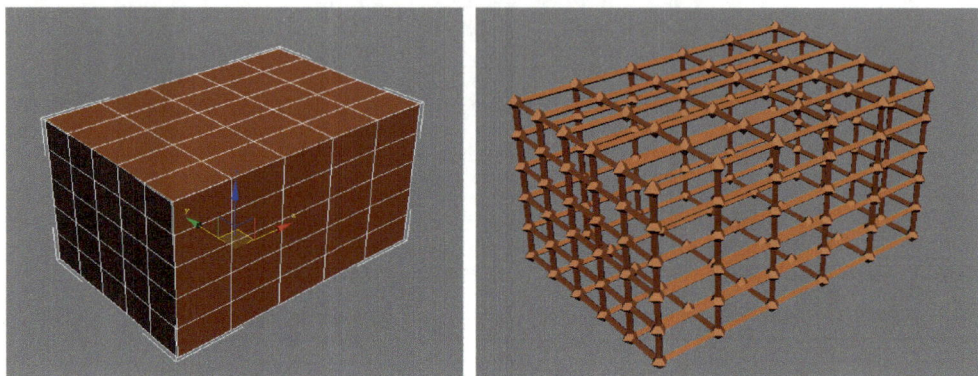

(a) "Box"(立方体)建模   (b) "Lattice"(晶格)后

图 1-0-21　"Lattice"(晶格)修改器

5. "Edit Mesh"(编辑网格)修改器

"Edit Mesh"(编辑网格)的前提是必须创建网格物体,在 3ds Max 9.0 中所有三维几何体都是网格物体。另外,还可以将二维图形通过增加编辑修改器生成三维网格物体。

以下为"Edit Mesh"(编辑网格)中的五个次物体层级的简单介绍:

◆ "Vertex"(顶点):组成网格物体表面的最小次物体,进入点次物体层级,以它为选择的方式。

◆ "Edge"(边):边由点组成,两点确定一条边,进入边次物体层级,在网格物体表面进行边的选择。

◆ "Face"(面):面由边组成,三条边确定一个面,进入面次物体层级,在网格物体表面进行面的选择。

◆ "Polygon"(多边形):多边形也是由边组成,三条以上的边确定一个多边形,进入多边形次物体层级,在网格物体表面进行面的选择。

◆ "Element"(元素):整个网格物体相对独立的次物体部分,进入元素次物体层级,以它为选择的方式。

点次物体层级的常用"Parameters"(参数)卷展栏,如图 1-0-22 所示:

◆ "Ignore Backfacing"(忽略背面):勾选此复选框,在选择点的时候时,不会将背面的点一起选择,大大地方便了次物体的选择,是一个十分有用的工具。

◆ "Hide"(隐藏):在视图中选择点,单击此按钮,将它们隐藏起来,不会被选择和修改,避免错误操作。

◆ "Unhide All"(全部不隐藏):此功能和隐藏一起使用,会将隐藏的点全部显示出来。

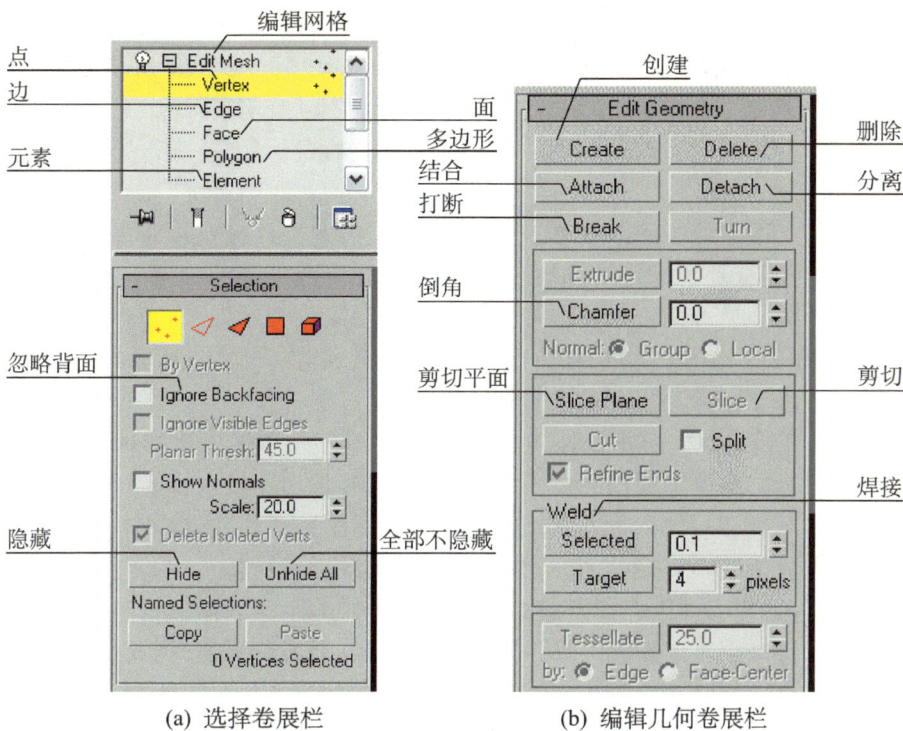

(a) 选择卷展栏　　　　　　　　(b) 编辑几何卷展栏

图 1-0-22　编辑网格修改器参数

◆ "Soft Selection"（软选择集）：选择网格物体表面的多个点形成一个选择集，运用此功能对其进行集体操作。展开"Soft Selection"（软选择集）卷展栏，勾选"Use Soft Selection"（运用软选择集）复选框，当移动一个点时，它周围的点也会一起移动，移动强度随它们之间的距离越远越弱。

◆ "Create"（创建）：在网格物体表面建立新的单个点，新创建的点在边次物体上，不会影响网格物体的表面，利用点可以建立新的边、面次物体。

◆ "Delete"（删除）：删除选择的点次物体，在网格物体表面选择点，单击"Delete"（删除）按钮，可以删除选择的点，并删除点所在的面。

◆ "Attach"（结合）：单击此按钮，在视图中选择其他的物体，将选中的物体作为一个次物体结合到当前物体上，可以是多种类型的物体，如：样条曲线和网格物体等。

◆ "Detach"（分离）：将当前选择的点或点的集群以及由它们构成的面从原物体上分离出来，成为一个物体。单击此按钮后出现"Detach"（分离）对话框，在对话框中为分离出的物体命名。其下还有两个复选框：一是"Detach To Element"（分离为元素），将分离开来的次物体作为原来物体的一个元素；二是"Detach As Clone"（分离为克隆物体），将分离开来的次物体作为原来物体的一个复制物体。

◆ "Break"（打断）：将点打断，分化为两个点，以便有更多的点可供调节，创造出表面起伏的效果。

◆ "Chamfer"（倒角）：对点进行倒角处理，将一个点分化为三个点，可以通过输入数值的方法或调节右边的小三角形来设置倒角的大小。

◆ "Slice Plane"（剪切平面）：此功能可以在物体的中间创建一个"Slice Plane"（剪切平面），然后单击此按钮，可将物体沿平面创建可修改的点。

◆ "Slice"（剪切）：此功能和"Slice Plane"（剪切平面）一起使用，先执行"Slice Plane"（剪切平面）命令，然后单击此按钮，可以将物体沿"Slice Plane"（剪切平面）创建可修改的点。

◆ "Weld"（焊接）：此功能可以将两个或两个以上的点焊接成一个点，但这些点要在一定距离内才可进行焊接操作。

◆ "Collapse"（塌陷）：在网格物体表面选择多个点，单击此按钮可将多余的点删除，只留下一个顶点。此功能有利于优化物体的表面，节省系统资源。

另外，简单介绍一下边、面、多边形和元素次物体层级的常用参数：

◆ "Turn"（扭转）：在视图中选择边次物体，单击此按钮，然后在其他的边单击鼠标左键即可产生一条与选择的边界成45°的边，形成三角面。

◆ "Extrude"（挤出）：先单击此按钮，在视图中鼠标左键单击边次物体不放并拖动，可拉伸出新的面；或鼠标右键单击面次物体不放并拖动，可拉伸出新的块面。

◆ "Chamfer"（斜切）：单击此按钮，在视图中鼠标左键单击边次物体并拖动，可斜切出新的面，通过输入数值或者直接调节右边的三角形按钮进行设置。

◆ "Select Open Edges"（选择开放的边）：选择开放的边次物体。

◆ "Create Shape From Edge"（从边创建形体）：从选择的边次物体创建独立的次物体。

◆ "Visible"（可见）：将边次物体设置为可见。

◆ "Invisible"（不可见）：将边次物体设置为不可见。

◆ "Divide"（细分）：对边次物体层级进行细分。

◆ "Bevel"（倒角）：功能与"Extrude"（挤出）相似，对次物体层级进行挤压并倒角。

五、复合物体

1. "Boolean"（布尔）运算

"Boolean"（布尔）运算可以对两个相交的物体进行相交、相减或合并的计算，从而使两者成为一个物体。

常用的三种"Boolean"（布尔）运算操作有：

◆ "Union"（并集）：生成包含两个原始运算对象总体的布尔对象。

◆ "Subtraction"（差集）：从一个运算对象中减去另一个运算对象，即从一个对象上删除与另外一个对象相交的部分。可以从第一个对象上减去与第二个对象相交的部分，也可以从第二个对象上减去与第一个对象相交的部分。

◆ "Intersection"（交集）：生成的布尔对象只包含两个原始对象共用的部分，即重叠的部分。

"Boolean"（布尔）运算具体参数如图1-0-23所示。

（1）"Pick Boolean"（拾取布尔）：

◆ "Pick Operand B"（拾取操作对象 B）：单击此按钮就可以在视图中选取操作对象 B，从而使对象 A 与对象 B 之间发生运算。

◆ "Reference"（参考）：将原始对象的参考复制品作为运算对象 B，以后改变原始对象，也会同样改变布尔物体中的运算对象 B，但改变运算对象 B，不会改变原始对象。

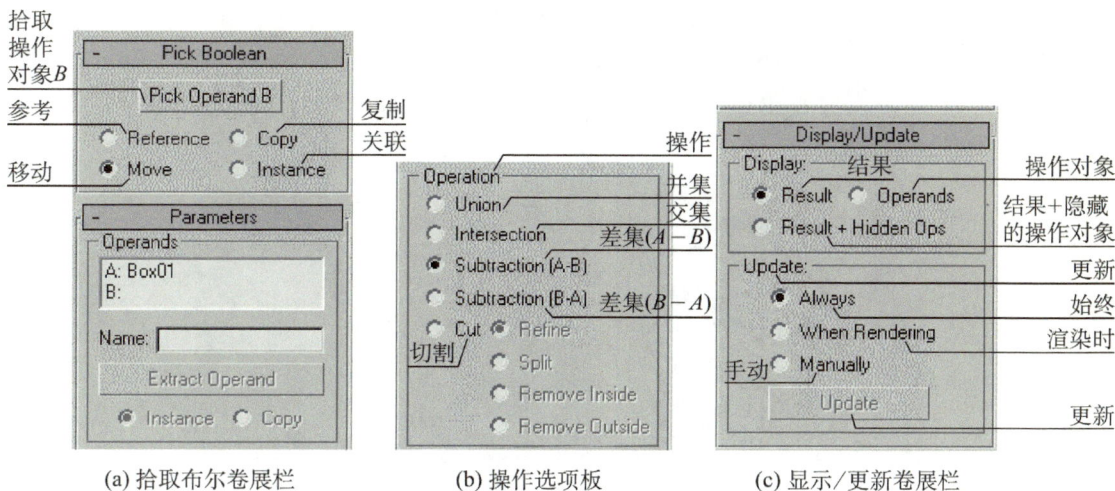

图 1-0-23 布尔运算参数

◆ "Move"（移动）：单击此按钮进行布尔运算后，操作对象 B 被删除。

◆ "Copy"（复制）：可以在场景中重复使用操作对象 B。

◆ "Instace"（关联）：可以使对原始对象所做的更改与操作对象 B 同步，反之亦然。

（2）"Operation"（操作）选项板中提供了五种进行布尔运算的方法：

◆ "Union"（并集）：布尔对象只包含两个原始对象体积，此操作将删除几何体的相交部分或重叠部分。

◆ "Intersection"（交集）：布尔对象只包含两个原始对象共用的体积，即重叠的体积。

◆ "Subtraction（A－B）"（差集（A－B））：从操作对象 A 中减去相交的操作对象 B 的体积。布尔对象包含从中减去相交体积的操作对象 A 的体积。

◆ "Subtraction（B－A）"（差集（B－A））：从操作对象 B 中减去相交的操作对象 A 的体积。布尔对象包含从中减去相交体积的操作对象 B 的体积。

◆ "Cut"（切割）：使用操作对象 B 切割操作对象 A，但不给操作对象 B 的网格添加任何东西。

（3）"Display/Update"（显示/更新）：

◆ "Result"（结果）：显示运算的最后结果。

◆ "Operands"（操作对象）：显示运算对象 A 和运算对象 B，与布尔运算前一样。

◆ "Result＋Hidden Ops"（结果＋隐藏的操作对象）：显示最后的结果和运算中去掉的部分，去掉的部分按线框方式显示。

◆ "Update"（更新）：用于控制进行设置更改后何时进行计算并显示布尔效果。

◆ "Always"（始终）：每次操作后都立即显示布尔结果。

◆ "When Rendering"（渲染时）：只有在最后渲染时才进行布尔运算。

◆ "Manually"（手动）：单击此按钮时，下面的"Update"（更新）按钮可用，它提供手动的更新控制。

◆ "Update"（更新）：需要观看更新效果时按下此按钮。

使用"Boolean"（布尔）运算制作模型的基本思路如图 1-0-24 所示。

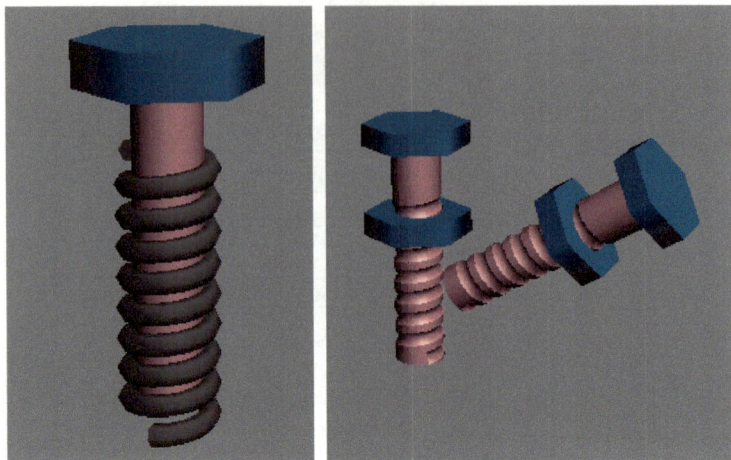

(a) "Boolean"（布尔）运算前   (b) "Boolean"（布尔）运算后

图 1-0-24   "Boolean"（布尔）运算

2. "Loft"（放样）命令

"Loft"（放样）是指用一个或多个二维图形沿着一条作为路径的二维图形扫描，从而得到三维物体。从两个或多个现有样条对象中可以创建放样对象。

在创建放样对象之前必须先选择一个图形作为截面、一个图形作为路径。如果先选择路径，则会在路径的位置创建放样对象；如果先选择截面图形，则会在图形的位置创建放样对象。

要创建一个放样对象，可以按以下步骤操作：

① 选择作为路径的二维图形；

② 在"Object Type"（对象类型）卷展栏下单击"Loft"（放样）按钮，然后在展开的"Creation Method"（创建方法）卷展栏中单击"Get Shape"（获取图形）按钮，最后在视图中单击鼠标左键选中作为截面的二维图形。

要为放样对象添加其他截面图形，可以按以下步骤操作：

① 选择放样对象；

② 在展开的"Path Parameters"（路径参数）卷展栏中指定截面图形在路径上的位置；

③ 设置完放置图形的位置后，在展开的"Creation Method"（创建方法）卷展栏中单击"Get Path"（获取路径）按钮，然后在视图中单击鼠标左键选中要加入的截面图形即可。

单击"Create"（建立）→"Geometry"（几何）图标，在下拉列表中选择"Compound Objects"（复合物体），再单击"Loft"（放样）按钮后，将显示如图 1-0-25 所示的"Loft"（放样）命令参数。其主要作用如下：

（1）"Creation Method"（创建方法）：指定使用图形或路径以创建放样对象。

◆ "Get Path"（获取路径）：将路径指定给选定图形或更改当前指定的路径。

◆ "Get Shape"（获取图形）：将图形指定给选定路径或更改当前指定的图形。

◆ "Move/Copy/Instance"（移动/复制/关联）：用于指定路径或图形转换为放样对象的方式。

（2）"Surface Parameters"（曲面参数）：

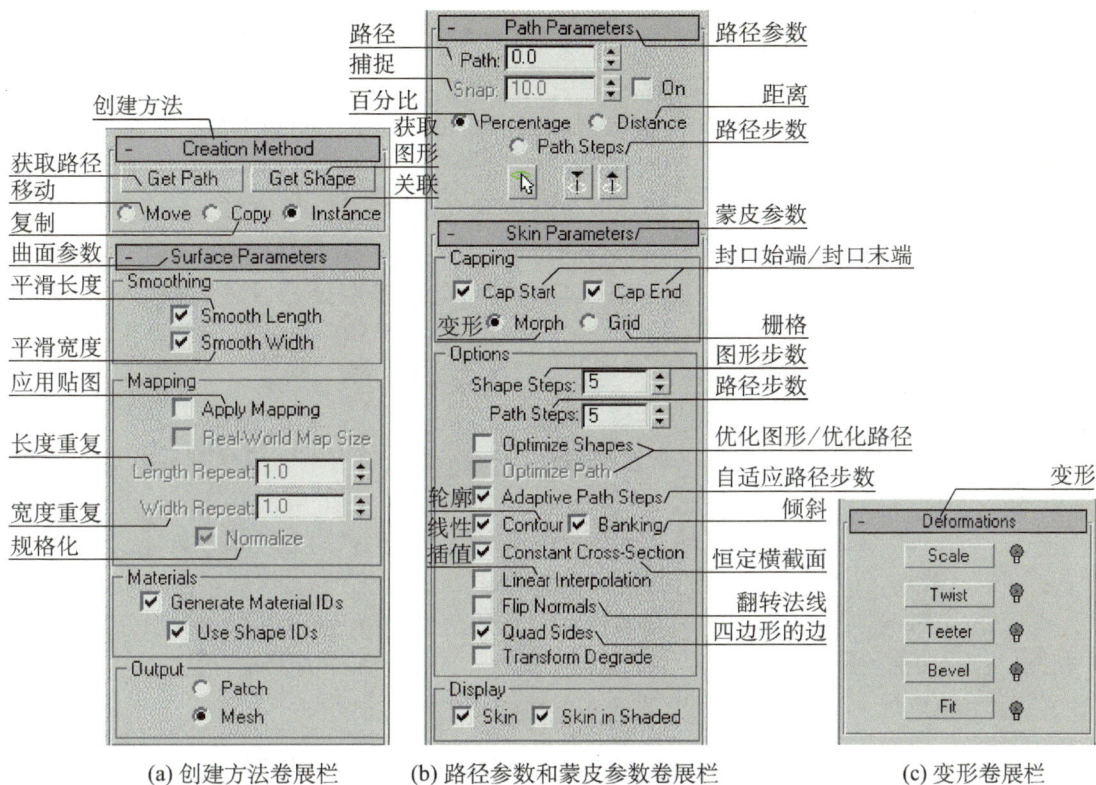

图中标注：

路径参数 — Path Parameters
路径 — Path: 0.0
捕捉 — Snap: 10.0
百分比 — Percentage
距离 — Distance
路径步数 — Path Steps
获取图形 — Get Shape
关联 — Instance
蒙皮参数 — Skin Parameters
封口始端/封口末端 — Cap Start / Cap End
变形 — Morph
栅格 — Grid
图形步数 — Shape Steps: 5
路径步数 — Path Steps: 5
优化图形/优化路径 — Optimize Shapes / Optimize Path
自适应路径步数 — Adaptive Path Steps
倾斜 — Banking
恒定横截面 — Constant Cross-Section
翻转法线 — Flip Normals
四边形的边 — Quad Sides

创建方法 — Creation Method
获取路径 — Get Path
移动 — Move
复制 — Copy
曲面参数 — Surface Parameters
平滑长度 — Smooth Length
平滑宽度 — Smooth Width
应用贴图 — Apply Mapping
长度重复 — Length Repeat: 1.0
宽度重复 — Width Repeat: 1.0
规格化 — Normalize
轮廓 — Contour
线性插值 — Linear Interpolation

变形 — Deformations
Scale / Twist / Teeter / Bevel / Fit

(a) 创建方法卷展栏　　(b) 路径参数和蒙皮参数卷展栏　　(c) 变形卷展栏

图 1-0-25　放样命令参数

◆ "Smooth Length/Smooth Width"（平滑长度/平滑宽度）：沿着路径的长度或围绕横截面图形的边界提供平滑曲面。

◆ "Apply Mapping"（应用贴图）：启用和禁用放样贴图坐标。

◆ "Length Repeat"（长度重复）：设置沿着路径的长度重复贴图的次数。

◆ "Width Repeat"（宽度重复）：设置围绕横截面图形的边界重复贴图的次数。

◆ "Normalize"（规格化）：决定放样模型如何沿着路径长度和图形宽度上的顶点间距来影响贴图。

（3）"Path Parameters"（路径参数）：此卷展栏可以控制沿着放样图形在放样路径上的位置，其中"Path"（路径）选项可通过输入值或拖动微调器来设置路径的级别。

◆ "Snap"（捕捉）：用于设置沿路径各图形之间的恒定距离。

◆ "Percentage"（百分比）：将路径级别表示为路径总长度的百分比。

◆ "Distance"（距离）：将路径级别表示为距离路径第一个顶点的绝对距离。

◆ "Path Steps"（路径步数）：将图形置于路径步数和顶点上，而不是作为沿路径的一个百分比或距离。其中，" "（拾取图形）按钮表示：将路径上的图形设置为当前级别；" "（上一个图形）按钮表示：从路径级别的当前位置上沿路径跳至上一个图形；" "（下一个图形）按钮表示：从路径级别的当前位置上沿路径跳至下一个图形。

（4）"Skin Parameters"（蒙皮参数）：在该卷展栏中可以调整放样对象网格的复杂性。

◆ "Cap Start/Cap End"（封口始端/封口末端）：控制路径第一个顶点和最后一个顶点

处的放样端是否封口。

◆ "Morph"(变形):按照创建变形目标所需的可预见且可重复的模式排列封口面。

◆ "Grid"(栅格):在图形边界处修建的矩形栅格中排列封口面。

◆ "Shape Steps"(图形步数):设置横截面图形的每个顶点之间的步数。

◆ "Path Steps"(路径步数):设置路径的每个主分段之间的步数。

◆ "Optimize Shapes/Optimize Path"(优化图形/优化路径):忽略"Shape Steps"(图形步数)和"Path Steps"(路径步数),采用较少的步数。

◆ "Adaptive Path Steps"(自适应路径步数):自动调整路径分段的数目,以生成最佳蒙皮。

◆ "Contour"(轮廓):使每个图形都遵循路径的曲率。

◆ "Banking"(倾斜):使图形围绕路径旋转。

◆ "Constant Cross-Section"(恒定横截面):在路径中的角处缩放横截面,以保持路径宽度一致。

◆ "Linear Interpolation"(线性插值):使用每个图形之间的直边生成放样蒙皮。

◆ "Flip Normals"(翻转法线):将法线翻转 $180°$。

◆ "Quad Sides"(四边形的边):如果放样对象的两个部分具有相同数目的边,则将两部分缝合到一起的面将显示为四方形。

使用"Loft"(放样)命令制作模型的基本思路如图 1-0-26 所示。

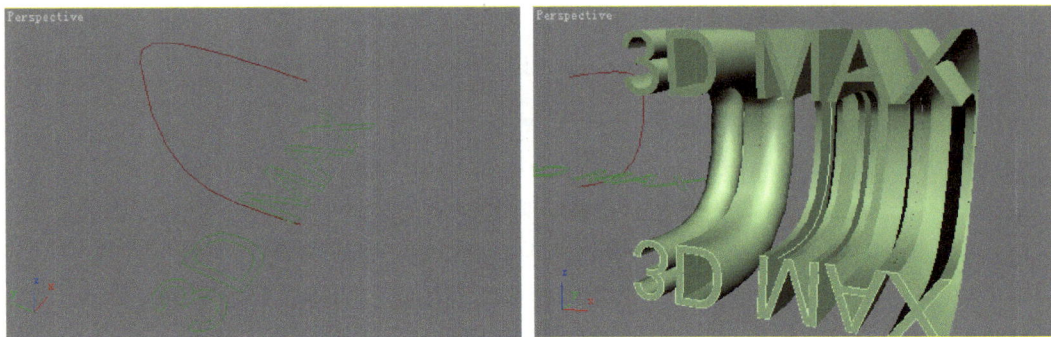

(a) "Loft"(放样)前   (b) "Loft"(放样)后

图 1-0-26 "Loft"(放样)命令

六、V-Ray 1.5RC3 简介

V-Ray 1.5RC3 作为一款 3ds Max 的渲染插件,支持 3ds Max 9.0 大多数的基本功能,同时也支持许多第三方的 3ds Max 9.0 插件。因为 3ds Max 9.0 在渲染时使用的是自身默认的渲染器,所以要手动安装 V-Ray 1.5RC3 渲染器作为当前渲染器,具体步骤如下:

(1)双击 V-Ray 软件的安装程序图标,在如图 1-0-27 所示的安装对话框中,单击"Next"(下一步)按钮。

(2)在图 1-0-28 所示的"License agreement"(许可证协议)对话框中,单击"I agree"(我同意)按钮,接受许可证协议。

3ds Max 9.0——室内设计

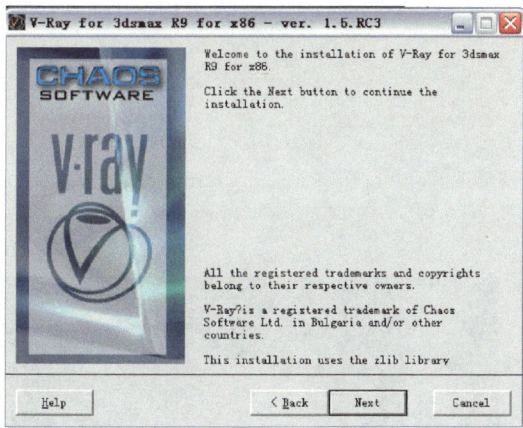

图 1-0-27　安装对话框

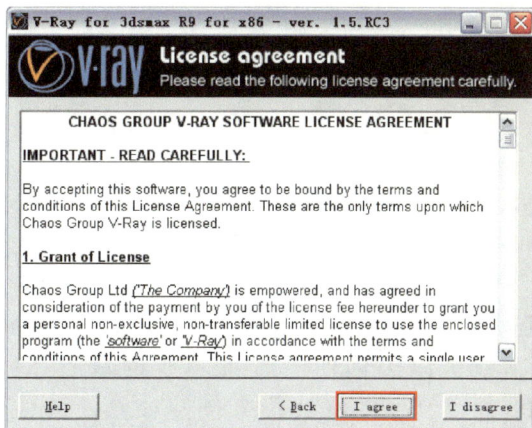

图 1-0-28　许可证协议对话框

（3）在弹出的路径指定对话框中，最上面的路径指定框需要指定 3ds Max 9.0 所在的根目录，中间的路径指定框指定 V-Ray 渲染器的安装路径，下面的路径指定框用于指定 V-Ray 渲染器附带的文件安装路径。设置完毕后，单击"Next"（下一步）按钮，如图 1-0-29 所示。

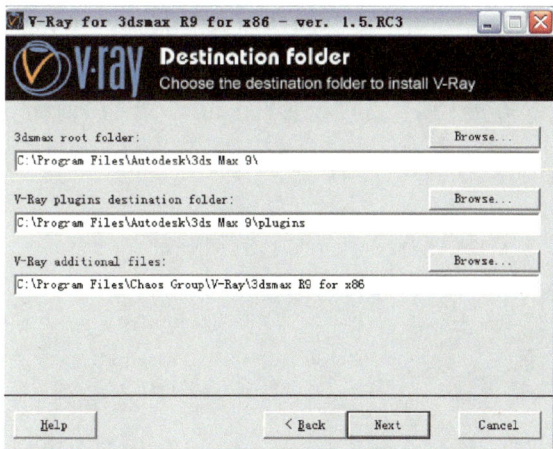

图 1-0-29　路径指定对话框

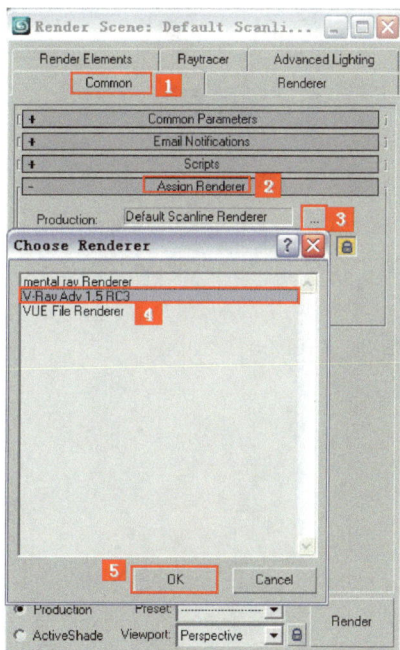

图 1-0-30　设置 V-Ray 为当前渲染器

（4）开始安装，待提示安装成功后，单击"Next"（下一步）按钮，完成安装。

（5）指定 V-Ray 为当前渲染器。具体操作步骤如下：

① 首先启动 3ds Max 9.0，单击 F10 键，弹出"Render Scene"（渲染场景）对话框。

② 在"Common"（常规）选项卡中，展开"Assign Renderer"（指定渲染器）卷展栏，然后单击"Production"（产品）后面的方框。

③ 在弹出的"Choose Render"（选择渲染器）对话框中，选择 V-Ray 渲染器，单击"OK"按钮，即可将 V-Ray 渲染器指定为当前激活使用的渲染器。上述操作步骤如图 1-0-30 所示。

任务一　牙膏建模

一、任务描述

在 3ds Max 9.0 中，利用二维物体创建三维物体是一种常用的建模手段，如果能熟练利用，就可以为创作者省下不少时间。本任务中，通过利用二维线段来创建如图 1-1-1 所示的牙膏模型。

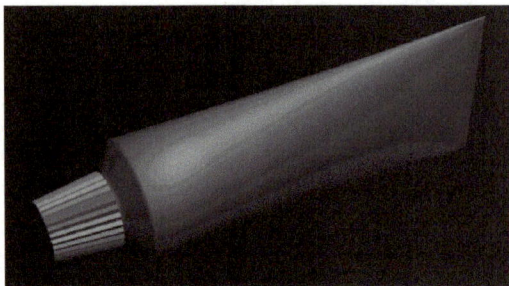

图 1-1-1　牙膏

二、任务分析

本任务要求创建一个牙膏模型，可先绘制二维物体的圆、椭圆和线段，再通过"Loft"（放样）命令来实现牙膏的三维建模。

三、方法与步骤

（1）打开 3ds Max 9.0 软件，单击 "Creat"（建立）→ "Shapes"（二维造型体）图标，在展开的"Object Type"（对象类型）卷展栏下，单击"Circle"（圆）按钮，如图 1-1-2 所示。

（2）在"Left"（左）视图中单击鼠标右键，使其成为当前视图。然后按住鼠标左键不放，拖拉出一个圆，在展开的"Parameters"（参数）卷展栏下，直接设置"Radius"（半径）值为 50，并按回车键，如图 1-1-3 所示。

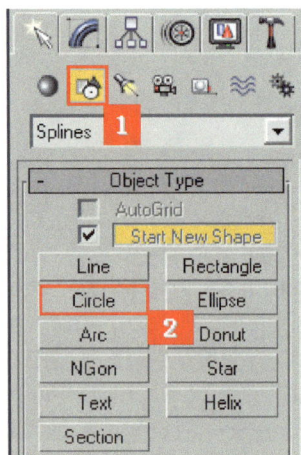

图 1-1-2　创建二维物体 1

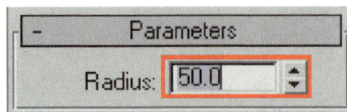

图 1-1-3　设定半径

（3）在"Front"（前）视图中单击鼠标右键使其成为当前视图，然后单击"Create"（建立）→ "Shapes"（二维造型体）图标，在展开的"Object Type"（对象类型）卷展栏下，单击"Line"（画线）按钮，如图 1-1-4 所示。

图 1-1-4　创建二维物体 2

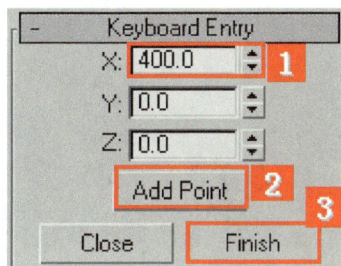

图 1-1-5　绘制线段

（4）在展开的"Keyboard Entry"（键盘输入）卷展栏下，单击"Add Point"（添加点）按钮添加一个顶点，在输入线段另外一个顶点的坐标（X：400；Y：0；Z：0）后，再单击"Add Point"（添加点）按钮，最后单击"Finish"（完成）按钮完成线段的绘制，如图 1-1-5 所示。

（5）保持（4）中绘制的线段处于选择状态，然后单击"Geometry"（几何）图标，在下拉列表框中，选中"Compound Objects"（复合物体）子项，在展开的"Object Type"（对象类型）卷展栏下，单击"Loft"（放样）按钮，如图 1-1-6 所示。

（6）在"Creation Method"（创建方法）卷展栏下，单击"Get Shape"（获取图形）按钮，然后在"Left"（左）视图中单击鼠标右键使其成为当前视图，最后在（2）中绘制的圆上单击鼠标左键，完成放样操作，如图 1-1-7 所示。

图 1-1-6　对象类型卷展栏

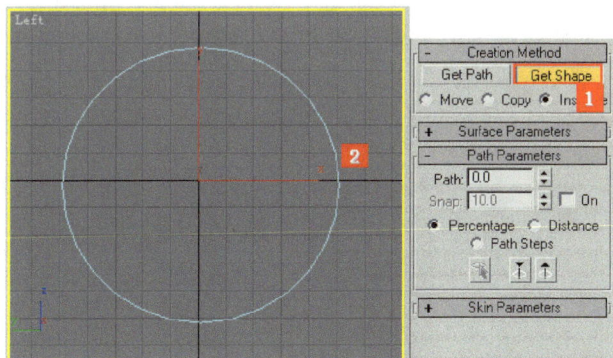

图 1-1-7　"Loft"（放样）

（7）放样后的效果如图 1-1-8 所示。

（8）由于牙膏的造型是有变化的，所以要对（7）中的放样效果进行修改。单击"Modify"（修改）图标，在"Modifier List"（修改器列表）的下拉列表中，选中"Loft"（放样）选项，再在展开的"Deformations"（变形）卷展栏下，单击"Scale"（缩放）按钮，如图 1-1-9 所示。

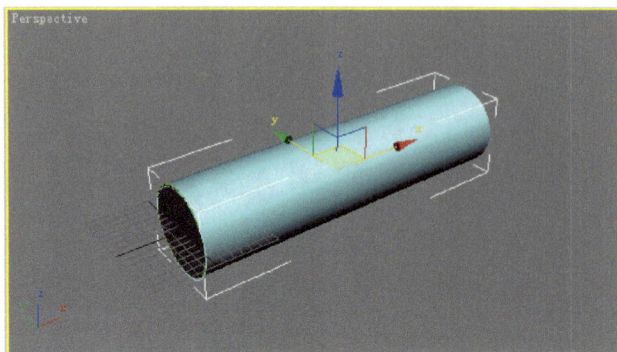

图 1-1-8　放样效果

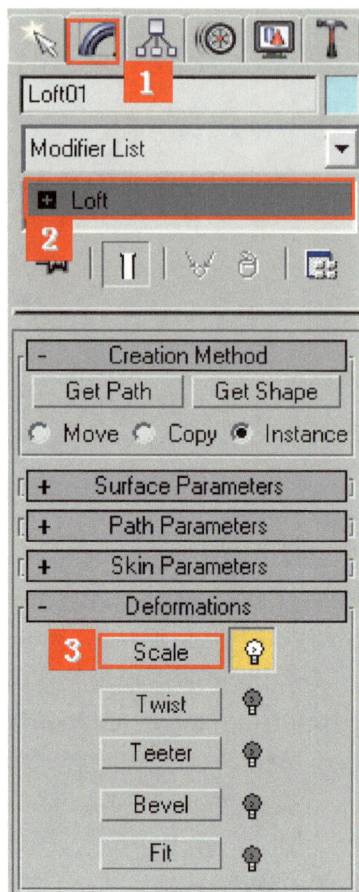

图 1-1-9　缩放操作

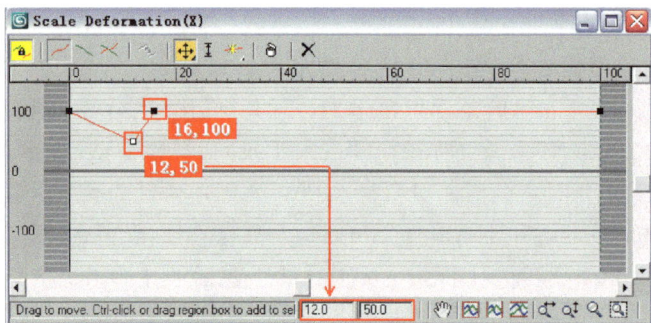

图 1-1-10　缩放变形窗口

（9）在弹出的"Scale Deformation"（缩放变形）窗口中，单击"Insert Corner Point"（插入顶点）图标，分别在位于曲线 x 轴 12% 和 16% 的位置上插入两个顶点，12% 处顶点的 y 轴坐标可在对话框下的方框中直接进行修改，并按回车键完成操作，效果如图 1-1-10 所示。

（10）单击"Move Corner Point"（移动顶点）图标，选择（9）中曲线上首端的顶点，改变顶点的 y 轴坐标，效果如图 1-1-11 所示。

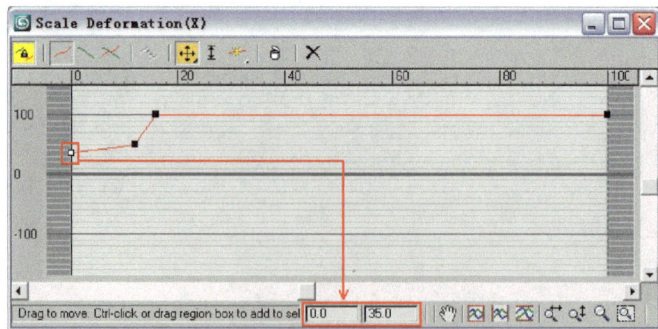

图 1-1-11　改变顶点坐标

（11）在"Scale Deformation"（缩放变形）窗口中，单击 🔒 "Make Symmetrical"（均衡）按钮取消坐标轴的锁定状态，然后单击鼠标左键选中曲线末端的顶点，改变其位置，效果如图1-1-12所示。

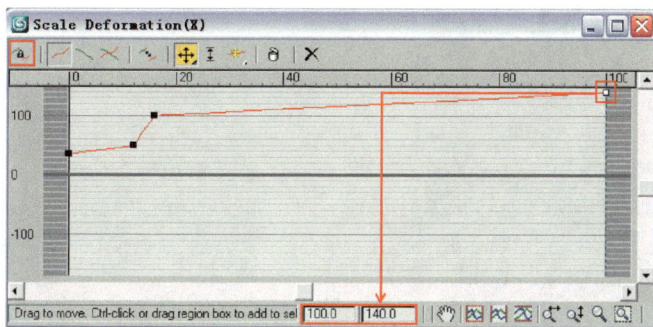

图 1-1-12　改变顶点位置

（12）在"Scale Deformation"（缩放变形）窗口中，单击"Display Y Axis"（显示 y 轴）按钮，单击鼠标左键选中（11）中的曲线末端顶点，直接拖动选中的顶点改变其位置，这样就制作出牙膏被压扁的造型，如图1-1-13所示。

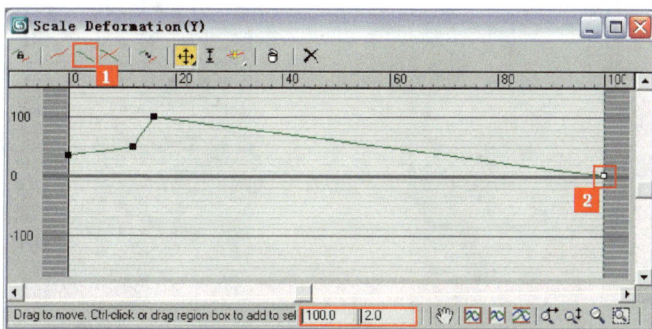

图 1-1-13　牙膏压扁造型

（13）设置后的效果如图 1-1-14 所示。

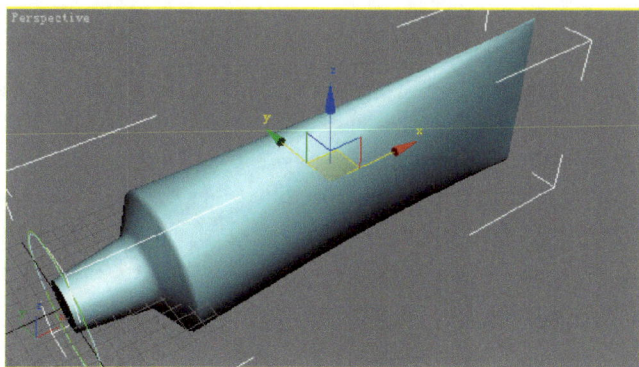

图 1-1-14　效果图

（14）单击"Creat"（建立）→"Shapes"（二维造型体）图标，在展开的"Object Type"（对象类型）卷展栏下，单击"Star"（星形）按钮，然后单击鼠标右键选中"Left"（左）视图，并在该视图中，单击鼠标左键并拖动创建一个星形，具体参数设置如图 1-1-15 所示。

图 1-1-15　创建星形

图 1-1-16　创建直线

（15）单击"Create"（建立）→"Shapes"（二维造型体）图标，在展开的"Object Type"（对象类型）卷展栏下，单击"Line"（画线）按钮，然后单击鼠标右键，选中"Front"（前）视图，并在该视图中单击鼠标左键创建一条直线，在展开的"Keyboard Entry"（键盘输入）卷展栏下，设置直线两端的坐标（第一点：X：0，Y：0，Z：0；第二点：X：50，Y：0，Z：0），如图 1-1-16 所示。

（16）保持（15）中绘制的线段处于选择状态，单击"Geometry"（几何）图标，然后在下拉列表框，选中"Compound Objects"（复合物体）选项，在展开的"Object Type"（对象类型）卷展栏下，单击"Loft"（放样）按钮，再单击鼠标右键选中"Left"（左）视图，然后在展开的"Creation Method"（创建方法）卷展栏下，单击"Get Shape"（获取图形）按钮，以星形为放样截面进行放样操作,效果如图1-1-17 所示。

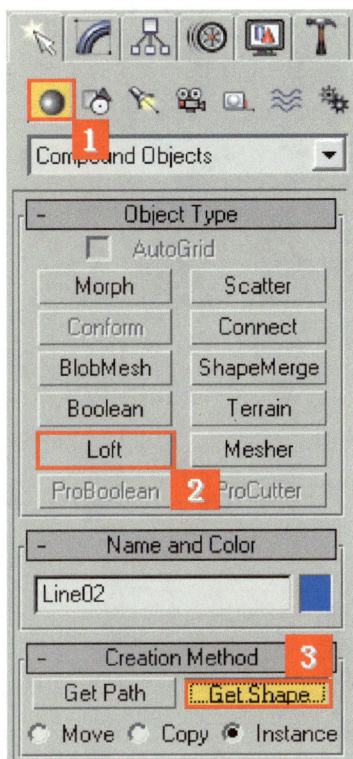

图 1-1-17 放样操作

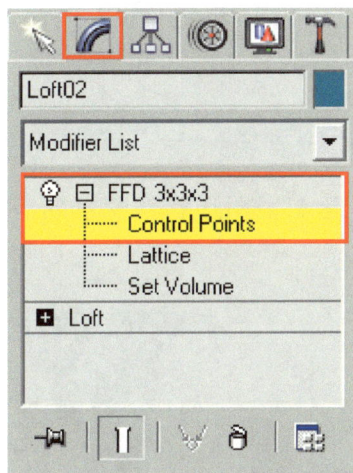

图 1-1-18 自由变形工具

(17) 单击"Modify"(修改)图标,在"Modifier List"(修改器列表)的下拉列表中,选择"FFD 3×3×3"(自由变形工具 3×3×3)选项,进入"Control Points"(控制点)子物体层级,如图 1-1-18 所示。

(18) 对控制点进行设置后的效果如图 1-1-19 所示。

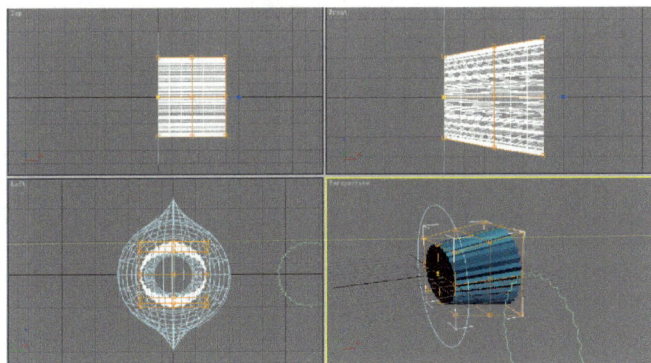

图 1-1-19 设置控制点

(19) 添加牙膏盖后的效果如图 1-1-20 所示。

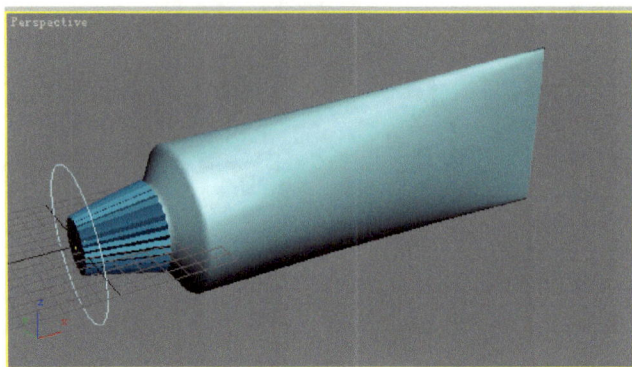

图 1-1-20 最终效果图

四、拓展训练——"窗帘"的制作

利用创建二维图形制作窗帘的三维模型,最终效果如图 1-1-21 所示。(无需贴图与灯光)

图 1-1-21 窗帘

任务二 饮水机建模

一、任务描述

随着人们生活质量的逐渐提高,饮用水的质量也越来越受到重视,饮水机已走到了许许多多的家庭中,为家庭成员们送上一份健康。本任务中,通过利用 3ds Max 9.0 软件来创建如图 1-2-1 所示饮水机模型。

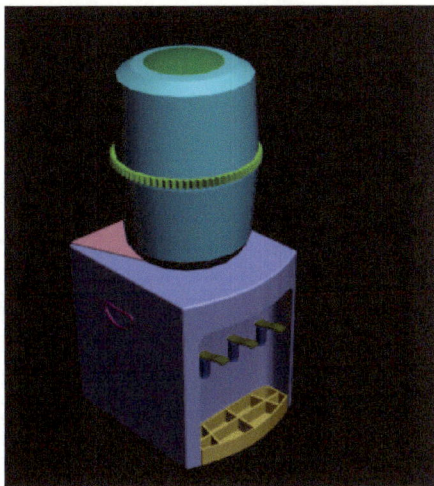

图 1-2-1 饮水机

二、任务分析

本任务要求创建一个饮水机模型,首先通过扩展几何体中的"ChamferBox"(倒角长方体)命令创建机身,用"Boolean"(布尔)运算细节建模,再通过"Shapes"(二维造型体)中的"Line"(画线)、"Box"(长方体)等命令创建出水口,然后制作底盘,接着用"Spline"(子物体)、"Outline"(轮廓)工具等制作塑料桶,最终完成模型的创建。

三、方法与步骤

(1) 打开 3ds Max 9.0 软件,单击"Create"(建立)→"Geometry"(几何)图标,在"Standard Primitives"(标准几何体)的下拉列表中,选择"Extended Primitives"(扩展几何体),在展开的"Object Type"(对象类型)卷展栏下,单击"ChamferBox"(倒角长方体)按钮,再单击鼠标右键选中"Top"(顶)视图,在该视图中单击鼠标左键并拖动,制作出饮水机的机身,具体参数设置如图 1-2-2 所示。

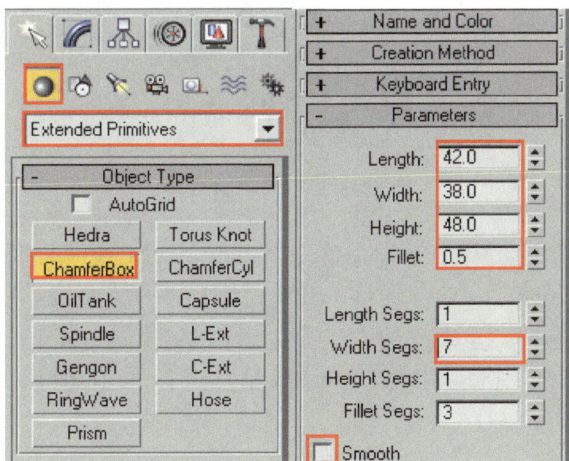

图 1-2-2 设置机身参数

（2）单击"Modify"（修改）图标，在"Modifier List"（修改器列表）的下拉列表中，选择"FFD（box）"（盒体自由变形工具）并展开，在展开的"FFD Parameters"（自由变形工具参数）卷展栏下，单击"Set Number of Points"（设置点的数量）按钮，在弹出的对话框中设置"Length＝2、Width＝4、Height＝2"。进入"Control Points"（控制点）子物体层级，单击工具栏上方的"Select and Move"（选择并移动）按钮，在"Top"（顶）视图中，将中间的两排控制点向下移动，效果如图1-2-3所示。

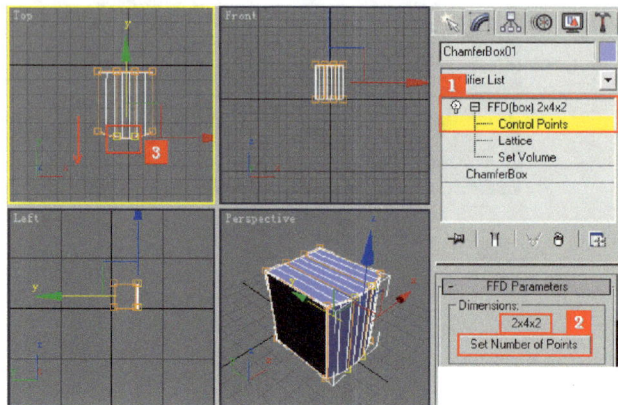

图1-2-3 设置点并移动

（3）按照（1）中步骤，再在"Top"（顶）视图中创建一个较小的倒角长方体，参数与位置的具体设置如图1-2-4所示。

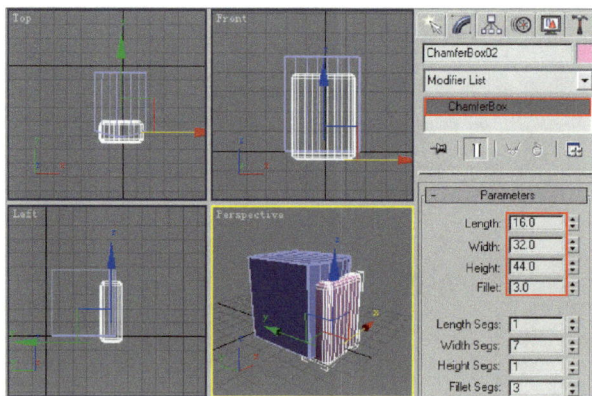

图1-2-4 创建小长方体

（4）选中（2）中创建的倒角长方体，单击"Geometry"（几何）图标，在展开的下拉列表中，选中"Compound Objects"（复合物体）选项，在展开的"Object Type"（对象类型）卷展栏下，单击"Boolean"（布尔）运算按钮，然后在展开的"Pick Boolean"（拾取布尔）卷展栏下，单击"Pick Operand B"（拾取对象 B）按钮，对其进行布尔运算。具体操作步骤如图1-2-5所示。

（5）"Boolean"（布尔）运算后的效果如图1-2-6所示。

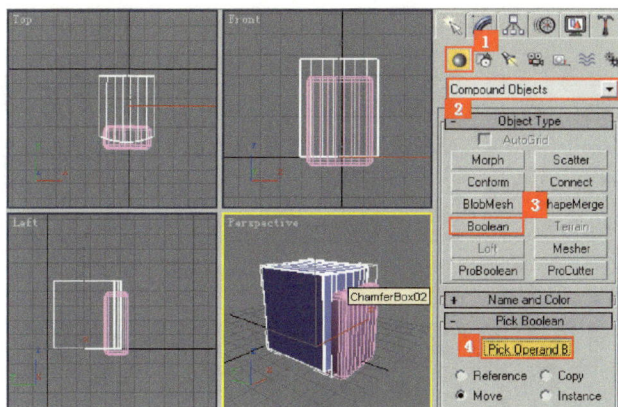

图 1-2-5　布尔运算

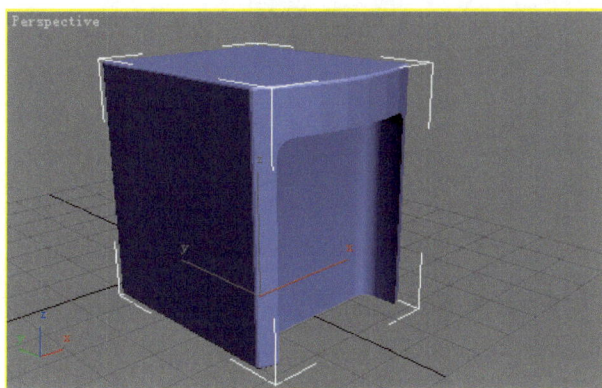

图 1-2-6　效果图

（6）单击"Shapes"（二维造型体）图标，在展开的"Object Type"（对象类型）卷展栏下，单击"Circle"（圆）按钮，并在"AutoGrid"（自动网格）复选框中打钩，然后用鼠标直接在"Left"（左）视图中的机身左侧面绘制出圆形，半径为 5。单击"Modify"（修改）图标，在展开的"Modifier List"（修改器列表）的下拉列表中，选择"Edit Spline"（编辑曲线）修改器并展开，单击"Vertex"（顶点）图标进入节点子物体层级，调整曲线的点如图 1-2-7 所示。

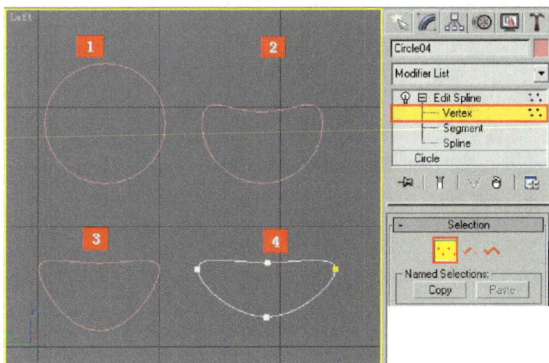

图 1-2-7　调节曲线的点

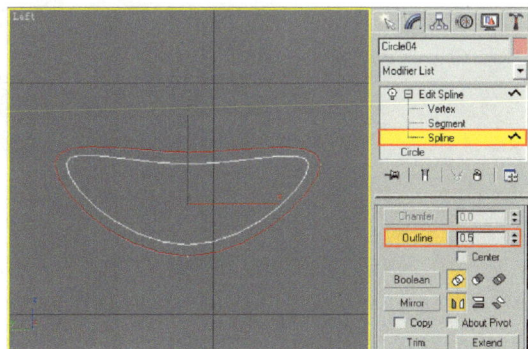

图 1-2-8　双线轮廓

（7）在展开的"Selection"（选择）卷展栏下，单击"Spline"（曲线）图标进入曲线子物体层级，在"Left"（左）视图中选中（6）中的曲线，在展开的"Geometry"（几何）卷展栏下，单击"Outline"（轮廓）按钮，输入值为0.5，使曲线产生双线轮廓，如图1-2-8所示。

（8）在展开的"Modifier List"（修改器列表）的下拉列表中，选择"Extrude"（拉伸）修改器，在"Parameters"（参数）卷展栏下，设置"Amount"（数量）为0.5，如图1-2-9所示。切换到"Top"（顶）视图，单击操作界面上方工具栏上的"Select and move"（选择并移动）按钮，按住Shift键对其进行复制，并移动到合适的位置。

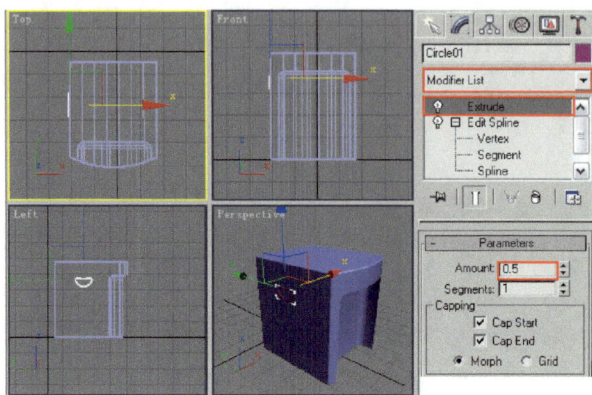

图 1-2-9　拉伸并复制

（9）在"Top"（顶）视图中，先单击"Shapes"（二维造型体）图标，确定"AutoGird"（自动网格）复选框被勾选，在展开的"Object Type"（对象类型）卷展栏下，单击"Circle"（圆）按钮，在机身的顶部中心处绘出圆，设置其半径为7.5，如图1-2-10所示。

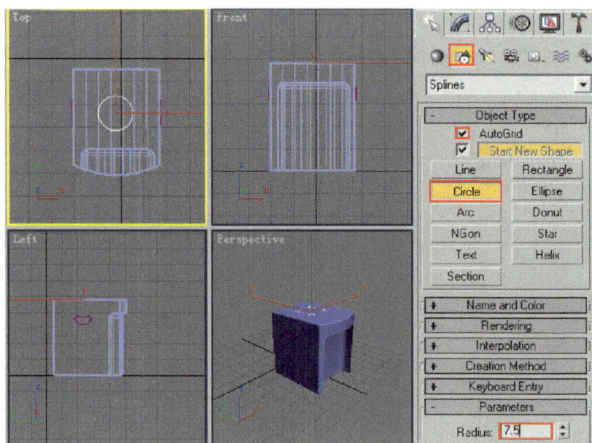

图 1-2-10　绘制圆

（10）单击"Rectangle"（矩形）按钮，在机身的顶部绘制一个居中的矩形，并且与（9）中的圆形在同一水平线上。单击"Modify"（修改）图标，在"Modifier List"（修改器列表）的下拉列表框中选择"Edit Spline"（编辑曲线）修改器并展开，在展开的"Selection"（选择）卷展栏下，单击"Vertex"（顶点）图标进入节点子物体层级，在"Top"（顶）视图中将矩形修改成如图1-2-11所示形状。

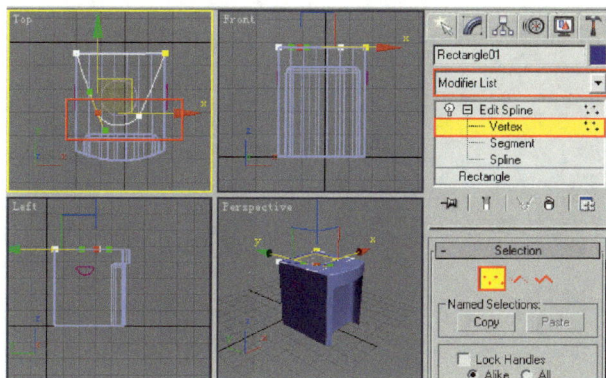

图 1-2-11　修改矩形

　　当矩形转换成"Edit Spline"（编辑曲线）后，进入"Vertex"（顶点）编辑状态，如果要想将节点上的两条直线变成弯曲的曲线，可以对该节点单击鼠标右键，然后选择"Bezier"（贝兹），通过控制该节点两边的控制点，来改变曲线的曲度等。

　　（11）再次单击"Vertex"（顶点）图标，使其不被选中，即退出点的编辑。在展开的"Geometry"（几何）卷展栏下，单击"Attach"（连接）按钮，然后选中圆形，这样就可以将矩形和圆连接成同一个虚线了。在展开的"Modifier List"（修改器列表）的下拉列表中，选择"Bevel"（倒角）修改器，在展开的"Bevel Values"（倒角值）卷展栏下修改参数，得到如图 1-2-12 所示效果。

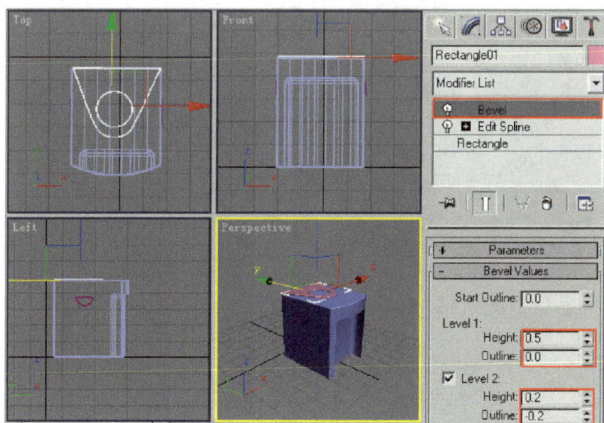

图 1-2-12　设置倒角参数

　　（12）单击"Create"（建立）→"Shapes"（二维造型体）图标，在展开的"Object Type"（对象类型）卷展栏下，单击"Line"（画线）按钮，在"Left"（左）视图中绘出一条曲线，然后单击"Modify"（修改）图标，在展开的"Modifier List"（修改器列表）的下拉列表中，选择"Lathe"（车削）修改器，在展开的"Parameters"（参数）卷展栏下，单击"Min"（最小）按钮，如图 1-2-13 所示。

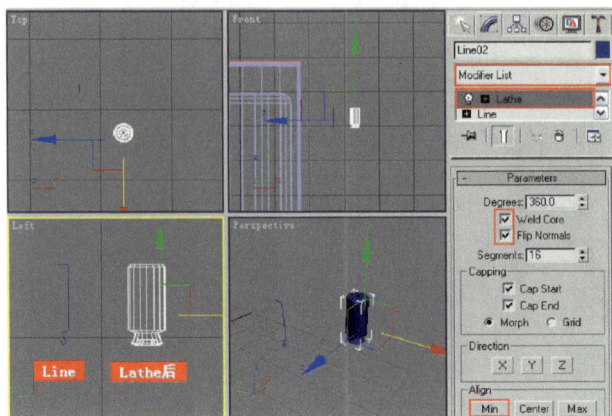

图 1-2-13　绘制曲线并旋转

参数设置中，"Weld Core"（焊接核心）控制是否焊接中心点；"Flip Normals"（镜像法线）控制旋转产生的网格面的法线方向，同学们可根据不同情况自己灵活修改。

（13）单击"Geometry"（几何）图标，再单击"Box"（长方体）按钮，在"Left"（左）视图中绘出长方体，位置及参数设置如图 1-2-14 所示。

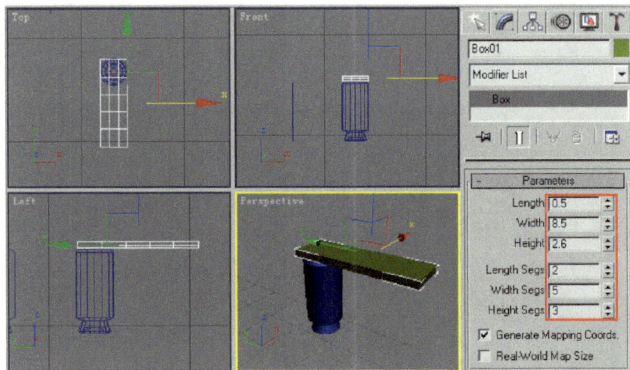

图 1-2-14　绘制长方体

（14）单击"Modify"（修改）图标，在展开的"Modifier List"（修改器列表）的下拉列表中，为（15）中的长方体添加"FFD（Box）"（盒体自由变形工具）修改器并展开，在展开的"FFD Parameters"（自由变形工具参数）卷展栏下，单击"Set Number Points"（设置点的数量）按钮，在弹出的对话框中设置控制点为"4×4×2"，进入"Control Point"（可控点）子物体层级，编辑的控制点形状如图 1-2-15 所示。

（15）将（14）中的物体同时选中，在操作界面上方菜单栏中选择"Group"（组合）→"Group"（组合）对其进行组合，并在弹出的对话框中输入"出水按钮"。组合后，按住 Shift 键对其进行复制，并拖动到如图 1-2-16 所示位置。

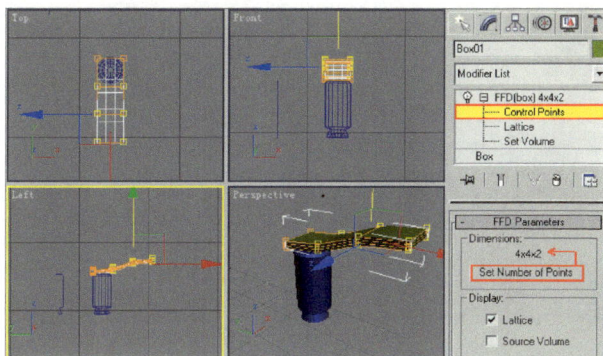

图 1-2-15　编辑控制点

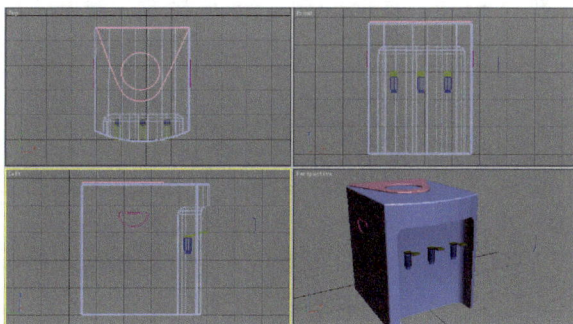

图 1-2-16　设置出水按钮

　　(16) 单击"Create"(建立)→"Shapes"(二维造型体)图标,再单击"Line"(画线)按钮,在"Front"(前)视图中绘制曲线,单击"Modify"(修改)图标,在展开的"Modifier List"(修改器列表)的下拉列表中,选中"Spline"(曲线)修改器,在"Front"(前)视图中选中曲线,在展开的"Geometry"(几何)卷展栏下,单击"Outline"(轮廓)按钮,绘制出来的曲线生成双线轮廓,这是为了让桶壁产生厚度,效果如图 1-2-17 所示。

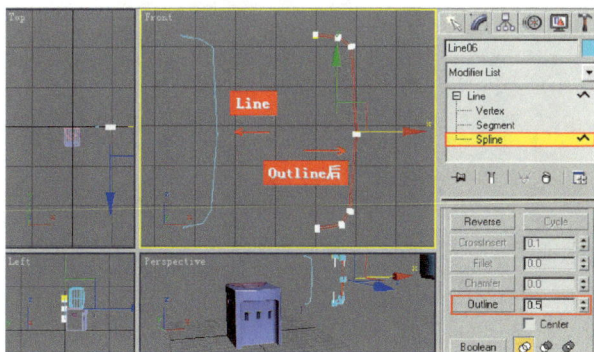

图 1-2-17　绘制曲线并生成双线轮廓

　　(17) 选择"Lathe"(车削)修改器并展开,进入"Axis"(旋转轴)子物体层级,通过调整旋转体的旋转轴来改变旋转半径,如图 1-2-18 所示。

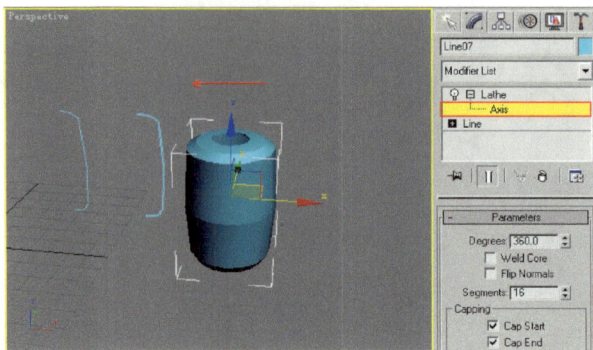

图 1-2-18　改变旋转半径

（18）单击"Geometry"（几何）图标，在展开的"Object Type"（对象类型）卷展栏下，单击"Sphere"（球体）按钮，在"Top"（顶）视图中绘制球体，设置"Radius"（半径）为 26、"Segments"（段数）为 32、"Hemisphere"（半球系数）为 0.885，效果如图 1-2-19 所示。

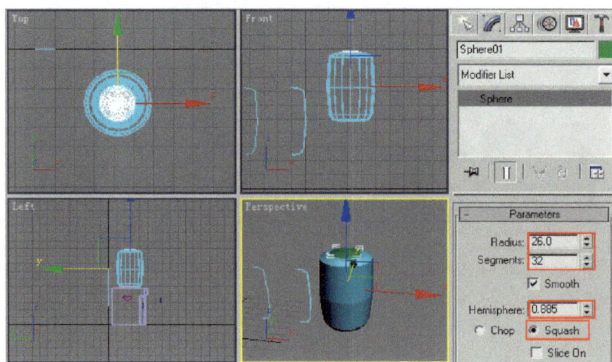

图 1-2-19　创建球体

（19）单击"Create"（建立）→"Shapes"（二维造型体）图标，在展开的"Object Type"（对象类型）卷展栏下，单击"Star"（星形）按钮，在"Top"（顶）视图塑料桶的中心绘制出星形，设置参数如图 1-2-20 所示。

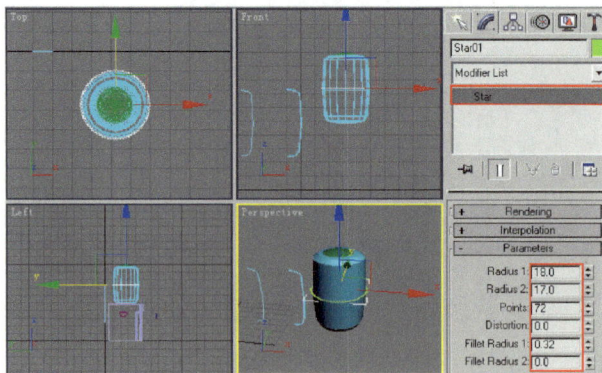

图 1-2-20　绘制星形

（20）单击"Modify"（修改）图标，在展开的"Modifier List"（修改器列表）的下拉列表中，为星形添加"Extrude"（拉伸）修改器，设置"Amount"（数量）为 2，调整位置如图 1-2-21 所示。

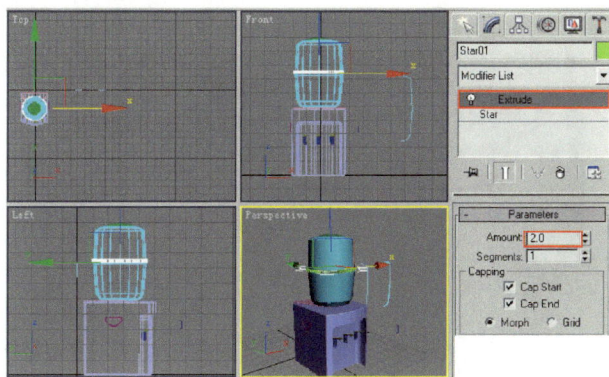

图 1-2-21　拉伸修改器

（21）单击"Create"（建立）→"Shapes"（二维造型体）图标，再单击"Rectangle"（矩形）按钮，在"Top"（顶）视图中创建矩形，形状大小大致与机身前部凹入的部位相贴即可。然后为矩形添加"Edit Spline"（编辑曲线）修改器并展开，进入"Vertex"（顶点）子物体层级，编辑后如图 1-2-22 所示。

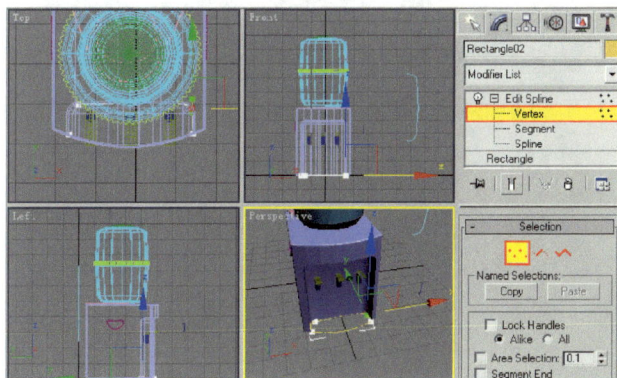

图 1-2-22　创建矩形

（22）选中"Spline"（曲线）修改器进入曲线子物体，单击"Outline"（轮廓）按钮，输入 0.5，产生如图 1-2-23 所示的双曲线。

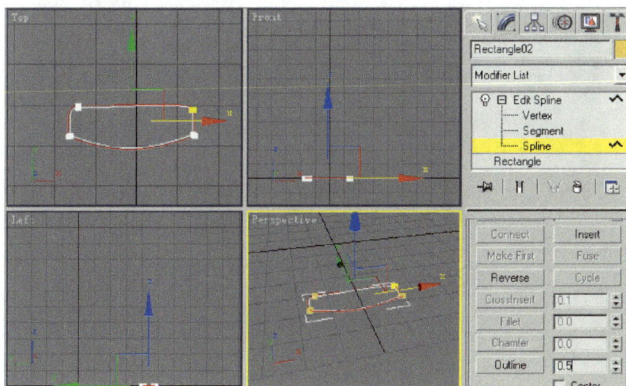

图 1-2-23　创建双曲线

（23）在展开的"Modifier List"（修改器列表）的下拉列表中，添加"Extrude"（挤出）修改器，效果如图 1-2-24 所示。

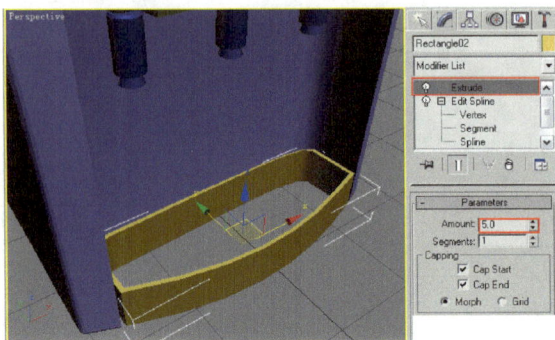

图 1-2-24　挤出修改器

（24）单击"Geometry"（几何）图标，在展开的"Object Type"（对象类型）卷展栏下，单击"Box"（长方体）按钮，将底盖和中间的插口做到底盘上，最终效果如图 1-2-25 所示。

图 1-2-25　最终效果图

四、拓展训练——"婴儿床"的制作

利用创建二维图形、"Boolean"（布尔）运算等创建一张婴儿床的三维模型，最终效果如图 1-2-26 所示。（无需贴图与灯光）

图 1-2-26　婴儿床

任务三 飞机建模

一、任务描述

在 3ds Max 9.0 中,很多复杂物体的建模,通常会使用最基本的"Box"(长方体)命令来创建,然后通过改变点、线、面的数量及运用挤出、拉伸等功能来实现。

本任务中,通过利用 3ds Max 9.0 软件,创建如图 1-3-1 所示的装饰物——飞机模型。

二、任务分析

本任务要求创建一个飞机模型,我们将通过编辑 3ds Max 9.0 建模方式中最基本的"Mesh"(网格)对象命令,来制作飞机的形体。然后,在模型上执行"Mesh Smooth"(网格平滑)命令,将表面制作地光滑、逼真。

图 1-3-1 飞机模型

三、方法与步骤

(1) 打开 3ds Max 9.0 软件,单击"Create"(建立)→"Geometry"(几何)图标,在展开的"Object Type"(对象类型)卷展栏下,单击"Box"(长方体)按钮,在"Top"(顶)视图中进行拖动,设置相应参数后,制作出一个如图 1-3-2 所示的盒子。

(2) 在"Perspective"(透)视图中,在(1)中制作的盒子上单击鼠标右键,选择"Convert To"(转换至)菜单→"Convert to Editable Mesh"(转换至可编辑的网格)命令,将物体转换成"Mesh"(网格)对象,如图 1-3-3 所示。

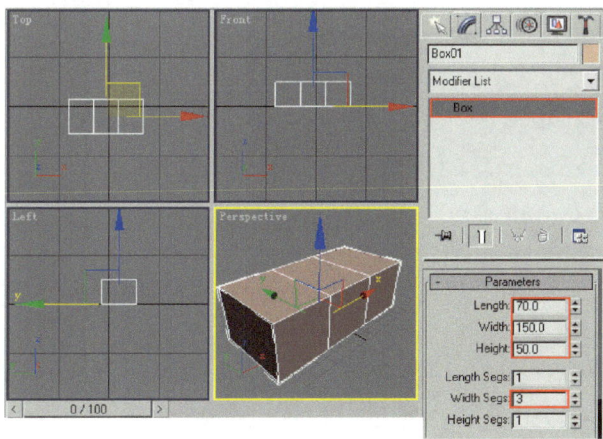

图 1-3-2 创建长方体

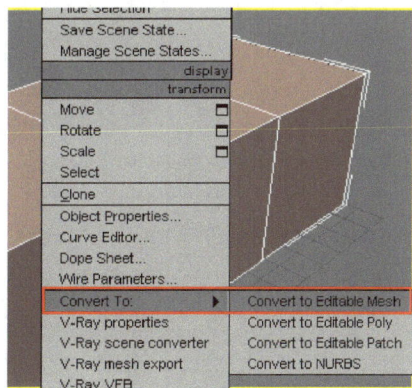

图 1-3-3 转换成网格

3ds Max 9.0——室内设计

（3）在展开的"Modifier List"（修改器列表）的下拉菜单中，选择"Editable Mesh"（可编辑网格）→"Vertex"（顶点）项，制作成可以对"Mesh"（网格）对象的子对象进行编辑的状态。在"Perspective"（透）视图中，按住 Ctrl 键，单击前半部分的 4 个顶点，并在"Top"（顶）视图中，略向左侧移动选定的点，制作出如图 1-3-4 所示的形状。

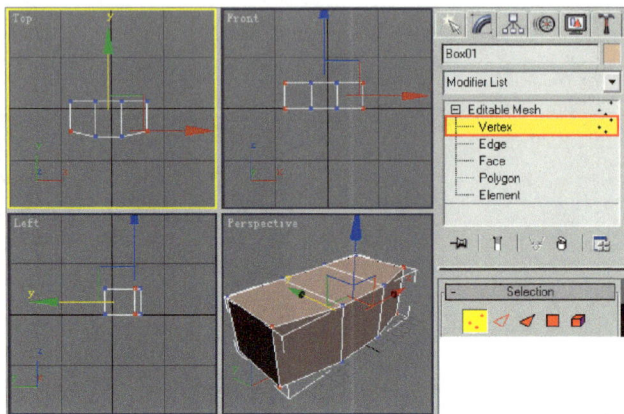

图 1-3-4　编辑网格

（4）在展开的"Modifier List"（修改器列表）的下拉列表中，选中"Polygon"（多边形）子项，然后在"Perspective"（透）视图中，按住 Ctrl 键，分别选中前半部分的左右两小面，在展开的"Edit Geometry"（编辑几何）卷展栏下，单击"Extrude"（挤出）按钮，拖动前面选定的面，制作效果如图 1-3-5 所示。

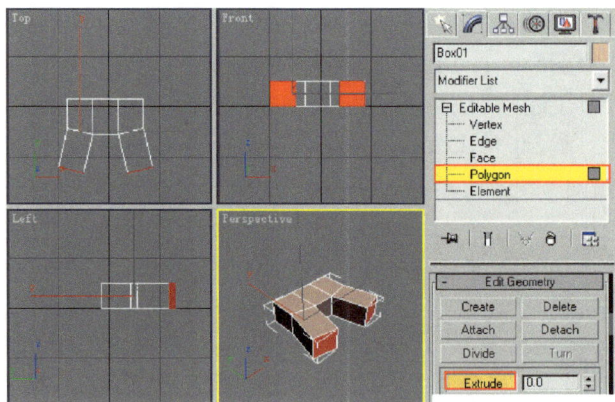

图 1-3-5　挤出命令

（5）在展开的"Modifier List"（修改器列表）的下拉列表中，选中"Vertex"（顶点）子项，移动新生成的点，制作成如图 1-3-6 所示的形状。

（6）在展开的"Modifier List"（修改器列表）的下拉列表中，选中"Polygon"（多边形）子项，（4）中选定的两个面处于被选定的状态。再单击"Bevel"（倒角）按钮，拖动选定的面，制作出倒角效果，如图 1-3-7 所示。

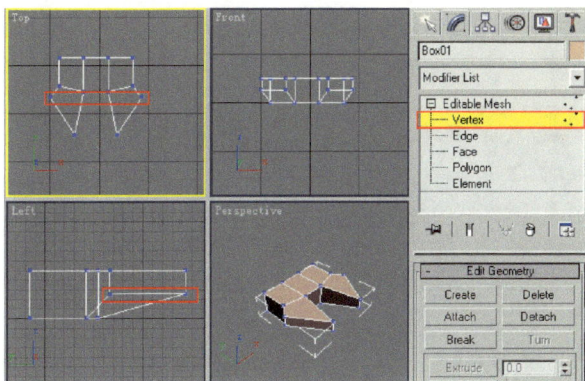

图 1-3-6　移动点

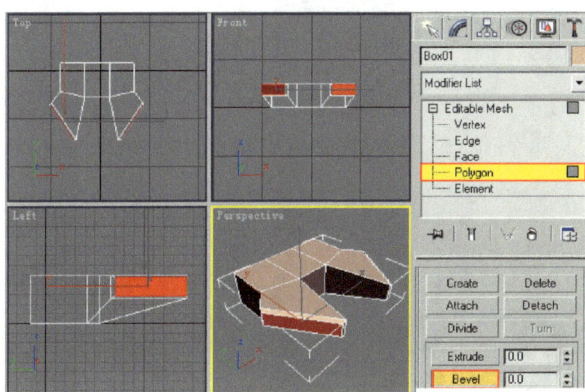

图 1-3-7　倒角操作设置

"Bevel"（倒角）的操作需要注意的是：第一次拖动是要先设置抽取的长度，按住鼠标不放；第二次放开鼠标左键后，移动是为了设置切割斜角的程度。

（7）在"Bevel"（倒角）状态下，拖动选定的面，在内侧进行倒角操作，如图 1-3-8 所示。

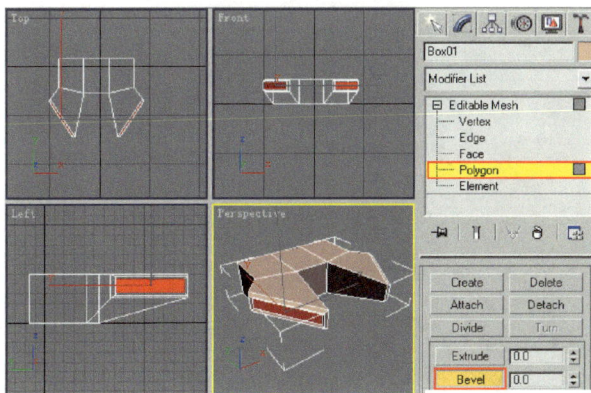

图 1-3-8　倒角操作效果

（8）单击"Extrude"（挤出）按钮，向下拖动选定的面，向内侧进行挤压操作，然后单击鼠标右键结束操作，效果如图 1-3-9 所示。

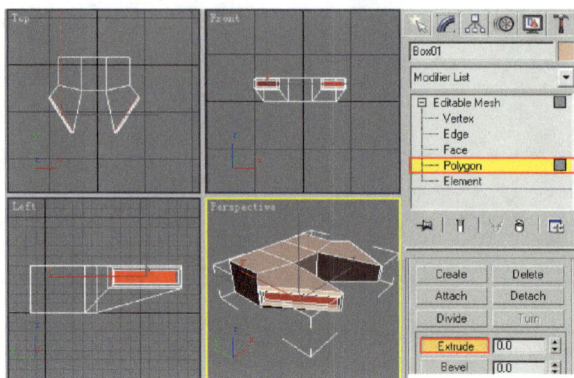

图 1-3-9　挤出操作

（9）选择飞机模型两个空气入口之间的面，单击"Bevel"（倒角）按钮，拖动选定的面，如图 1-3-10 所示，挤压成两个斜角，然后单击鼠标右键，结束操作。

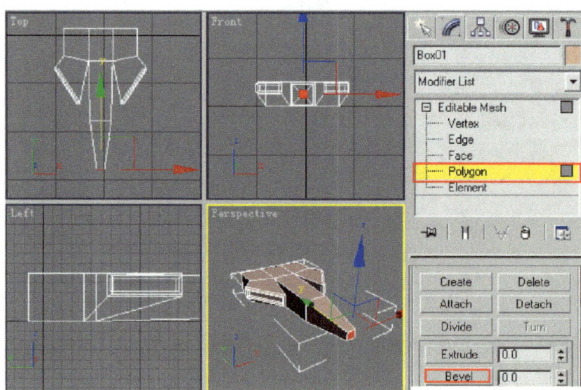

图 1-3-10　倒角操作

（10）在"Top"（顶）视图中，按住 Ctrl 键，鼠标左键单击飞机模型主体上部的两个面，一并选定后，再单击"Bevel"（倒角）按钮，拖动选定的面，对其进行两次倒角操作，制作出如图 1-3-11 所示的效果。

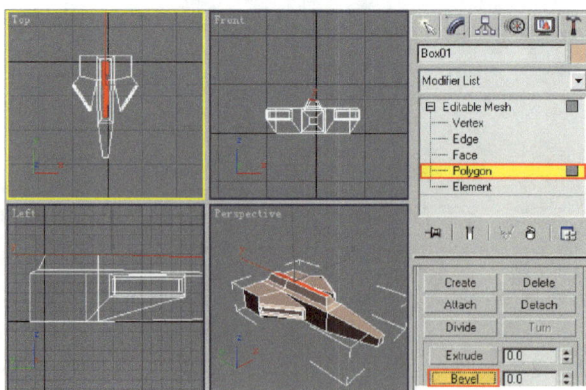

图 1-3-11　两次倒角效果

（11）在"Left"（左）视图中，在展开的"Modifier List"（修改器列表）的下拉列表中，选择"Vertex"（顶点）子项，并移动（10）中制作的物体的点，调整效果如图1-3-12所示。

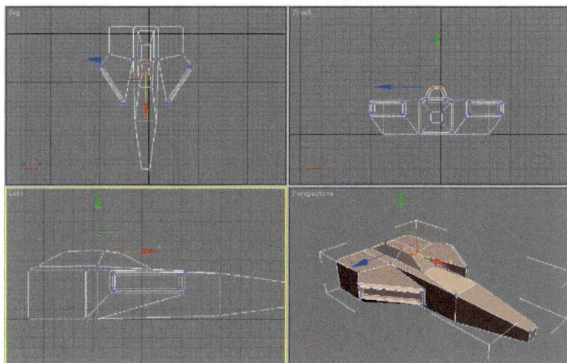

图1-3-12　调整效果

（12）在"Perspective"（透）视图中，在展开的"Modifier List"（修改器列表）的下拉列表中，选择"Polygon"（多边形）子项，按住Ctrl键，鼠标左键单击主体后部两侧的两个面，然后单击"Extrude"（挤出）按钮，拖动选定的面，如图1-3-13所示进行挤压。

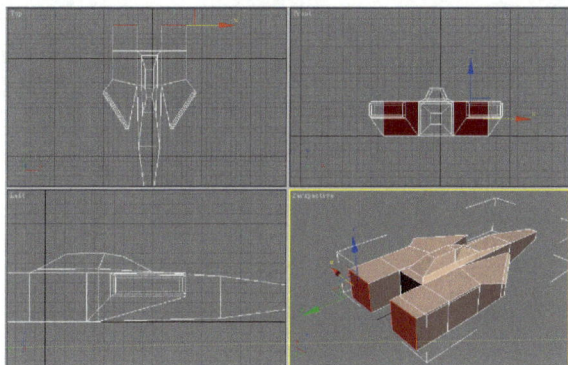

图1-3-13　挤出操作

（13）单击操作界面上方工具栏上的 "Select and Non-uniform Scale"（选择并不等比例缩放）按钮，再选择中心轴的 "Use Pivot Point Center"（使用轴心点为变换轴心）按钮，然后拖动选定的两个面，调节其大小效果如图1-3-14所示。

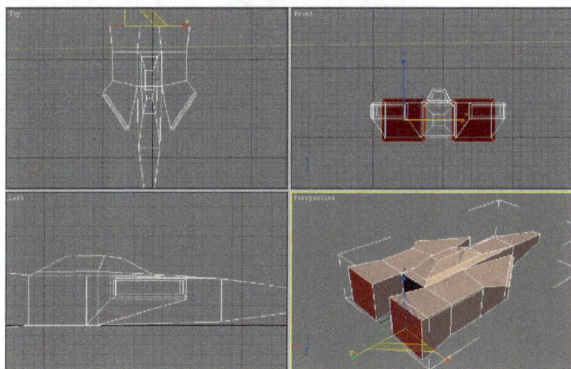

图1-3-14　缩放操作

调节大小时,如果向上方拖动鼠标,可以放大垂直距离;如果向左侧拖动鼠标,可以缩小水平距离。

(14)单击"Bevel"(倒角)按钮,对(13)中选定的面进行两次倒角操作,制作出主体后部的排气口。选择"Vertex"(顶点)子项,在"Left"(左)视图中,先单击"Select and Rotate"(选择并旋转)按钮,然后拖动主体后方排气口的点进行旋转,效果如图1-3-15所示。

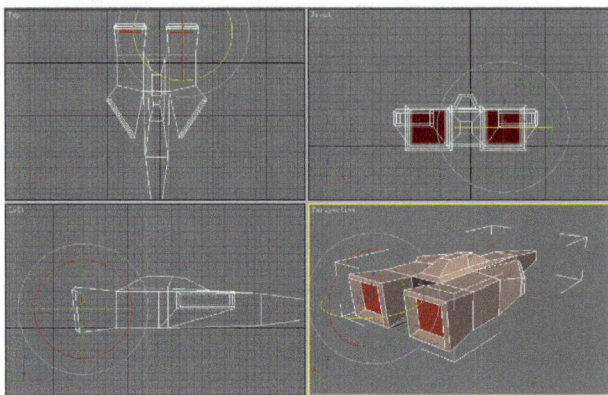

图1-3-15 旋转操作

(15)在展开的"Modifier List"(修改器列表)的下拉列表中,选择"Polygon"(多边形)子项,然后选中主体后方两个排气口之间的面,单击"Extrude"(挤出)按钮,拖动选定的面进行挤压操作,效果如图1-3-16所示。

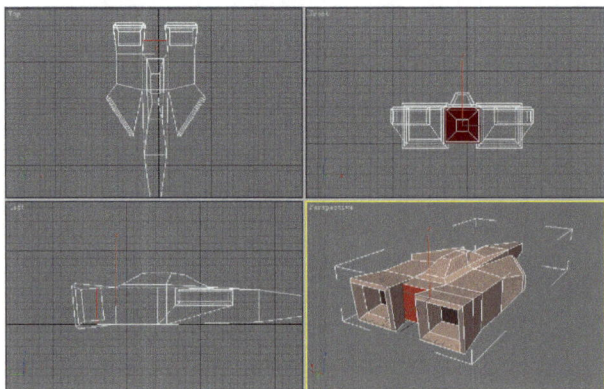

图1-3-16 挤压操作效果

(16)单击"Select and Uniform Scale"(选择并等比例缩放)按钮,调整(15)中选定面的大小,再单击"Pan"(移动)图标,移动到适当的位置上,如图1-3-17所示。

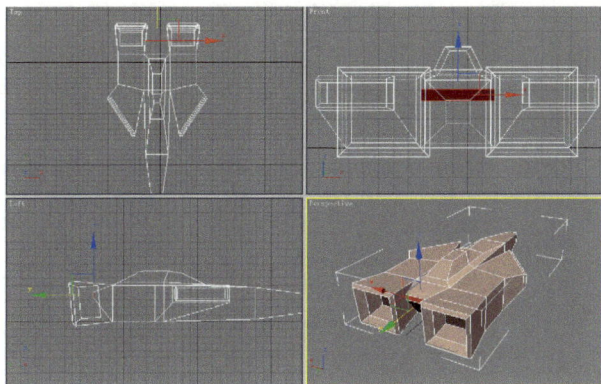

图 1-3-17　缩放并移动

（17）在操作界面上方的工具栏上，单击 ✥ "Select and Move"（选择并移动）图标，一并选择主体后方的两个点以后，在"Left"（左）视图中，向后移动选定的点，如图 1-3-18 所示。

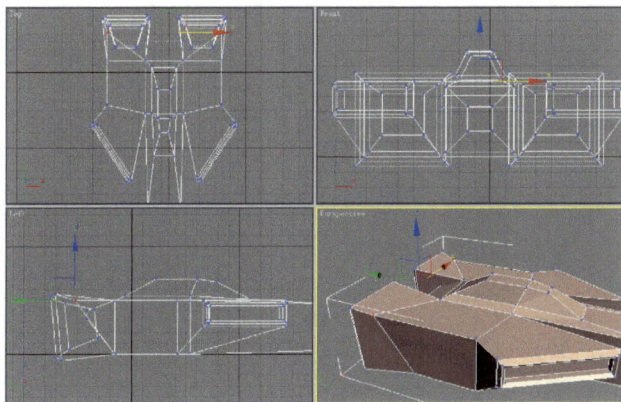

图 1-3-18　移动操作

（18）选择"Edge"（边）子项，单击"Cut"（剪切）按钮，并如图 1-3-19 所示，插入边。使用相同的方法，在主体的另一侧也制作出新的边。

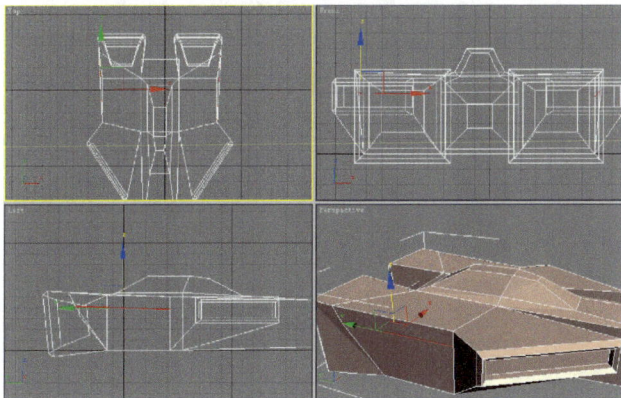

图 1-3-19　插入边

(19) 在展开的"Modifier List"(修改器列表)的下拉列表中,选择"Polygon"(多边形)子项,按住 Ctrl 键,选中主体两侧的面,再单击"Extrude"(挤出)按钮,将选定的面挤压成如图 1-3-20 所示的效果。

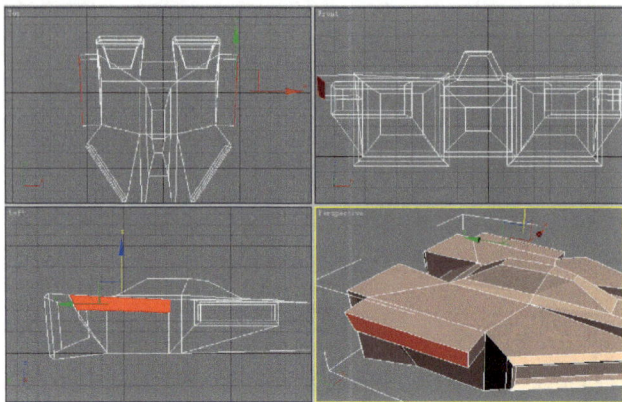

图 1-3-20 挤压操作效果

(20) 在展开的"Modifier List"(修改器列表)的下拉列表中,选择"Vertex"(顶点)子项,选择(19)中新制作的面的点,然后在"Left"(左)视图中,稍微向后移动,制作出机翼的角度,如图 1-3-21 所示。

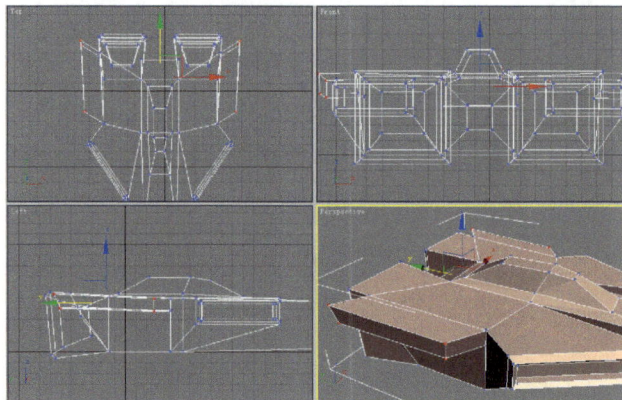

图 1-3-21 制作机翼角度

(21) 在展开的"Modifier List"(修改器列表)的下拉列表中,选择"Polygon"(多边形)子项,单击"Bevel"(倒角)按钮,拖动已经选定的机翼两边的面,将其制作成如图 1-3-22 所示的倒角效果,再单击鼠标右键,结束操作。然后在"Left"(左)视图中,向后移动选定的面。

(22) 在展开的"Modifier List"(修改器列表)的下拉列表中,选择"Edge"(边)子项,单击"Cut"(剪切)按钮,然后在主体后部插入两个边,用于制作尾翼,如图 1-3-23 所示。

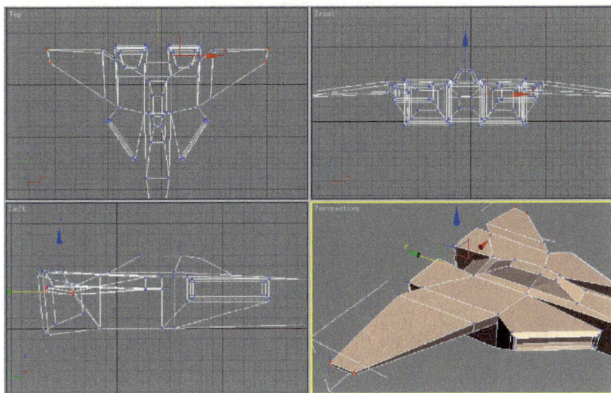

图 1-3-22　倒角操作

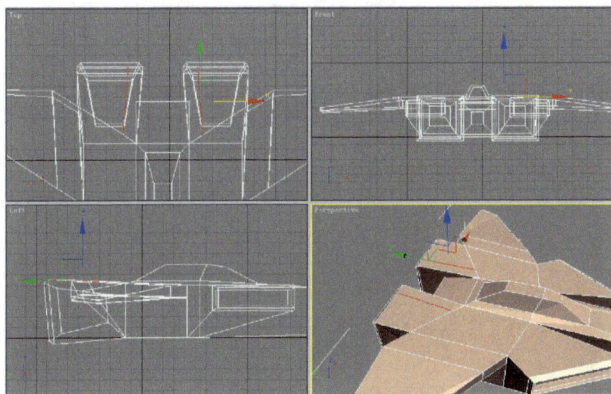

图 1-3-23　制作机翼

（23）在展开的"Modifier List"（修改器列表）的下拉列表中，选择"Polygon"（多边形）子项，鼠标左键单击被边分成的两个面后，再单击"Bevel"（倒角）按钮，拖动选定的面，将其挤压成如图 1-3-24 所示的效果。

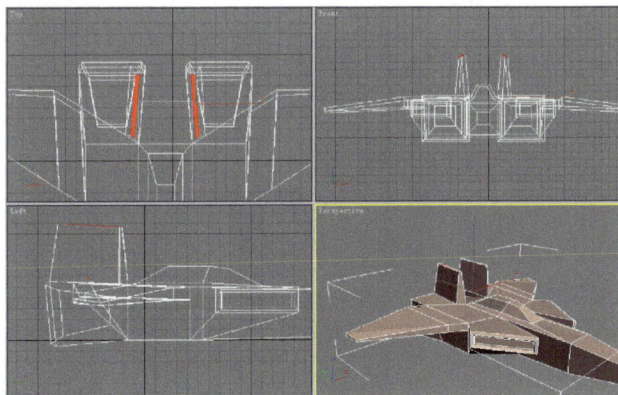

图 1-3-24　倒角操作

（24）单击"Select and Uniform Scale"（选择并等比例缩放）按钮，缩小选定面的大小，然后在展开的"Modifier List"（修改器列表）的下拉列表中，选择"Vertex"（顶点）子项，把尾翼后端的点全部选定，然后在"Left"（左）视图中，按照适当的角度旋转选定的点，如图 1-3-25 所示。

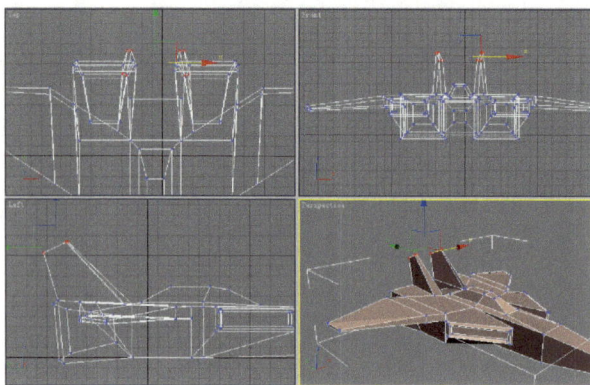

图 1-3-25　旋转点

（25）分别选定两侧的尾翼的点，然后在"Front"（前）视图中左右移动，调整为一个适当的角度，移动尾翼的点，修改其形状，如图 1-3-26 所示。

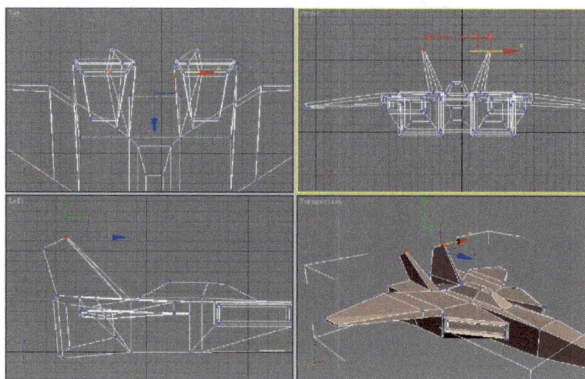

图 1-3-26　修改尾翼

（26）在"Modifier List"（修改器列表）的下拉列表中，选择"Mesh Smooth"（网格平滑）子项，设置具体参数，如图 1-3-27 所示。

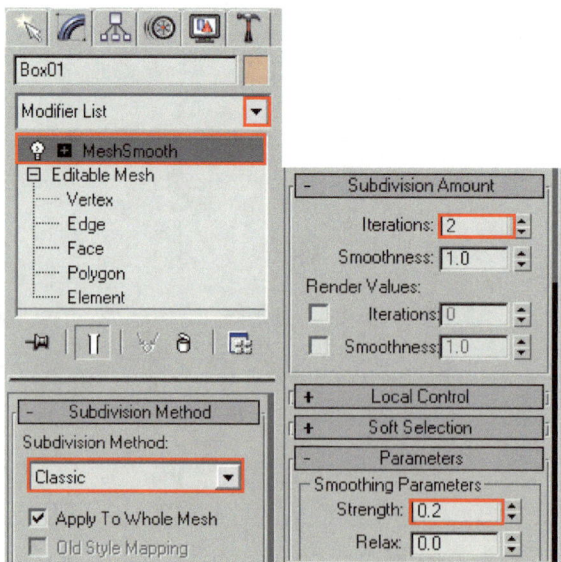

图 1-3-27　设置网格平滑参数

（27）最终效果如图 1-3-1 所示。

四、拓展训练——"门"的制作

利用创建二维图形、网格平滑命令等制作一扇门的三维模型，最终效果如图 1-3-28 所示。

图 1-3-28　门

项目二
简约中式卧室设计

传统风格是一种在室内设计的布置、线形、色调及家具、陈设、造型等方面,吸收传统装饰的"形"、"神"特征,运用传统美学法则,使现代材料与结构塑造出规整、端庄、典雅、有高贵感的设计潮流。它反映了身处后工业化时代的现代人的怀旧情结和对传统的怀念,促使设计师们从历史中去寻找灵感,如:中国的传统风格,西方传统风格中的罗马式、哥特式、文艺复兴式、洛可可式,日本传统风格等。传统风格常给人以历史的延续和地域文脉的感受,它使室内环境突出了民族文化渊源的特征。

任务一　台灯建模

一、任务描述

台灯是室内设计装饰中的一个部分,柔和的灯光效果,能为卧室带来温馨的感觉。

本任务中,通过二维建模等方法创建如图 2-1-1 所示的台灯。

二、任务分析

本任务要求创建一个台灯模型,使用二维建模方法,并运用"Lathe"(车削)修改器将台灯转换成三维效果,这种建模方式很好地解决了较为复杂的形体创建。

三、方法与步骤

(1)打开 3ds Max 9.0 软件,单击 "Create"(建立)→ "Shapes"(二维造型体)图标,在展开的"Object Type"(对象类型)卷展栏下,单击"Line"(画线)按钮,如图 2-1-2 所示。

(2)在"Front"(前)视图中,创建出如图 2-1-3 所示的线条效果,单击鼠标右键,即可退出线段编辑操作。

图 2-1-1　台灯

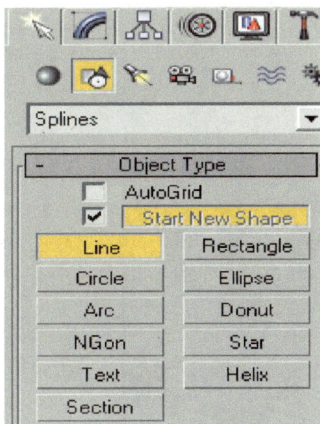

图 2-1-2　创建线

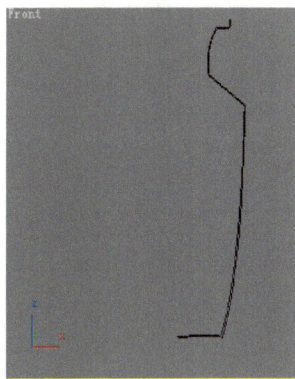

图 2-1-3　创建线条效果

（3）单击"Modify"（修改）图标，在"Modifier List"（修改器列表）的下拉列表中选择"Lathe"（车削）子项，如图 2-1-4 所示。

（4）在展开的"Parameters"（参数）卷展栏下，设置"Segments"（分段数）为 30，再单击"Y"（y）轴和"Min"（最小）按钮，如图 2-1-5 所示。

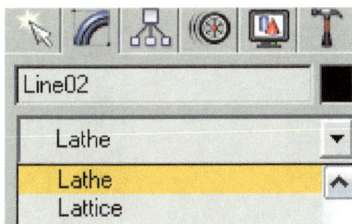

图 2-1-4　车削修改器

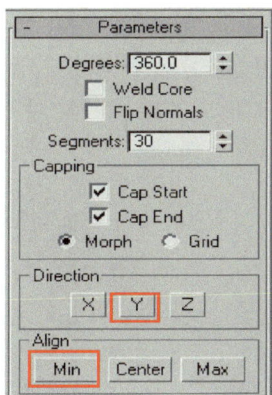

图 2-1-5　设置参数

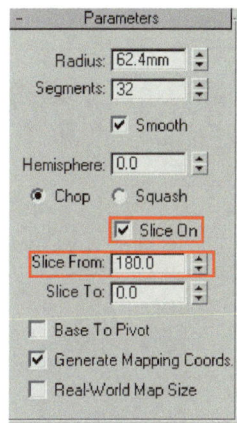

图 2-1-6　修改参数

（5）单击"Create"（建立）→"Geometry"（几何）图标，在展开的"Object Type"（对象类型）卷展栏下，单击"Sphere"（球体）按钮，在"Front"（前）视图中创建一个球体，然后单击"Modify"（修改）图标，在展开的"Parameters"（参数）卷展栏下，勾选"Slice on"（限幅）复选框，如图 2-1-6 所示修改参数使它变成一个半圆。

（6）单击操作界面上方工具栏上的"Select and Rotate"（选择并旋转）图标，再单击鼠标右键，在弹出的对话框中，如图 2-1-7 所示修改"Y"（y）轴的参数。

（7）单击"Create"（建立）→"Geometry"（几何）图标，在展开的"Object Type"（对象类型）卷展栏下，单击"Cylinder"（圆柱体）按钮，并在"Top"（顶）视图中创建物体（黑色的小圆），如图 2-1-8 所示。

（8）同时选中球体和圆柱体，单击操作界面上方工具栏上的 "Select and Uniform Scale"（选择并等比例缩放）图标，并在"Front"（前）视图中进行适当的调整，效果如图 2-1-9 所示。

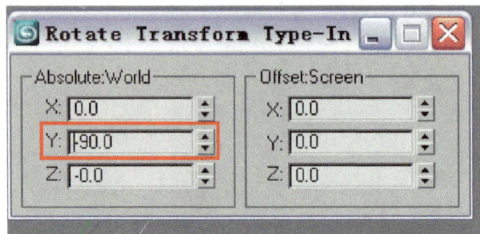

图 2-1-7 修改参数

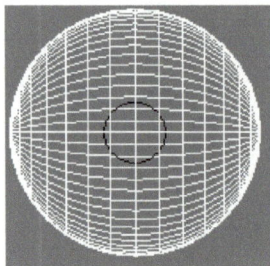

图 2-1-8 创建圆柱

图 2-1-9 缩放效果

(9) 单击"Create"(建立)→"Geometry"(几何)图标,在展开的"Object Type"(对象类型)卷展栏下,单击"Tube"(圆筒)按钮,在"Top"(顶)视图中进行创建(图中白色部分),如图 2-1-10 所示。

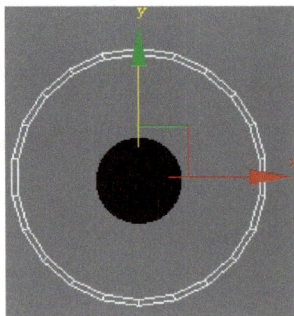

图 2-1-10 创建圆筒

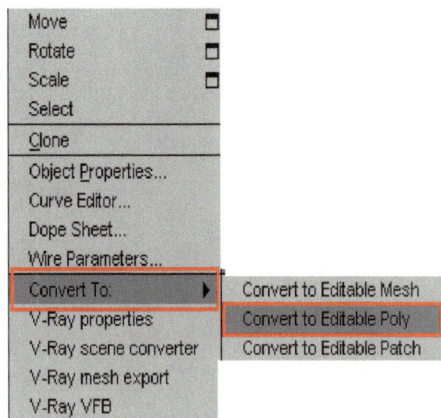

图 2-1-11 转化设置

(10) 鼠标右键单击(9)中创建的灯罩,选择"Convert To"(转化至)菜单→"Convert to Editable Poly"(转化为可编辑的多边形)命令,如图 2-1-11 所示。

(11) 单击"Modify"(修改)图标,在展开的"Selection"(选择)卷展栏下,单击 "Vertex"(顶点)图标,进入点层级,如图 2-1-12 所示选中所需要的点。

(12) 单击操作界面上方工具栏上的"Select and Uniform Scale"(选择并等比例缩放)按钮,在"Top"(顶)视图中进行缩放,如图 2-1-13 所示。

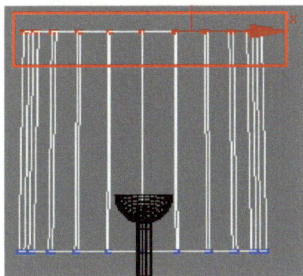

图 2-1-12　点层级

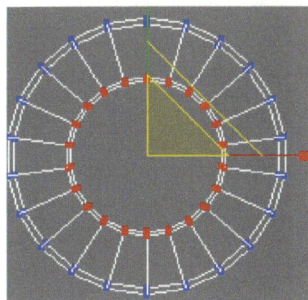

图 2-1-13　缩放效果

（13）将前面创建的物体进行有序的排列和缩放，最终得到如图 2-1-1 所示效果。

四、拓展训练——"落地灯"的制作

制作如图 2-1-14 所示的落地灯模型，具体制作思路如下：

（1）底盘运用圆柱体制作，并赋予灰色，支撑部分（即黄色支撑杆）可用圆柱体完成。注意三段衔接处的部位的制作，如图 2-1-15 所示，从左到右共有 7 个圆柱体，均采用圆角圆柱体完成。

（2）设计制作如图 2-1-16 所示的灯部分，其接缝处可用布尔运算或者放样等方法制作，也可以运用各零部件分开创建来制作。灯内白色部分需先布尔运算掏空，再添加白色圆柱体（或设置材质为白色自发光）方可完成。

图 2-1-14　落地灯

图 2-1-15　衔接部位

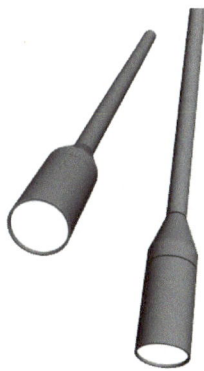

图 2-1-16　灯

小知士

运用各零部件分开创建的方式是最为简单的，同学们可以先用圆柱体创建最长最细部分的连接杆，再用"Cone"（圆锥体）创建前小后大的圆柱体，最后再创建一个最大的圆柱体作为灯罩，注意灯罩内部需要利用布尔运算进行掏空，然后再添加白色的内部灯源效果。

任务二 测试渲染设置及灯光布置

一、任务描述

先进行测试渲染参数设置,这样可以使较低的配置得到较快的渲染速度,提高工作效率,之后再进行灯光设置。灯光设置包括室外自然光和室内人造光源的建立。本任务中,要求对已有素材进行渲染及灯光设置,最后效果如图2-2-1所示。

二、任务分析

本任务中的主光源为日光,可通过运用两盏VaryLight灯光来表现,而室内的辅助光源主要是台灯和筒灯,这里同样运用VaryLight灯光来表现。

图 2-2-1 最终效果

三、方法与步骤

打开配套光盘中的"项目二\任务二\初始文件. max",如图2-2-2所示。该文件是一个已经创建好的卧室场景模型,并且场景中的摄像机也已经创建完毕。

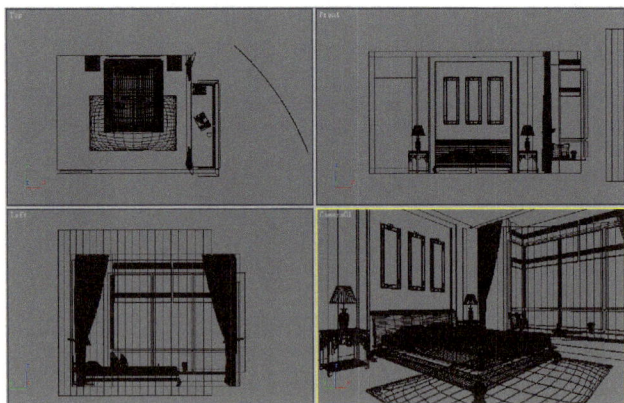

图 2-2-2 卧室场景模型

1. 设置测试渲染参数

(1)单击F10键,在弹出的"Render Scene"(渲染场景)对话框中,选择"Common"(常规)选项卡,在"Output Size"(输出尺寸)选项板中进行设置,具体参数如图2-2-3所示。

(2)单击"Renderer"(渲染器)选项卡,在展开的"V-Ray::Global switches"(全局开关)卷展栏下,如图2-2-4所示设置参数。

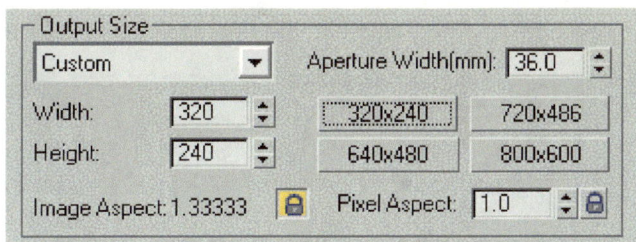

图 2-2-3　设置输出尺寸

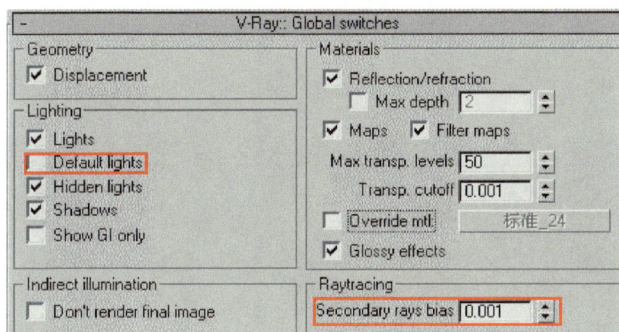

图 2-2-4　全局开关卷展栏

（3）在展开的"V-Ray：：Image sampler（Antialiasing）"（抗锯齿采样）卷展栏下，如图 2-2-5 所示设置参数。

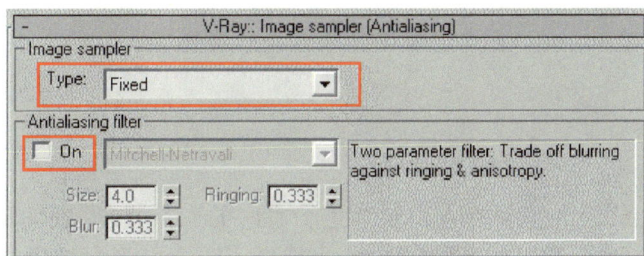

图 2-2-5　抗锯齿采样卷展栏

（4）在展开的"V-Ray：：Indirect illumination（GI）"（间接照明）卷展栏下，如图 2-2-6 所示设置参数。

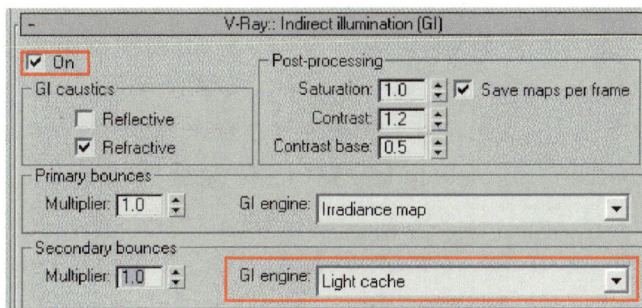

图 2-2-6　间接照明卷展栏

（5）在展开的"V-Ray∷Irradiance map"（发光贴图）卷展栏下，如图 2-2-7 所示设置参数。

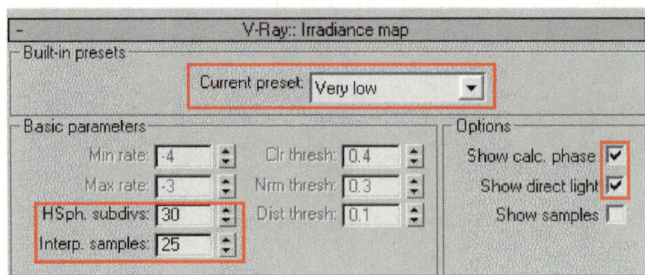

图 2-2-7　发光贴图卷展栏

（6）在展开的"V-Ray∷Light cache"（灯光缓存）卷展栏下，如图 2-2-8 所示设置参数。

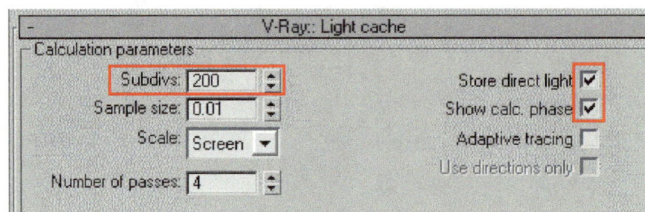

图 2-2-8　灯光缓存卷展栏

Subdivs：即细分值，确定有多少条来自摄像机的路径被追踪。在草图设置中，细分值不宜过高。

2. 布置场景灯光

本模型的场景光线来源主要为室外自然光及室内的人造光源，在为场景创建灯光前，首先应用一种白色材质覆盖场景中的所有物体，这样便于观察灯光对场景的影响。

（1）单击 M 键打开"Material Editor"（材质编辑器）对话框，选择第 1 个空白材质球，单击"Standard"（标准）按钮，在弹出的"Material/Map Browser"（材质/贴图浏览器）对话框中双击鼠标左键选择"VRayMtl"（VRay 专业材质）材质，并将材质命名为"替换材质"，具体参数设置如 2-2-9 所示。

（2）单击 F10 键，在弹出的"Render Scene"（渲染场景）对话框中，选择"Renderer"（渲染器）选项卡，在展开的"V-Ray∷Global switches"（全局开关）卷展栏下，勾选"Override mtl"（替换材质）复选框，然后单击"Material Editor"（材质编辑器）对话框中的贴图通道按钮，按住 Shift 键将材质球拖动至"Override mtl"（替换材质）复选框的按钮处，并以"Instance"（关联）方式进行关联复制，具体参数设置如图 2-2-10 所示。

（3）单击"Create"（建立）→ "Lights"（灯光）图标，在下拉列表中选择"V-Ray"选项，然后在展开的"Object Type"（对象类型）卷展栏下单击"VRayLight"（VRay 灯光）按钮，在场景中创建一盏 VRayLight 用来模拟自然光，具体位置如图 2-2-11 所示。

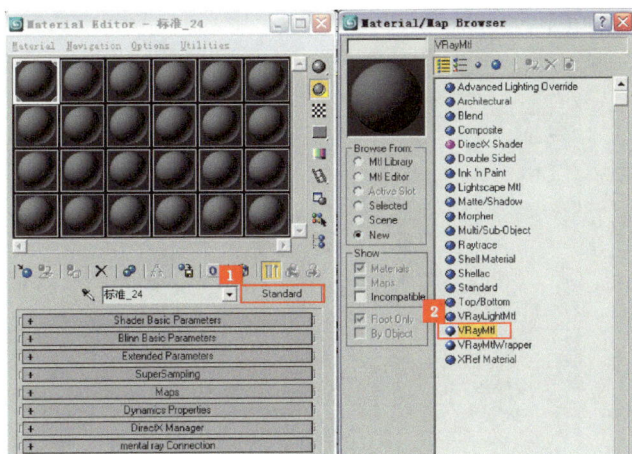

（a）选择材质

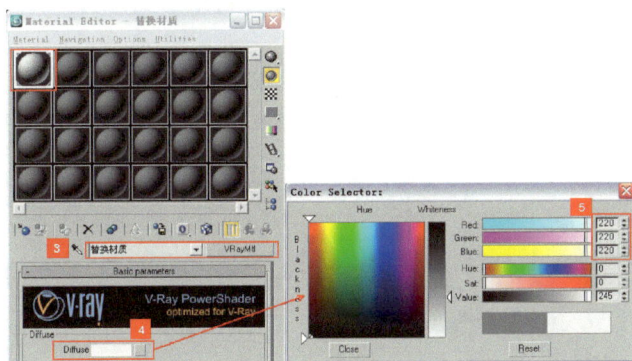

（b）设置参数

图 2-2-9　设置材质

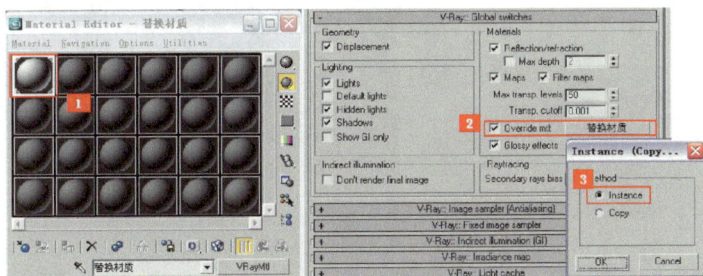

图 2-2-10　关联复制

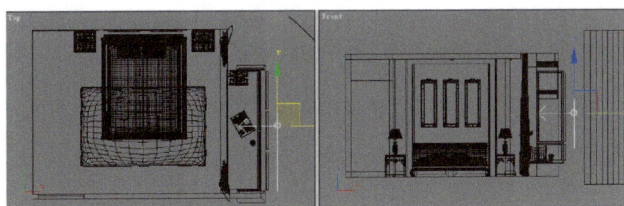

图 2-2-11　创建 VRay 灯光

（4）灯光参数设置如图 2-2-12 所示。

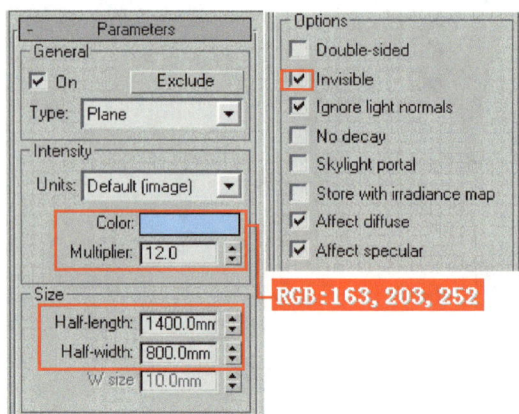

图 2-2-12　设置灯光参数

Invisible（不可见）：设置在最后的渲染效果中 V-Ray 的光源形状是否可见，如果不勾选，光源将会使用当前灯光颜色来渲染，否则是不可见的。

（5）单击 F9 键，对摄影机视图 Camera01 进行渲染，效果如图 2-2-13 所示。

图 2-2-13　渲染效果

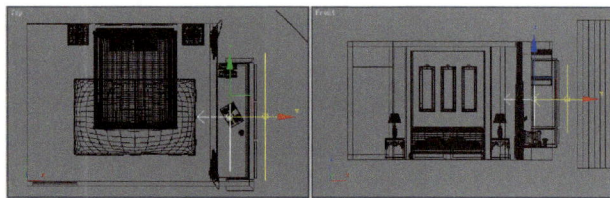

图 2-2-14　创建 VRay 灯光

（6）继续为场景创建灯光，在如图 2-2-14 所示位置创建一盏 VRayLight。

（7）灯光参数设置如图 2-2-15 所示。

任何一盏灯光的设置，包括颜色、亮度、位置等不是一成不变的，均需要个人的经验积累反复进行调整来确定。

（8）单击 F9 键，对摄影机视图 Camera01 进行渲染，效果如图 2-2-16 所示。

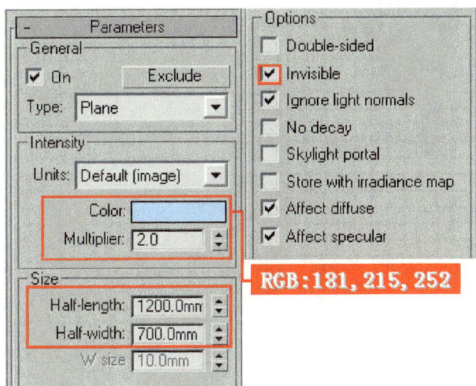

图 2-2-15 设置参数

图 2-2-16 渲染效果

（9）单击 F10 键，在弹出的"Render Scene"（渲染场景）对话框中，选择"Renderer"（渲染器）选项卡，在展开的"V-Ray：：Color mapping"（颜色映射）卷展栏下，对其参数进行设置，如图 2-2-17 所示。

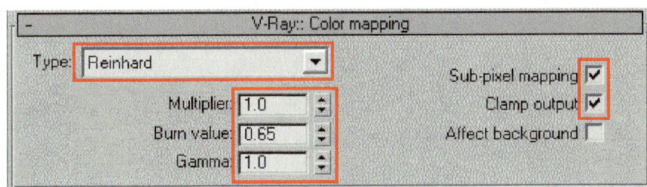

图 2-2-17 颜色映射卷展栏

（10）单击 F9 键进行再次渲染，效果如图 2-2-18 所示。

图 2-2-18 渲染效果

3. 创建室内人造光源灯光

（1）单击"Create"（创建）→"Lights"（灯光）图标，在下拉列表中选择"Photometric"（光度学）子项，然后在展开的"Object Type"（对象类型）卷展栏下，单击"Target Point"（目标点光源）按钮，在如图 2-2-19 所示位置创建一个"目标点光源"。

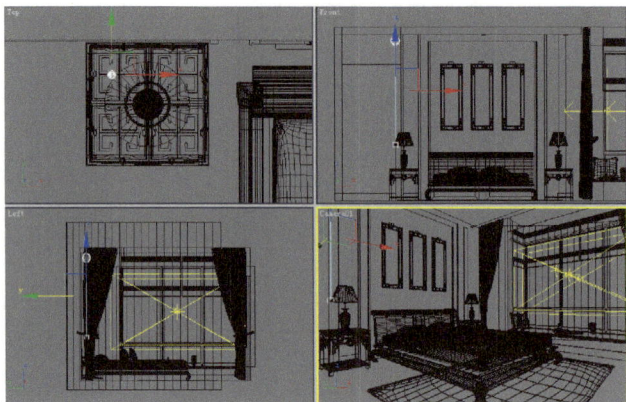

图 2-2-19　创建目标点光源

（2）灯光参数设置如图 2-2-20 所示。

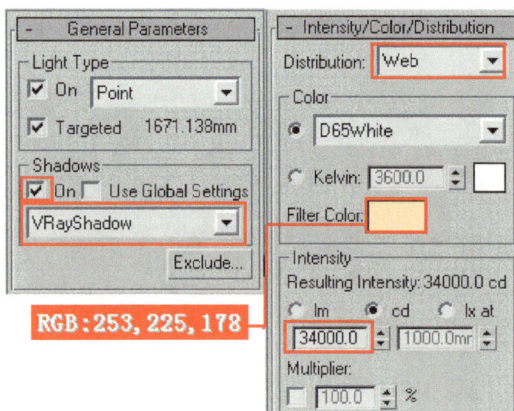

图 2-2-20　设置灯光参数

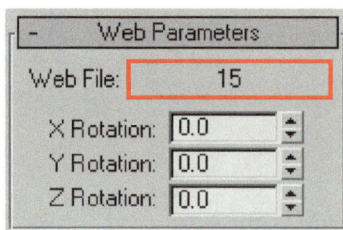

图 2-2-21　调用光域网文件

（3）在展开的"Web Parameters"（Web 参数）卷展栏下，调用"Web File"（光域网）文件，如图 2-2-21 所示。光域网文件为配套光盘中的"项目二\任务二\素材\贴图\15.ies"。

（4）在"Top"（顶）视图中，选中（1）中创建的目标点光源 Point01，按住 Shift 键以"Instance"（关联）的方法关联复制出两盏灯光，位置如图 2-2-22 所示。

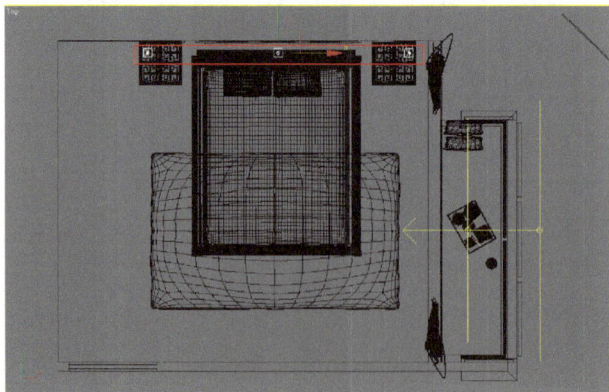

图 2-2-22　关联复制

4. 创建卧室吊灯灯光

（1）在如图 2-2-23 所示位置创建一个"Target Point"（目光点光源），具体操作步骤详见"3. 创建室内人造光源灯光"中的（1）。

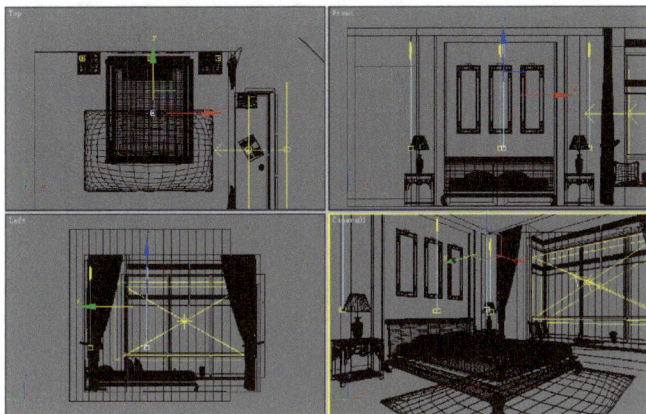

图 2-2-23　创建目光点光源

（2）灯光参数设置如图 2-2-24 所示，并调用光域网文件，光域网文件为配套光盘中的"项目二\任务二\素材\贴图\30.ies"。

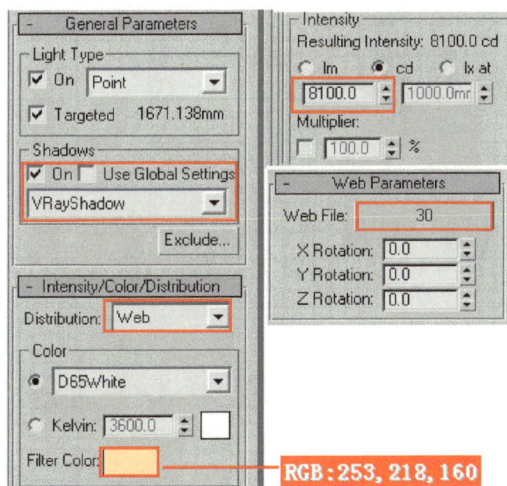

图 2-2-24　灯光参数设置

5. 创建台灯的灯光

（1）单击"Creat"（建立）→"Lights"（灯光）图标，在下拉列表中选择"VRay"子项，然后在展开的"Object Type"（对象类型）卷展栏下，单击"VRayLight"（VRay 灯光）按钮，在展开的"Parameters"（参数）卷展栏下，选择"Type"（类型）下拉列表中的"Sphere"（球体）类型，在视图中创建一盏"VRay 球形灯光"，位置如图 2-2-25 所示。

（2）灯光具体参数设置如图 2-2-26 所示。

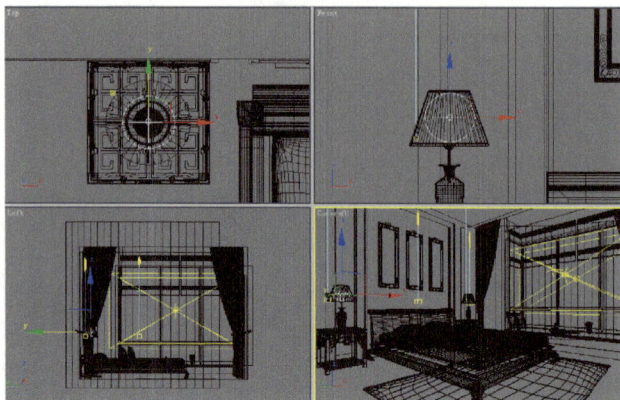

图 2-2-25　创建灯光

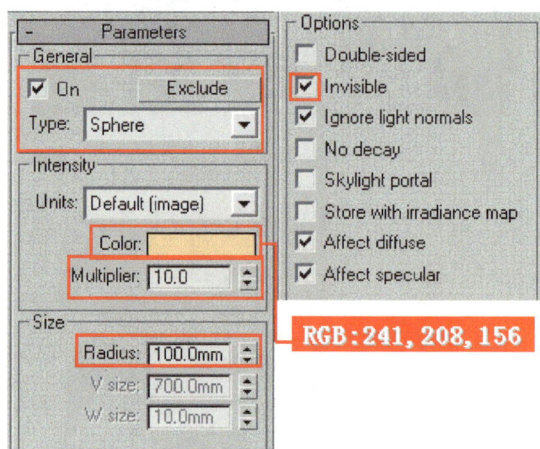

图 2-2-26　设置参数

（3）在"Top"（顶）视图中选中（1）中创建的灯光，按住 Shift 键以"Instance"（关联）的方法关联复制出另一盏灯光。最后单击 F9 键对摄像机视图进行渲染，最终效果如图 2-2-1 所示。

任务三　设置场景材质

一、任务描述

卧室是一个家庭中真正属于自己的空间，它应该以舒适、宁静、私密性为前提，空间的布置要大方、整体性强，色彩要温和且卧室内的寝具应尽量以天然植物纤维为主，能够给居住者带来温馨的感觉。因此，材质的选择尤为重要。本任务中，要求对场景中的材质进行设置，最终效果如图 2-3-1 所示。

图 2-3-1　最终效果

二、任务分析

中式卧室的设计主体以木材质为主,而主题模型的材质,首先应设置墙体、地面和门窗等材质,然后依次设置单个模型的材质,如:床和椅子等家具和饰物。

三、方法与步骤

在设置场景材质前,首先要取消任务二中对场景物体的材质替换状态。单击 F10 键打开"Render Scene"(渲染场景)对话框,选择"Renderer"(渲染器)选项卡,在展开的"V-Ray::Global switches"(全局开关)卷展栏下,取消勾选"Override mtl"(替换材质)复选框,如图 2-3-2 所示。

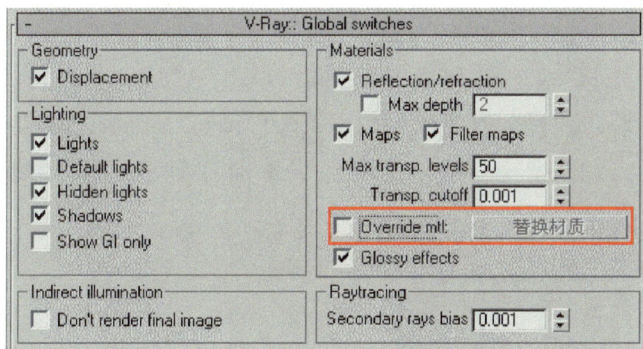

图 2-3-2　全局开关卷展栏

1. 墙面材质设置

(1)单击 M 键打开"Material Editor"(材质编辑器)对话框,选择第 2 个材质球,再单击"Standard"(标准)按钮,在弹出的"Material/Map Browser"(材质/贴图浏览器)对话框中双击鼠标左键选择"VRayMtl"(VRay 专业材质)材质,并将材质命名为"白色乳胶漆",具体参数设置如图 2-3-3 所示。

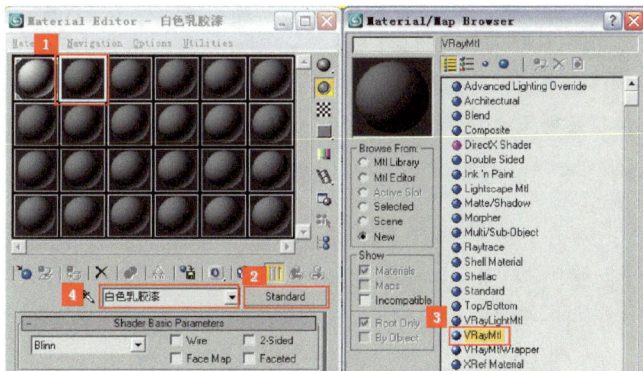

(a) 选择材质

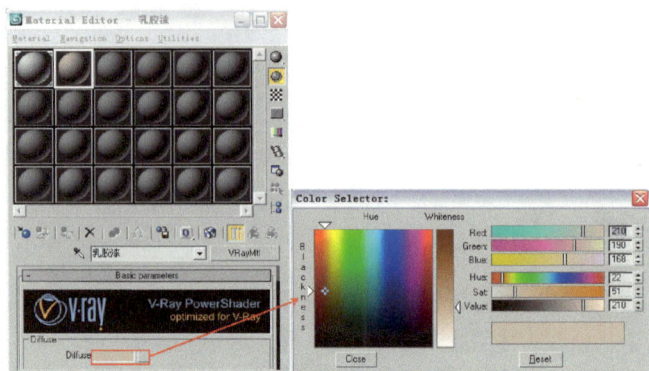

(b) 设置参数

图 2-3-3　设置材质

（2）单击操作界面上方工具栏上的 [图标]"Select by Name"（通过命名选择）图标，在弹出的"Select Objects"（对象选择）对话框中，选择"墙面"，单击"Select"（选择）按钮，如图 2-3-4 所示。在"Material Editor"（材质编辑器）对话框中单击 [图标]"Assign Material to Selection"（将材质指定给对象）和"Show Map in Vienport"（视口显示贴图）图标，将材质附着给"墙面"物体。

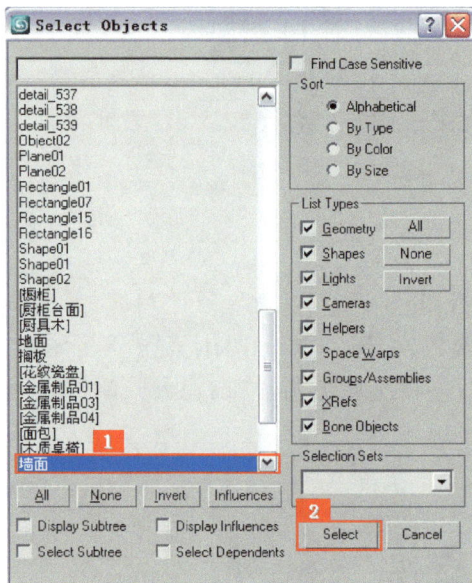

图 2-3-4　指定材质

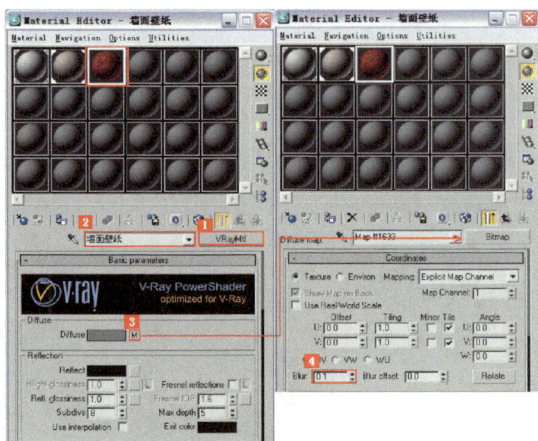

图 2-3-5　添加位图贴图

2. 墙面壁纸材质设置

（1）在"Material Editor"（材质编辑器）对话框中，选择第 3 个空白材质球，将其设置为"VRayMtl"（VRay 专业材质）材质，并将材质命名为"墙面壁纸"，单击"Diffuse"（漫反射）框右侧的贴图按钮，为其添加一个"Bitmap"（位图）贴图，具体参数设置如图 2-3-5 所示。贴图文件为配套光盘中的"项目二 \ 任务三 \ 素材 \ 贴图 \ 壁纸.jpg"。（注意：在展开的"Coordinates"（坐标）卷展栏下，将"Blur"（模糊）参数设置为 0.1）

（2）单击 [图标]"Go to Parent"（返回上一级）图标，回到"VRayMtl"（VRay 专业材质）层级，

在展开的"Maps"(贴图)卷展栏下,将"Diffuse"(漫反射)框右侧的贴图按钮拖动到"Bump"(凹凸)贴图框右侧的"None"(无)贴图按钮上进行"Instance"(关联)关联复制,如图 2-3-6 所示。(注意:单击"Bump"(凹凸)贴图框右侧的按钮,进入"Bitmap"(位图)贴图层级,然后将"Blur"(模糊)参数设置为 1.0)

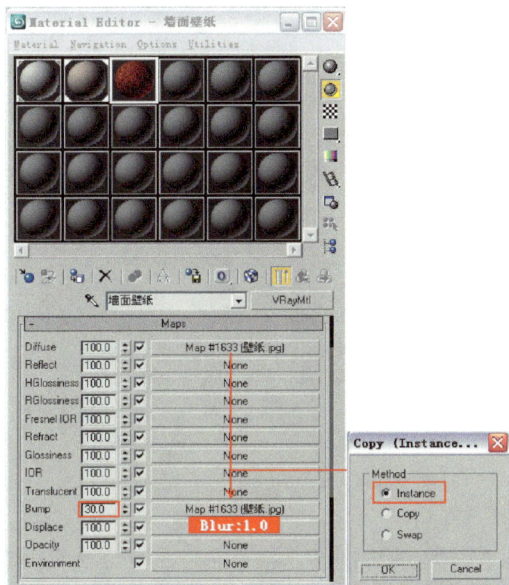

图 2-3-6　关联复制

图 2-3-7　渲染效果

(3) 将材质指定给"墙面壁纸"物体,并单击 F9 键对摄像机视图进行渲染,此时墙面效果如图 2-3-7 所示。材质指定方法参照本任务"1.墙面材质设置"中的(2)。

3. 木地板材质设置

(1) 在"Material Editor"(材质编辑器)对话框中,选择第 4 个空白材质球,将其设置为"VRayMtl"(VRay 专业材质)材质,并将材质命名为"木地板",单击"Diffuse"(漫反射)框右侧的贴图按钮,为其添加一个"Bitmap"(位图)贴图,具体参数设置如图 2-3-8 所示。贴图文件为配套光盘中的"项目二\任务三\素材\贴图\地板.jpg"。

(2) 单击 "Go to Parent"(返回上一级)图标,回到"VRayMtl"(VRay 专业材质)层级,在展开的"Maps"(贴图)卷展栏下,将"Diffuse"(漫反射)框右侧的贴图按钮拖动到"Bump"(凹凸)贴图框右侧的"None"(无)贴图按钮上进行"Instance"(关联)关联复制,如图 2-3-9 所示。(注意:单击"Bump"(凹凸)贴图框右侧的按钮,进入"Bitmap"(位图)贴图层级,然后将"Blur"(模糊)参数设置为 0.1)

(3) 将材质指定给"地面"物体,并单击 F9 键对摄像机视图进行渲染,此时地面效果如图 2-3-10 所示。

4. 地毯材质设置

(1) 在"Material Editor"(材质编辑器)对话框中,选择第 5 个空白材质球,将其设置为"VRayMtl"(VRay 专业材质)材质,并将材质命名为"地毯",单击"Diffuse"(漫反射)框右侧的贴图按钮,为其添加一个"Bitmap"(位图)贴图,具体参数设置如图 2-3-11 所示。贴图文件

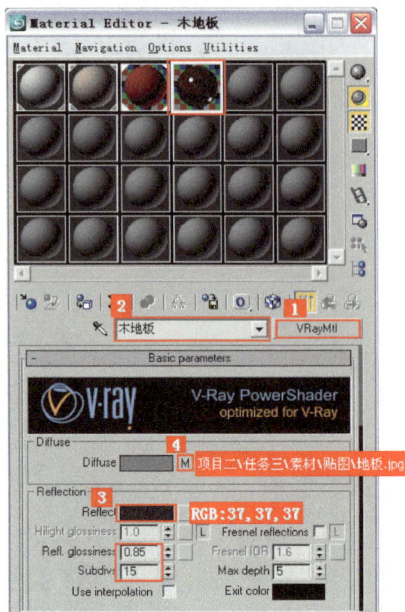

图 2-3-8　添加位图贴图

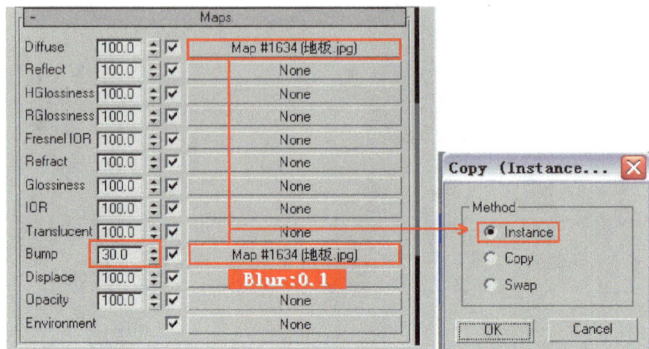

图 2-3-9　关联复制

图 2-3-10　渲染效果

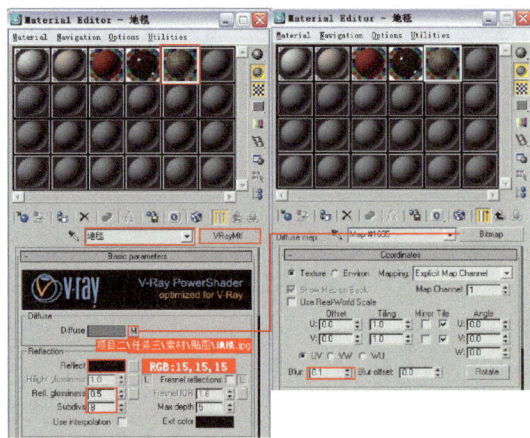

图 2-3-11　添加位图贴图

为配套光盘中的"项目二\任务三\素材\贴图\地毯.jpg"。（注意：在展开的"Coordinates"（坐标）卷展栏下，将"Blur"（模糊）参数设置为 0.1）

2. 单击 "Go to Parent"（返回上一级）图标，回到"VRayMtl"（VRay 专业材质）层级，在展开的"Maps"（贴图）卷展栏下，将"Diffuse"（漫反射）框右侧的贴图按钮拖动到"Bump"（凹凸）贴图框右侧的"None"（无）贴图按钮上进行"Instance"（关联）关联复制，如图 2-3-12 所示。（注意：单击"Bump"（凹凸）贴图框右侧的按钮，进入"Bitmap"（位图）贴图层级，然后将"Blur"（模糊）参数设置为 1.0）

（3）将材质指定给"地毯"物体，并单击 F9 键对摄像机视图进行渲染，此时地毯效果如图 2-3-13 所示。

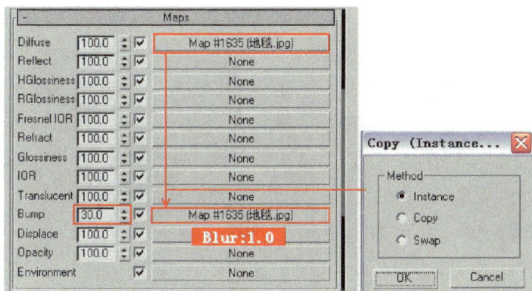

图 2-3-12　关联复制

图 2-3-13　渲染效果

5. 草席窗帘材质设置

（1）在"Material Editor"（材质编辑器）对话框中，选择第 6 个空白材质球，将其设置为"VRayMtl"（VRay 专业材质）材质，并将材质命名为"草席窗帘"，单击"Diffuse"（漫反射）框右侧的贴图按钮，为其添加一个"Bitmap"（位图）贴图，具体参数设置如图 2-3-14 所示。贴图文件为配套光盘中的"项目二\任务三\素材\贴图\草席.jpg"。（注意：在展开的"Coordinates"（坐标）卷展栏下，将"Blur"（模糊）参数设置为 0.1）

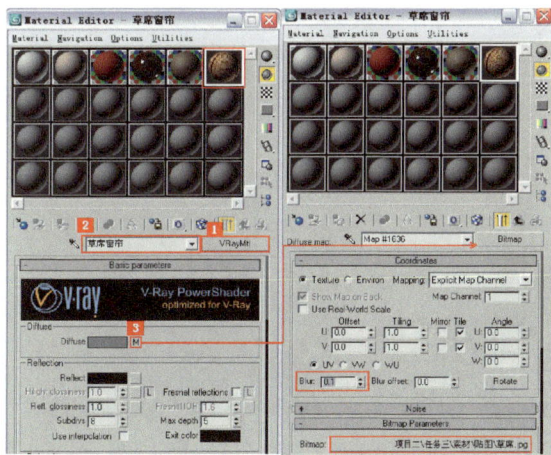

图 2-3-14　设置参数

图 2-3-15　渲染效果

（2）将材质指定给"草席窗帘"物体，并单击 F9 键对摄像机视图进行渲染，此时草席窗帘效果如图 2-3-15 所示。

6. 红木油漆材质设置

（1）在"Material Editor"（材质编辑器）对话框中，选择第 7 个空白材质球，将其设置为"VRayMtl"（VRay 专业材质）材质，并将材质命名为"红木"，具体参数设置如图 2-3-16所示。

（2）在展开的"Maps"（贴图）卷展栏下，单击"Bump"（凹凸）贴图框右侧的"None"（无）贴图按钮，为其添加一个"Bitmap"（位图）贴图，具体参数设置如图 2-3-17 所示。贴图文件为配套光盘中的"项目二\任务三\素材\贴图\木头.jpg"。

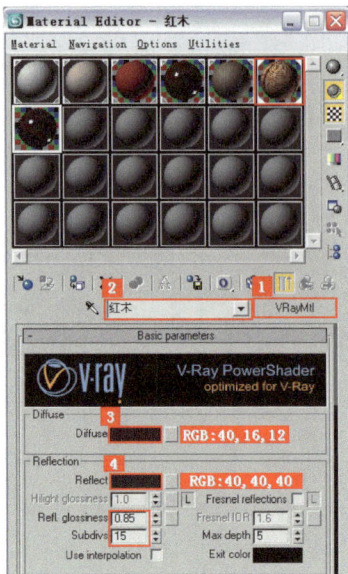

图 2-3-16　设置参数

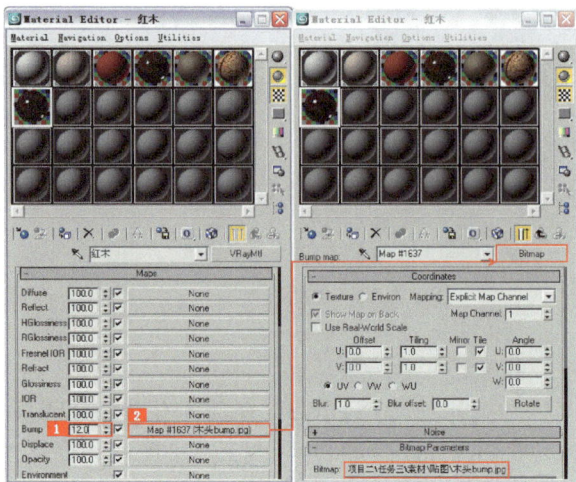

图 2-3-17　设置参数

（3）将材质指定给"红木"物体。

7. 窗帘布材质设置

（1）在"Material Editor"（材质编辑器）对话框中，选择第 8 个空白材质球，将其设置为"VRayMtl"（VRay 专业材质）材质，并将材质命名为"窗帘布"，具体参数设置如图 2-3-18 所示。

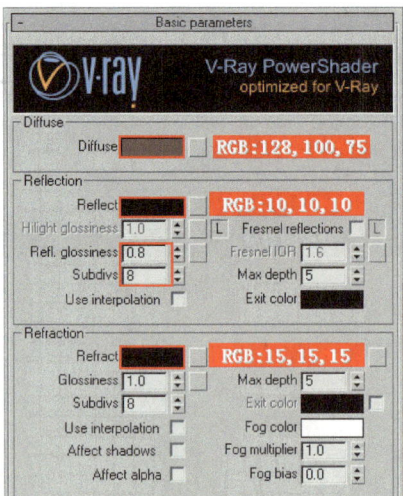

图 2-3-18　设置参数

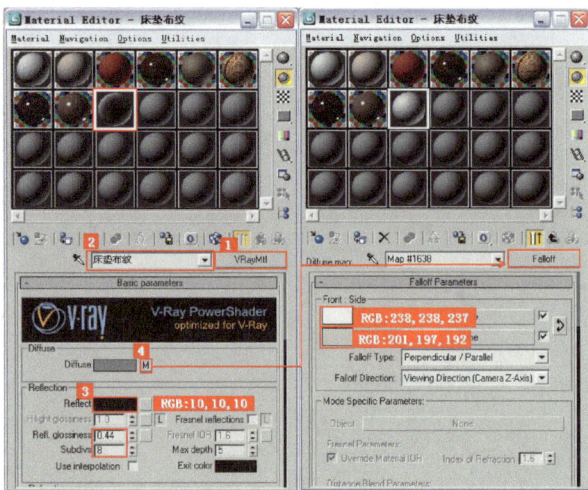

图 2-3-19　设置参数

（2）将材质指定给"窗帘布"物体。

8. 床垫布纹材质设置

（1）在"Material Editor"（材质编辑器）对话框中，选择第 9 个空白材质球，将其设置为

"VRayMtl"（VRay 专业材质）材质，并将材质命名为"床垫布纹"，单击"Diffuse"（漫反射）框右侧的贴图按钮，为其添加一个"Falloff"（衰减）贴图，具体参数设置如图 2-3-19 所示。贴图文件为配套光盘中的"项目二\任务三\素材\贴图\布纹.jpg"。

（2）将材质指定给"床垫"物体。

9. 台灯灯罩材质设置

（1）在"Material Editor"（材质编辑器）对话框中，选择第 10 个空白材质球，将其设置为"VRayMtl"（VRay 专业材质）材质，并将材质命名为"台灯灯罩"，单击"Diffuse"（漫反射）框右侧的贴图按钮，为其添加一个"Bitmap"（位图）贴图，具体参数设置如图 2-3-20 所示。贴图文件为配套光盘中的"项目二\任务三\素材\贴图\03.jpg"。

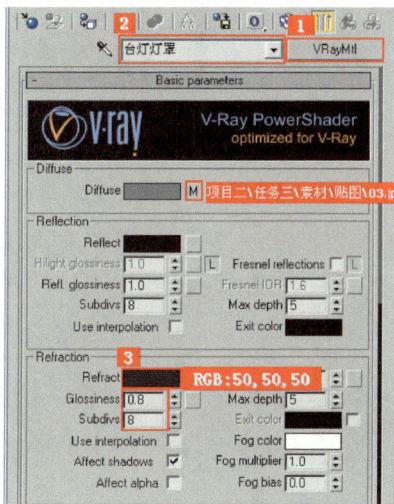

图 2-3-20　设置参数　　　　　　　　图 2-3-21　设置参数

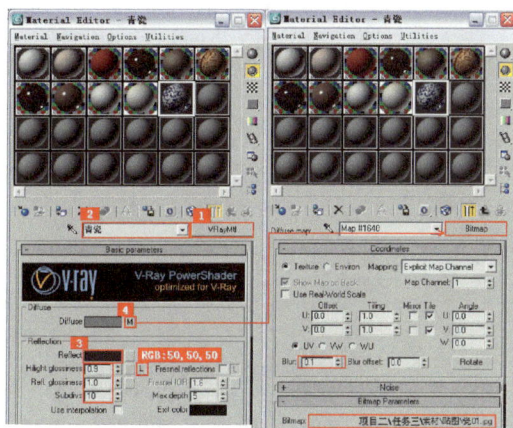

（2）将材质指定给"灯罩"物体。

10. 台灯灯座材质设置

（1）在"Material Editor"（材质编辑器）对话框中，选择第 11 个空白材质球，将其设置为"VRayMtl"（VRay 专业材质）材质，并将材质命名为"青瓷"，单击"Diffuse"（漫反射）框右侧的贴图按钮，为其添加一个"Bitmap"（位图）贴图，具体参数设置如图 2-3-21 所示。贴图文件为配套光盘中的"项目二\任务三\素材\贴图\瓷 01.jpg"。

（2）将材质指定给"灯座"物体。

11. 窗户外景材质设置

（1）在"Material Editor"（材质编辑器）对话框中，选择第 12 个空白材质球，将其设置为"VRayMtl"（VRay 专业材质）材质，并将材质命名为"外景"，单击"Diffuse"（漫反射）框右侧的贴图按钮，为其添加一个"Bitmap"（位图）贴图，具体参数设置如图 2-3-22 所示。贴图文件为配套光盘中的"项目二\任务三\素材\贴图\庭院.jpg"。

（2）将材质指定给"外景"物体，并单击 F9 键对摄像机视图进行渲染，此时渲染效果如图 2-3-23 所示。

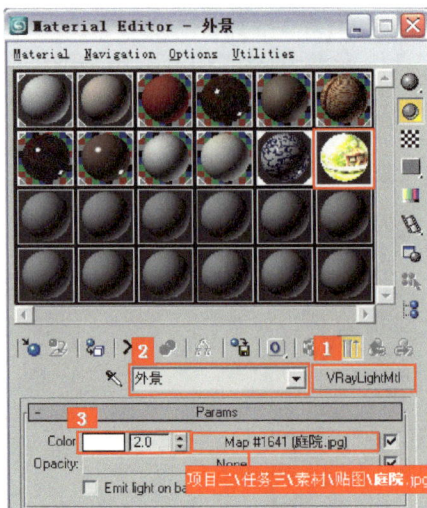

图 2-3-22　设置参数

图 2-3-23　渲染效果

12. 墙图材质设置

（1）在"Material Editor"（材质编辑器）对话框中，选择第 13 个空白材质球，单击"Diffuse"（漫反射）框右侧的按钮，为其添加一个"Bitmap"（位图）贴图，如图 2-3-24 所示。贴图文件为配套光盘中的"项目二\任务三\素材\贴图\001.jpg"。

图 2-3-24　设置参数

（2）将材质指定给"墙图 1"物体，并单击 F9 键对摄像机视图进行渲染，最终渲染如图 2-3-1 所示。

四、拓展训练——"豪华睡床"的材质设置

打开配套光盘中的"项目二\任务三\拓展训练\初始文件.max"文件，如图 2-3-25 所示。对图 2-3-25 进行材质设置，效果如图 2-3-26 所示。

（注：贴图文件均在配套光盘中的"项目二\任务三\拓展训练"文件夹内）

图 2-3-25　初始文件

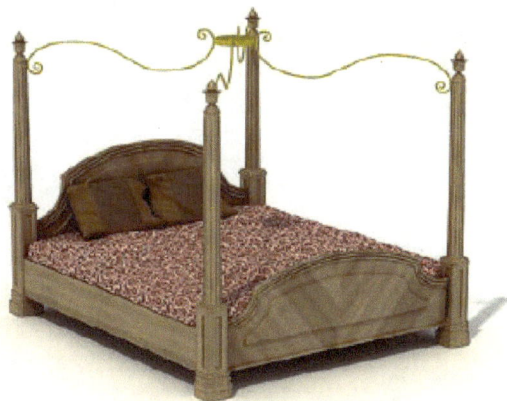

图 2-3-26　最终效果

任务四　最终渲染设置

一、任务描述

利用 VRay 软件进行最终渲染,因此需要设置较高的参数,从而达到高标准的视觉效果。图 2-4-1 所示为最终渲染的成品图效果。

图 2-4-1　最终渲染效果

图 2-4-2　渲染效果

二、任务分析

本任务中,对于最终渲染设置,为提高渲染速度,可在"发光贴图"和"灯光缓存"卷展栏中勾选"自动保存发光贴图",最后再以大图的形式渲染输出图片。

三、方法与步骤

上一个任务中,我们完成了对场景中材质的设置,而现在则需要对场景进行最终渲染。
(1)观察目前的场景效果,单击 F9 键对摄影机视图 Camera01 进行渲染,效果如图 2-4-2所示。

观察渲染效果,场景光线不需要再调整,接下来设置最终渲染参数。

提高灯光细分值可以有效地减少场景中的杂点,但渲染速度也会相应的降低,所以只需要提高一些开启阴影设置的主要灯光的细分值,而不能设置的过高。

(2)在展开的"Parameters"(参数)卷展栏下,进入"Sampling"(取样)选项板中,对场景中模拟自然光的两盏 VRayLight 灯光 VRayLight 01 和 02 进行"Subdivs"(阴影细分)值设置,输入 24,如图 2-4-3 所示。

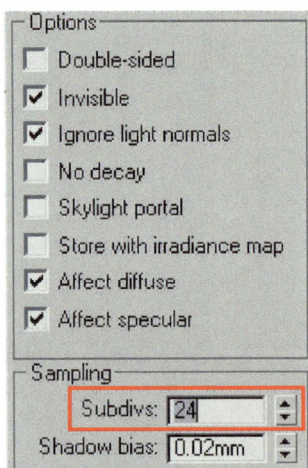

图 2-4-3　阴影细分值设置　　　　　图 2-4-4　阴影细分值设置

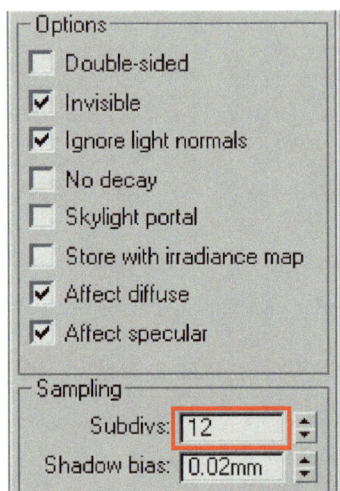

(3)然后继续在"Sampling"(取样)选项板中,对场景中模拟台灯光照的两盏灯光进行"Subdivs"(阴影细分)值设置,输入 12,如图 2-4-4 所示。

(4)单击 F10 键,打开"Render Scene"(渲染场景)对话框,选择"Renderer"(渲染器)选项卡,在展开的"VRay∷Global switches"(全局开关)卷展栏下,勾选"Don't render final image"(不渲染最后图像)复选框,如图 2-4-5 所示。

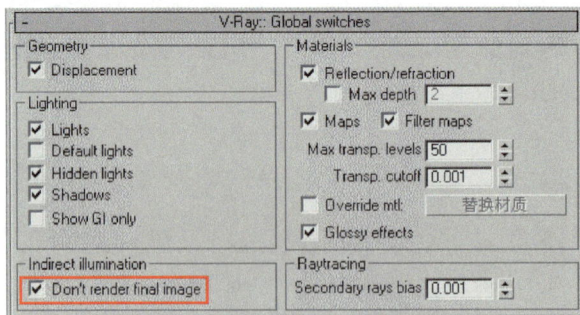

图 2-4-5　全局开关卷展栏

(5)下面进行渲染级别设置。在展开的"VRay∷Irradiance map"(发光贴图)卷展栏下,如图 2-4-6 所示设置参数。

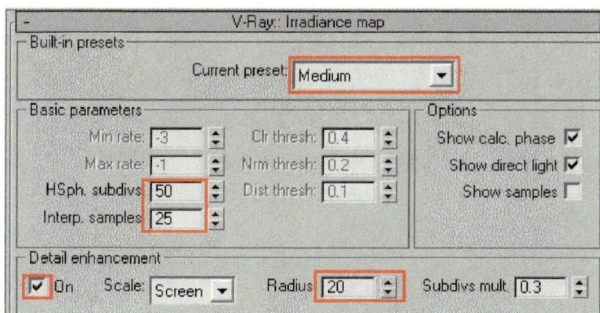

图 2-4-6　发光贴图卷展栏

（6）在展开的"VRay∷Light cache"（灯光缓存）卷展栏下，如图 2-4-7 所示设置参数。

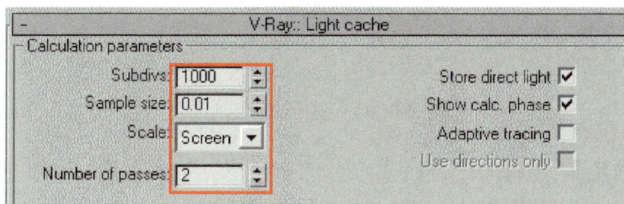

图 2-4-7　灯光缓存卷展栏

（7）在展开的"VRay∷rQMC Sampler"（准蒙特卡罗采样器）卷展栏下，如图 2-4-8 所示设置参数。这是模糊采样设置。

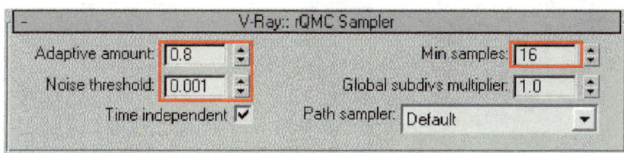

图 2-4-8　准蒙特卡罗采样器卷展栏

（8）保存发光贴图的参数设置。在展开的"VRay∷Irradiance map"（发光贴图）卷展栏下，勾选"On render end"（渲染结果）选项板中的"Don't delete"（不要删除）和"Auto save"（自动保存）复选框，再单击"Auto save"（自动保存）复选框后面的"Browse"（浏览器）按钮，在弹出的"Auto save irradiance map"（自动保存发光贴图）对话框中输入要保存的文件，文件名为"发光贴图 01.vrmap"并选择保存路径，如图 2-4-9 所示。

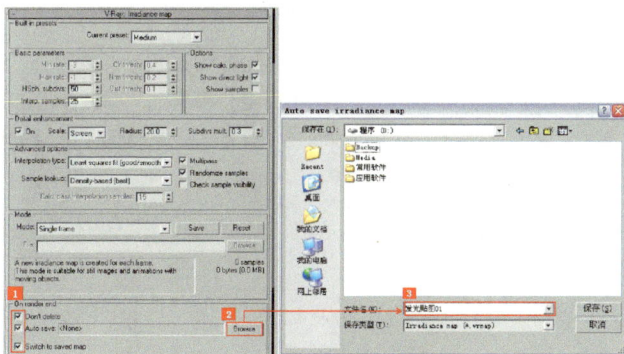

图 2-4-9　保存发光贴图

（9）在展开的"VRay：Light cache"(灯光缓存)卷展栏下，勾选"On render end"(渲染结果)选项板中的"Don't delete"(不要删除)和"Auto save"(自动保存)复选框，再单击"Auto save"(自动保存)复选框后面的"Browse"(浏览器)按钮，在弹出的"Auto save irradiance map"(自动保存发光贴图)对话框中输入要保存的文件，文件名为"灯光贴图01.vrmap"并选择保存路径，如图2-4-10所示。

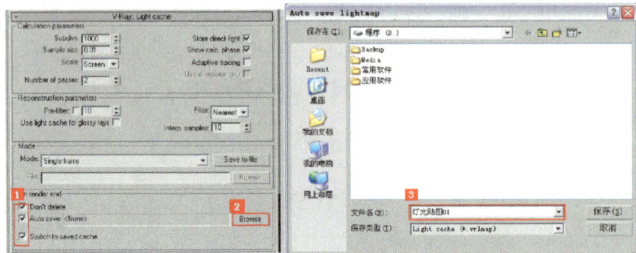

图2-4-10　保存灯光贴图

（10）保持当前输出尺寸，单击F9键对摄像机视图进行渲染，效果如图2-4-11所示。由于这次设置了较高的渲染采样参数，渲染时间也就相应加长了。

图2-4-11　渲染效果

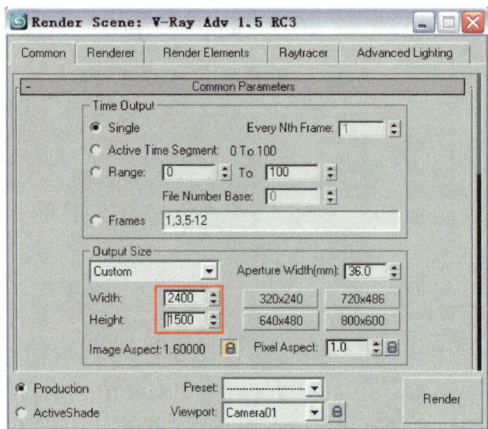

图2-4-12　设置输出尺寸

（11）最终成品渲染设置。首先设置输出尺寸，单击F10键，在弹出的"Render Scene"(渲染场景)对话框中，选择"Common"(常规)选项卡，在展开的"Common Parameters"(常规参数)卷展栏下，如图2-4-12所示参数设置最终渲染图像的输出尺寸。

（12）选择"Renderer"(渲染器)选项卡，在展开的"VRay：Global switches"(全局开关)卷展览栏下，取消"Don't render final image"(不要渲染最后图像)复选框的勾选，如图2-4-13所示。

（13）在展开的"VRay：Image sampler(Antialiasing)"(抗锯齿采样)卷展栏下，如图2-4-14所示设置参数。

（14）最终渲染完成的效果如图2-4-1所示。

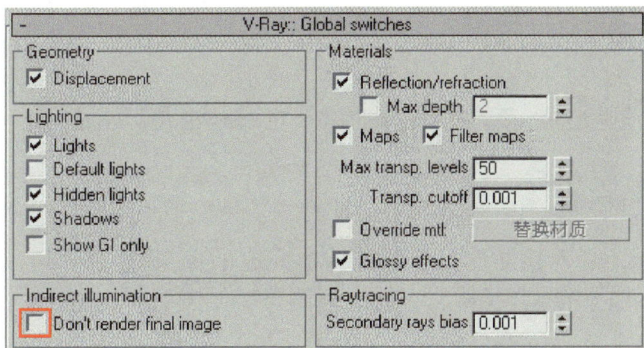

图 2-4-13　全局开关卷展栏

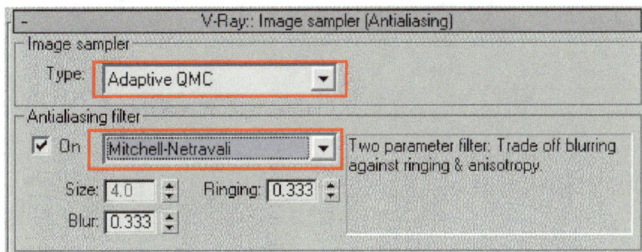

图 2-4-14　设置参数

任务五　Photoshop 后期处理

一、任务描述

最后使用 Photoshop CS3 软件对图像的亮度、对比度以及饱和度进行调整，使效果更加生动和逼真，效果如图 2-5-1 所示。

图 2-5-1　渲染效果

3ds Max 9.0——室内设计

二、任务分析

本任务中，主要使用"曲线"、"高斯模糊"以及"USM 锐化"等命令。

三、方法与步骤

（1）在 Photoshop CS3 软件中打开任务四中完成的渲染图，再按住 Ctrl + M 键打开"曲线"对话框，如图 2-5-2 所示，适当调节参数加强图像明暗对比。

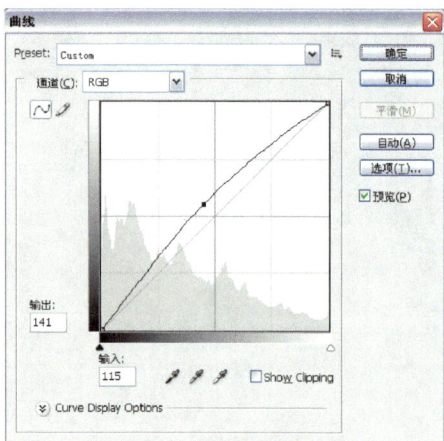

图 2-5-2 "曲线"对话框

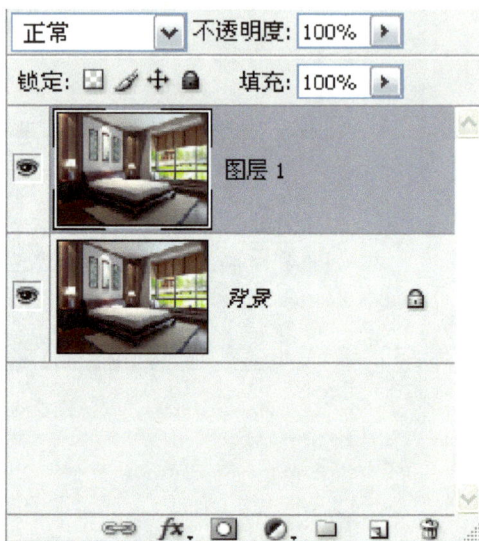

图 2-5-3 复制图层

（2）按住 Ctrl + J 键复制图层，如图 2-5-3 所示。

（3）对复制出的图层进行高斯模糊处理，选择菜单栏中的"滤镜/模糊/高斯模糊"，设置半径为"6"像素，如图 2-5-4 所示。

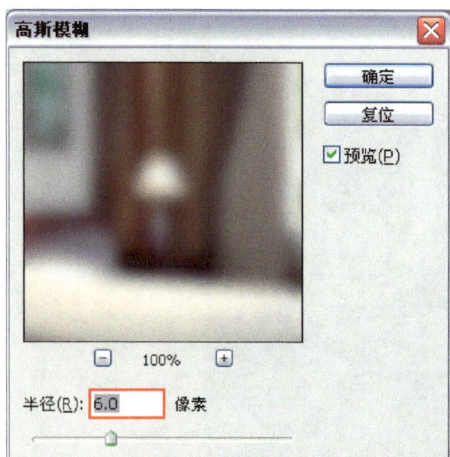

图 2-5-4 设置半径

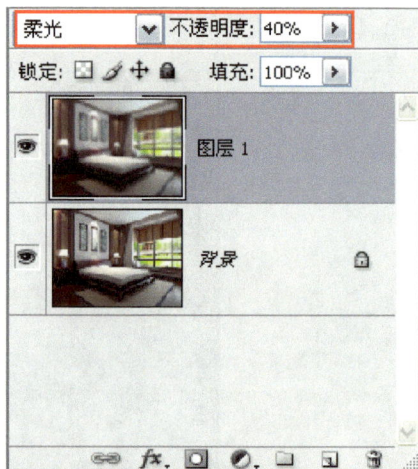

图 2-5-5 设置参数

（4）将图层 1 的混合模式设置为"柔光"、不透明度设置为"40％"，如图 2-5-5 所示。

（5）同时选中两个图层，按住 Ctrl + E 键合并图层，然后选择菜单栏中的"滤镜/锐化/USM 锐化"，如图 2-5-6 所示。

图 2-5-6　USM 锐化

（6）最终效果如图 2-5-1 所示。

四、拓展训练——Photoshop 后期制作

打开配套光盘中的"项目二\任务五\拓展训练\素材．max"文件，如图 2-5-7 所示。经过 Photoshop CS3 软件进行后期制作后，最终效果如图 2-5-8 所示。

图 2-5-7　初始文件

图 2-5-8　最终效果

项目实训一

现代设计风格是目前比较流行的装修风格，以造型简洁、新颖和实用为目的，注重室内空间的分局合理与使用功能的完美结合。现代设计没有过多的复杂造型和装饰，也不追求豪华、高档和绝对的个性，但注重色彩的搭配，图 2-6-1 所示即为现代设计风格的卧室。

图 2-6-1　现代设计风格

二、项目要求

（1）打开配套光盘中的"项目二\项目实训一"文件夹中的"卧室.max"文件。

（2）参照图 2-6-1 所示效果图设置材质，注意被子和墙体的红色采用不同材质的设置。

三、项目提示

（1）台灯和吊灯已做好，可直接导入调用。

（2）通过对材质球设置"Diffuse"（漫反射）贴图的方法，分别编辑材质并指定给相应的对象。

（3）添加一盏目标平行光作为日光，另外，添加一盏 VRayLight 作为筒灯光源和三盏 VRayLight 作为台灯光源。

（4）添加摄像机并渲染图片。

四、项目评价

项目实训评价表

内 容		评 价			
学习目标	评价项目	4	3	2	1
能熟练掌握材质编辑器的使用方法	熟悉材质编辑器界面				
	使用材质编辑器的常用工具				
	设置贴图				
	设置金属材质				
	设置木材质				
	设置玻璃材质				
布置和调节灯光	掌握灯光的使用效果				
	灯光的分布				
	设置灯光的常用参数				
	设置灯光阴影				
	光域网文件的运用				
能设置摄像机	添加和调整摄像机				
通用能力	交流表达能力				
	与人合作能力				
	沟通能力				
	组织能力				
	活动能力				
	解决问题能力				
	自我提高的能力				
	革新、创新能力				
综合评价					

职业能力

项目三
现代主义风格的卧室设计

现代主义风格的空间设计着重营造简洁的轻松空间感，而其在装修中使用的家具极力主张从功能出发，多采用最新工艺与科技生产的材料。现代主义风格的家具突出的特点是简洁、实用、美观，兼具个性化展现，色彩以中性或单色为主，有时会出现一两个非常明亮的点缀色。

现代主义风格设计尊重材料的性能，讲究材料自身的质地和色彩的配置效果，如：坚硬、平整的花岗石地面；平滑、精巧的镜面饰面；轻柔、细软的室内纺织品，以及自然、亲切的本质面材等等。

任务一 座椅建模

一、任务描述

一把设计独特的座椅能够展现出卧室主人独到的品味和眼光，本任务中通过二维建模等方法创建如图 3-1-1 所示的座椅模型。

二、任务分析

本任务要求创建一把座椅，首先使用长方体命令创建座椅的主体，然后转换为可编辑多边形，利用顶点、面等方式通过移动和挤压等命令将其形体创建完成。

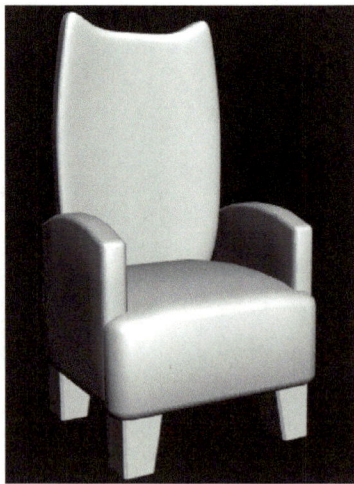

图 3-1-1 座椅

三、方法与步骤

（1）打开 3ds Max 9.0 软件，单击"Create"（建立）→"Geometry"（几何）图标，在展开的"Object Type"（对象类型）卷展栏下，单击"Box"（长方体）按钮，如图 3-1-2 所示。

（2）在"Front"（前）视图中，按住鼠标左键不放，创建出如图 3-1-3 的长方体。

（3）在展开的"Parameters"（参数）卷展栏下，如图 3-1-4 所示设置参数。

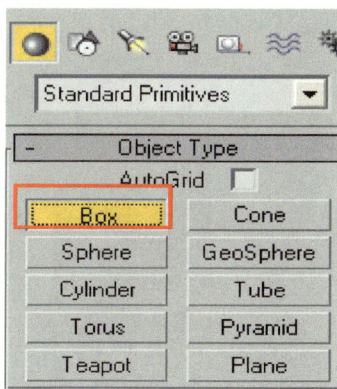

图 3-1-2　对象类型卷展栏　　　　图 3-1-3　创建长方体　　　　图 3-1-4　设置参数

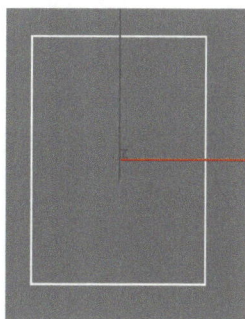

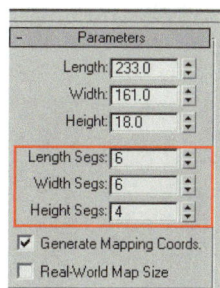

（4）参数设置后的效果如图 3-1-5 所示。

（5）选中（4）中创建的物体，单击鼠标右键，选择"Convert To"（转换至）菜单→"Convert to Editable Poly"（转换成可编辑的多边形）命令，如图 3-1-6 所示。

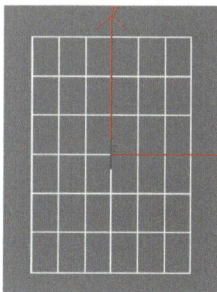

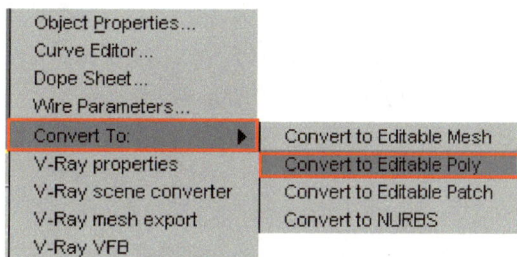

图 3-1-5　效果图　　　　　　　　图 3-1-6　转换设置

（6）在"Modifier List"（修改器列表）下拉列表框中，选择"Editable Poly"（可编辑的多边形）层级下的"Vertex"（顶点）子层级，如图 3-1-7 所示。

（7）在"Front"（前）视图中选取需要修改的点，单击鼠标右键，通过使用"Move"（移动）等命令进行修改，得到如图 3-1-8 所示效果。

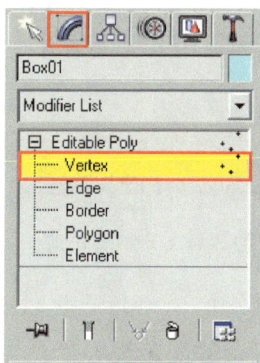

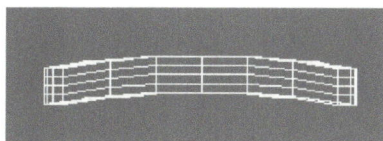

图 3-1-7　选择点层级　　　　图 3-1-8　修改点　　　　图 3-1-9　修改效果

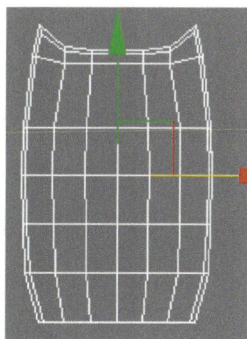

（8）在"Top"（顶）视图中，选择需要修改的点，修改后得到如图 3-1-9 所示效果。

（9）在展开的"Selection"（选择）卷展栏下，单击"Edge"（边）图标，进入边层级。然后在"Perspective"（透）视图中，选中需要修改的线，如图 3-1-10 所示。

（10）在展开的"Edit Edge"（编辑边）卷展栏下，单击 Chamfer □ "Chamfer"（斜切面）按钮，如图 3-1-11 所示。

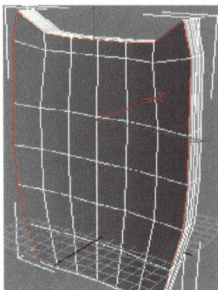

图 3-1-10　选中线　　　　　图 3-1-11　斜切面按钮　　　　图 3-1-12　效果图

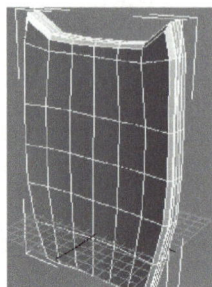

（11）在"Perspective"（透）视图中，按住鼠标左键不放并且拖动，得到如图 3-1-12 所示效果。（注意：背面也要选择）

（12）选中（11）中创建的物体，在展开的"Modifier List"（修改器列表）的下拉列表中，选择"Turbo Smooth"（涡轮平滑）修改器，如图 3-1-13 所示。

（13）最终得到如图 3-1-14 所示效果。

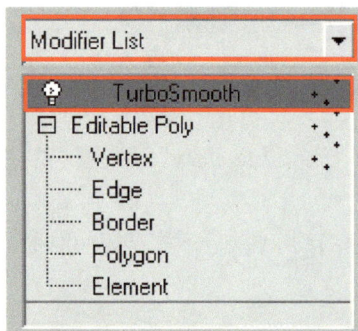

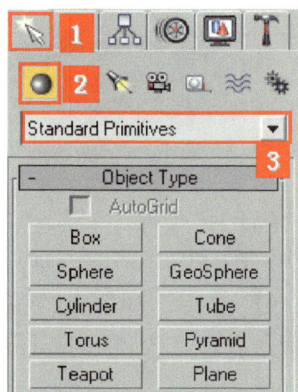

图 3-1-13　涡轮平滑修改器　　　图 3-1-14　效果图　　　图 3-1-15　几何面板

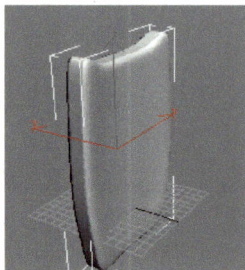

（14）单击"Create"（建立）→"Geometry"（几何）图标，如图 3-1-15 所示。

（15）在"Standard Primitives"（标准几何体）的下拉列表中，选择"Extended Primitives"（扩展几何体）选项，如图 3-1-16 所示。

图 3-1-16　扩展几何体

（16）在展开的"Object Type"（对象类型）卷展栏下，单击"ChamferBox"（切角长方体）按钮，如图 3-1-17 所示。

（17）在"Top"（顶）视图中，结合其他视图，创建出如图 3-1-18 所示的切角长方体。

（18）在展开的"Parameters"（参数）卷展栏下，如图 3-1-19 所示设置参数。

（19）得到如图 3-1-20 所示的线段数。

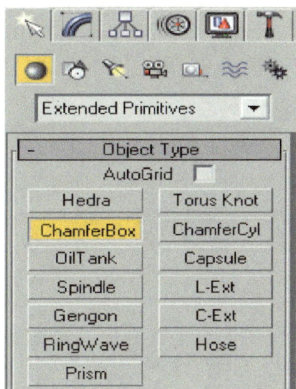

图 3-1-17　切角长方体

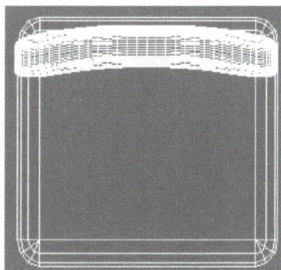

图 3-1-18　创建切角长方体

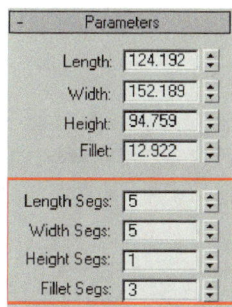

图 3-1-19　设置参数

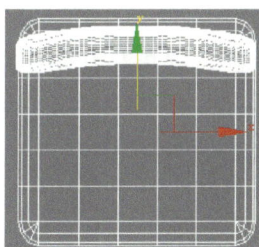

图 3-1-20　线段数

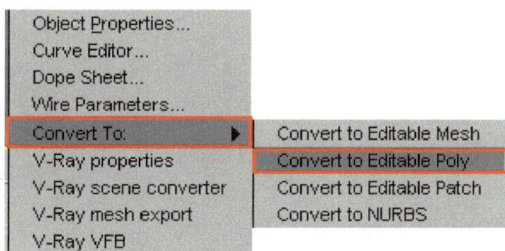

图 3-1-21　菜单设置

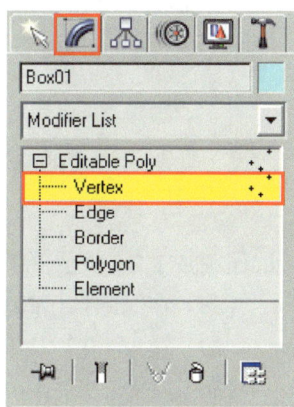

图 3-1-22　点层级

　　(20)　选中(19)中创建的物体,单击鼠标右键,选择"Convert To"(转换至)→"Convert to Editable Poly"(转换至可编辑的多边形)命令,如图 3-1-21 所示。

　　(21)　在展开的"Modifier List"(修改器列表)的下拉列表框中,展开"Editable Poly"(可编辑的多边形)编辑器,进入"Vertex"(顶点)子层级,如图 3-1-22 所示。

　　(22)　在"Left"(左)视图中,选择需要修改的点,如图 3-1-23 所示。

　　(23)　单击操作界面上方工具栏上的"Select and Move"(选择并移动)图标,修改(22)中选中的点,得到如图 3-1-24 效果。

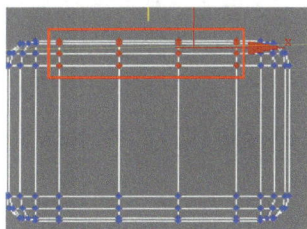

图 3-1-23　修改点

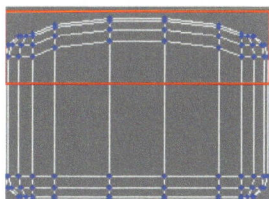

图 3-1-24　效果图

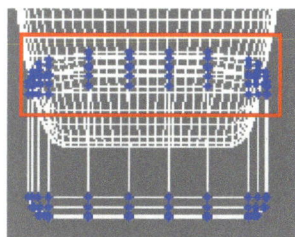

图 3-1-25　效果图

　　(24)　在"Front"(前)视图中,选择需要修改的点,修改后得到如 3-1-25 所示效果。

项目三　现代主义风格的卧室设计　79

3ds Max 9.0——室内设计

(25) 单击"Create"（建立）→"Geometry"（几何）图标，如图 3-1-26 所示。

(26) 在"Standard Primitives"（标准几何体）的下拉列表中选择如图 3-1-27 所示选项。

图 3-1-27　扩展几何体

图 3-1-26　几何面板

图 3-1-28　切角长方体

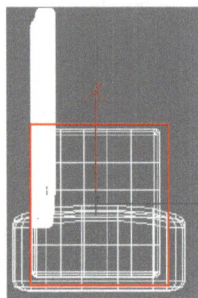
图 3-1-29　创建切角长方体

(27) 在展开的"Object Type"（对象类型）卷展栏下，单击"ChamferBox"（切角长方体）按钮，如图 3-1-28 所示。

(28) 在"Left"（左）视图中，结合其他视图，创建出如图 3-1-29 所示的切角长方体。

(29) 在展开的"Parameters"（参数）卷展栏下，如图 3-1-30 所示设置参数。

(30) 选择(28)中创建物体，单击鼠标右键，选择"Convert To"（转换至）菜单→"Convert to Editable Poly"（转换至可编辑的多边形）命令，如图 3-1-31。

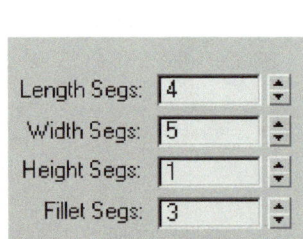
图 3-1-30　设置参数

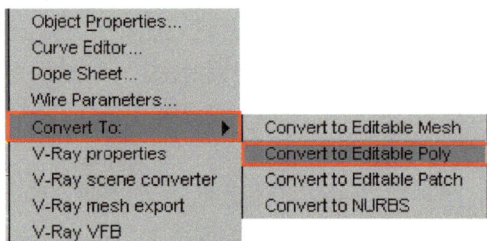
图 3-1-31　菜单设置

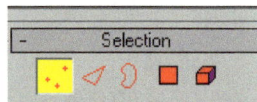
图 3-1-32　点层级

(31) 在展开的"Selection"（选择）卷展栏下，单击"Vertex"（顶点）图标，进入点层级，如图 3-1-32 所示。

(32) 在"Left"（左）视图中选择需要修改的点，如图 3-1-33 所示。

(33) 单击操作界面上方工具栏上的"Select and Move"（选择并移动）图标，修改选中的点，得到如图 3-1-34 所示效果。

(34) 选中(33)中创建的把手，并按住 Shift 键在"Front"（前）视图中向左拖动，在弹出的"Clone Options"（克隆选项）对话框中单击 OK 按钮进行复制，如图 3-1-35 所示。

(35) 复制后得到如图 3-1-36 所示效果。

(36) 单击"Create"（建立）→"Geometry"（几何）图标，如图 3-1-37 所示。

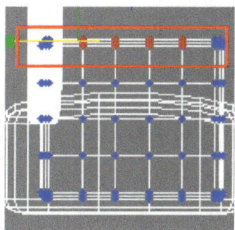

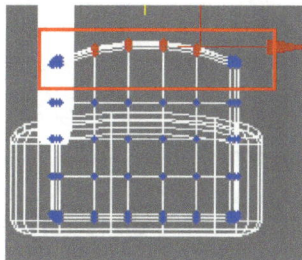

图 3-1-33　选择点　　　　图 3-1-34　效果图　　　　图 3-1-35　克隆选项对话框

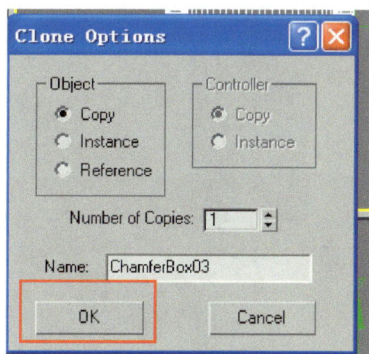

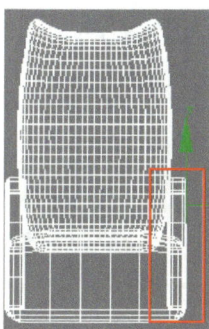

图 3-1-36　复制效果图　　图 3-1-37　几何面板　　　　3-1-38　效果图

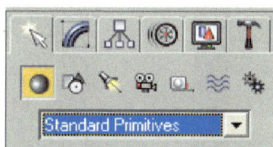

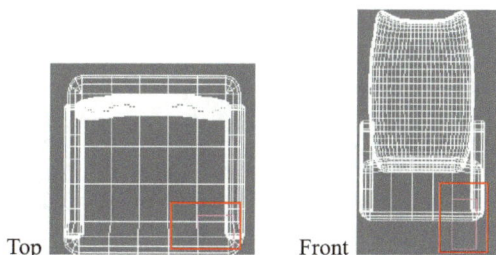

（37）在展开的"Object Type"（对象类型）卷展栏下，单击"Box"（长方体）按钮，在"Top"（顶）视图中，结合各视图，画出如图 3-1-38 所示效果。

（38）选中（37）中创建物体，单击鼠标右键，选择"Convert To"（转换至）菜单→"Convert to Editable Poly"（转换至可编辑的多边形）命令，如图 3-1-39 所示。

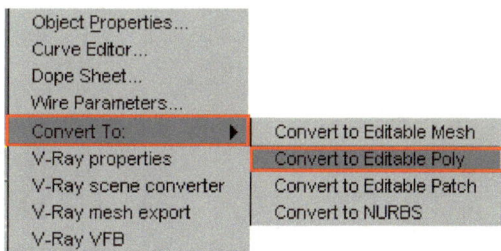

图 3-1-39　菜单设置　　　　　　　　　　图 3-1-40　点层级

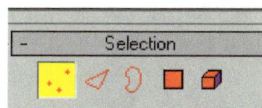

（39）在展开的"Selection"（选择）卷展栏下，单击"Vertex"（顶点）图标，进入点层级，如图 3-1-40 所示。

（40）在"Front"（前）视图里选择需要修改的点，如图 3-1-41 所示。

（41）按住鼠标左键向左移动得到如图 3-1-42 所示效果。

（42）在展开的"Selection"（选择）卷展栏下，单击"Edge"（边）图标，进入线层级。然后在"Perspective"（透）视图中，选中需要修改的线，如图 3-1-43 所示。

3ds Max 9.0——室内设计

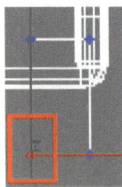

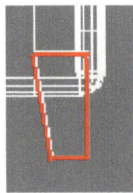

图 3-1-41　修改点　　　　图 3-1-42　效果图　　　　　　图 3-1-43　效果图

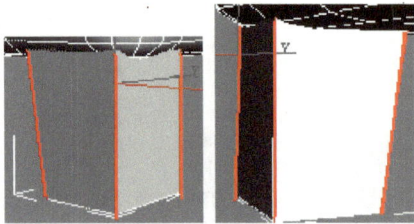

（43）在"Edit Edges"（编辑边）卷展栏下，单击 **Chamfer** "Chamfer"（斜切面）按钮，如图 3-1-44 所示。

（44）按住鼠标左键不放并且拖动，得到如图 3-1-45 所示效果。（注意：背面也要选择）

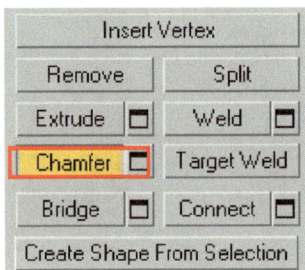

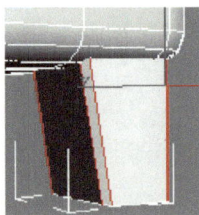

图 3-1-44　斜切面　　　　图 3-1-45　效果图　　　　图 3-1-46　设置参数

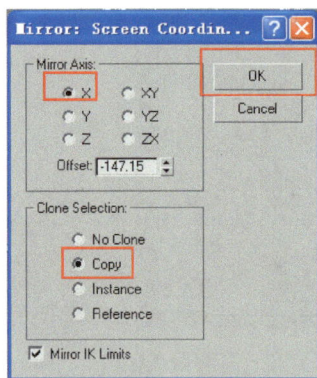

（45）在"Front"（前）视图中选中椅子腿部，并单击操作界面上方工具栏上的 "Mirror"（镜像）图标，在弹出的对话框中，单击 OK 按钮，如图 3-1-46 所示设置参数。

（46）镜像后得到如图 3-1-47 所示效果。

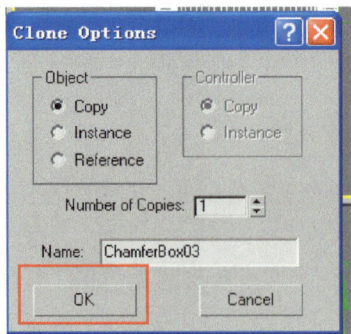

（47）在"Left"（左）视图中，选择（46）中创建的两个椅子的腿部，按住 Shift 键并在"Left"（左）视图中向左拖动，在弹出的对话框内点击 OK 键，如图 3-1-48 所示。

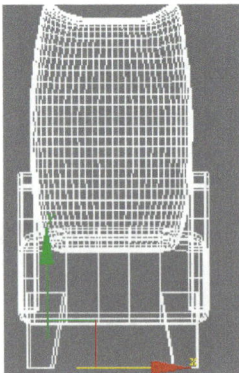

图 3-1-47　效果图　　　　图 3-1-48　克隆选项对话框　　　　图 3-1-49　效果图

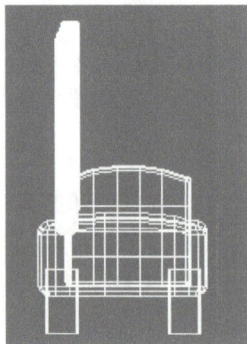

（48）复制后得到如图 3-1-49 所示效果。

(49) 椅子的最终效果如图 3-1-1 所示。

四、拓展训练——"床"的制作

打开配套光盘中的"项目三\任务一\拓展训练\床.max"文件,效果如图 3-1-50 所示。通过二维建模、材质设置等方式,完成最终效果如图 3-1-51 所示。

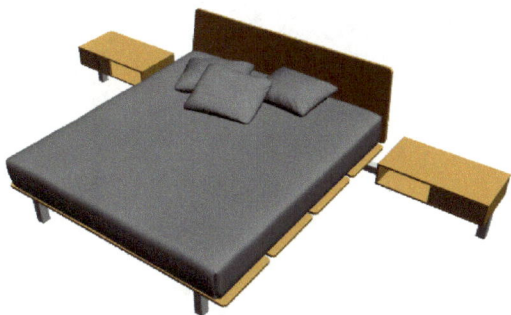

图 3-1-50　初始文件

图 3-1-51　最终效果

任务二　测试渲染设置及灯光布置

一、任务描述

首先进行测试渲染参数设置,之后进行灯光设置。灯光设置包括室外自然光和室内人造光源的建立。本任务中,要求对已有素材进行渲染及灯光设置,最后效果如图 3-2-1 所示。

二、任务分析

本任务中的主光源为室外自然光,运用一盏目标平行光来表现,而室内的辅助光源较多,有四盏筒灯、一盏壁灯和一盏室内主灯,在这里建议均采用 VRayLight 灯光来进行表现。

图 3-2-1　最终效果

三、方法与步骤

打开配套光盘中的"项目三\任务二\初始文件.max",如图 3-2-2 所示。该文件是一个已创建好的卧室场景模型,并且场景中的摄像机也创建完毕。

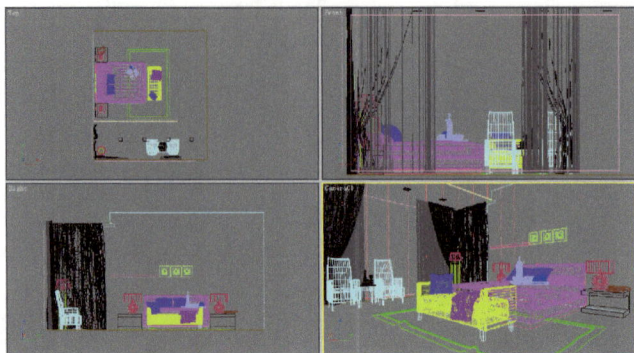

图 3-2-2　卧室场景模型

1. 设置测试渲染参数

（1）单击 F10 键，在弹出的"Render Scene"（渲染场景）对话框中，选择"Common"（常规）选项卡，在"Output Size"（输出尺寸）选项板中进行设置，如图 3-2-3 所示。

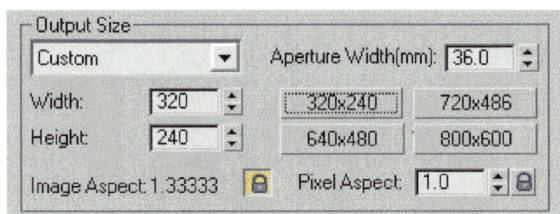

图 3-2-3　输出尺寸

（2）选择"Renderer"（渲染器）选项卡，在展开的"VRay：:Global switches"（全局开关）卷展览栏下，如图 3-2-4 所示设置参数。

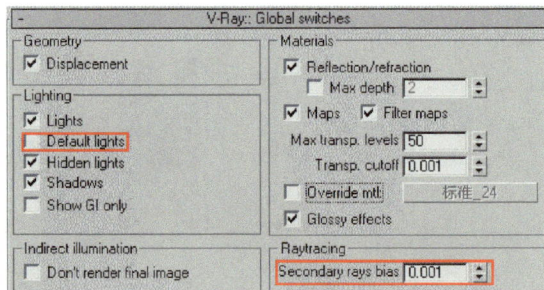

图 3-2-4　全局开关卷展栏

（3）在展开的"VRay：:Image sampler（Antialiasing）"（抗锯齿采样）卷展栏下，如图 3-2-5 所示设置参数。

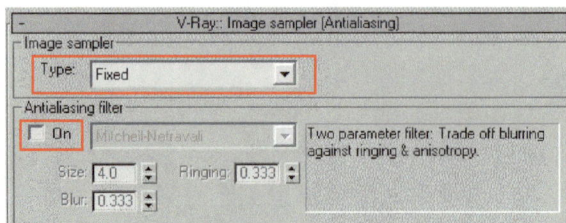

图 3-2-5　抗锯齿采样卷展栏

（4）在展开的"VRay：Indirect illumination(GI)"（间接照明）卷展栏下，如图3-2-6所示设置参数。

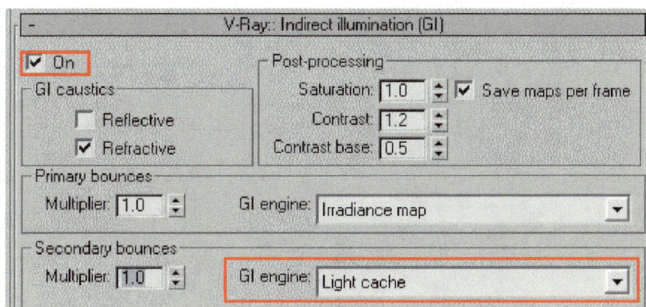

图3-2-6　间接照明卷展栏

（5）在展开的"VRay：Irradiance map"（发光贴图）卷展栏下，如图3-2-7所示设置参数。

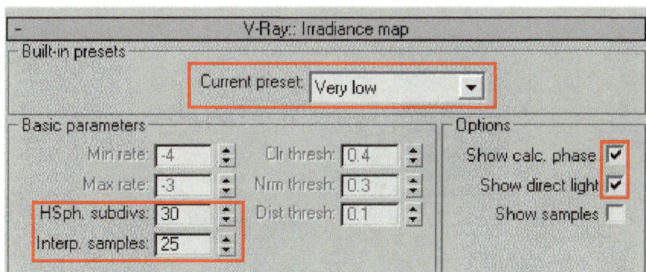

图3-2-7　发光贴图卷展栏

（6）在展开的"VRay：Light cache"（灯光缓存）卷展栏下，如图3-2-8所示设置参数。

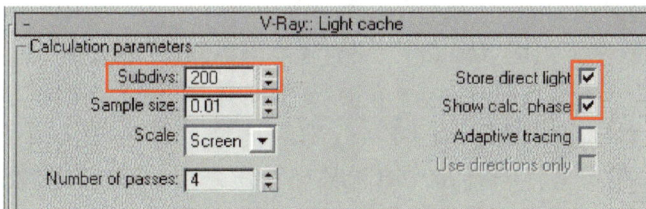

图3-2-8　灯光缓存卷展栏

2. 布置场景灯光

本场景光线来源主要为室外自然光及室内的人造光源，在为场景创建灯光前，首先应用一种白色材质覆盖场景中的所有物体，这样便于观察光源对于场景的影响。

（1）单击M键，在弹出的"Material Editor"（材质编辑器）对话框中，选择第1个空白材质球，单击"Standard"（标准）按钮，在弹出的"Material/Map Browser"（材质/贴图浏览器）对话框中双击鼠标左键选择"VRayMtl"（VRay专业材质）材质，并将材质命名为"替换材质"，具体参数设置如图3-2-9所示。

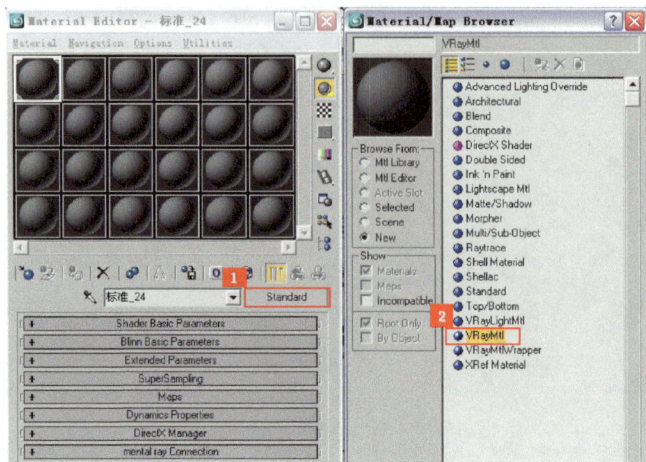

（a）选择材质

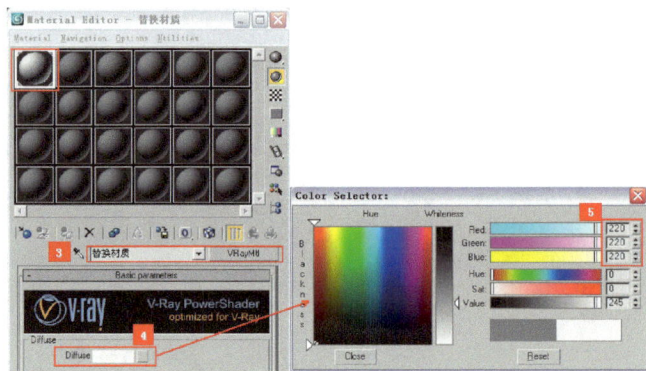

（b）设置参数

图 3-2-9　设置材质

（2）单击 F10 键，在弹出的"Render Scene"（渲染场景）对话框中，选择"Renderer"（渲染器）选项卡，在展开的"VRay::Global switches"（全局开关）卷展览栏下，勾选"Override mtl"（替换材质）复选框，然后单击"Material Editor"（材质编辑器）对话框中的贴图通道按钮，按住 Shift 键将材质球拖动至"Override mtl"（替换材质）复选框的按钮处并以"Instance"（关联）方式进行关联复制，具体参数设置如图 3-2-10 所示。

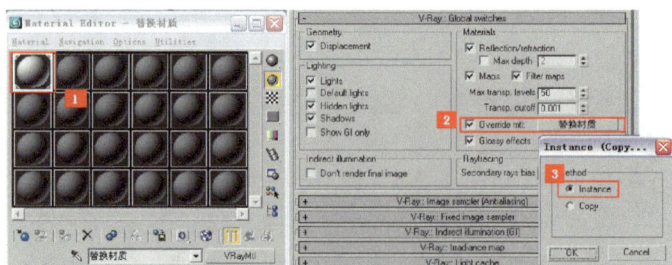

图 3-2-10　关联复制

（3）单击"Create"（建立）→"Lights"（灯光）图标，在下拉列表中选择"Standard"（标准）子项，然后在展开的"Object Type"（对象类型）卷展栏下，单击"Target Direct"（目标平行光）按钮，在场景中用来模拟自然光，具体位置如图 3-2-11 所示。

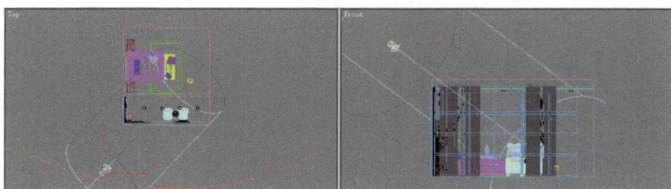

图 3-2-11　创建目标平行光

（4）灯光参数设置如图 3-2-12 所示。

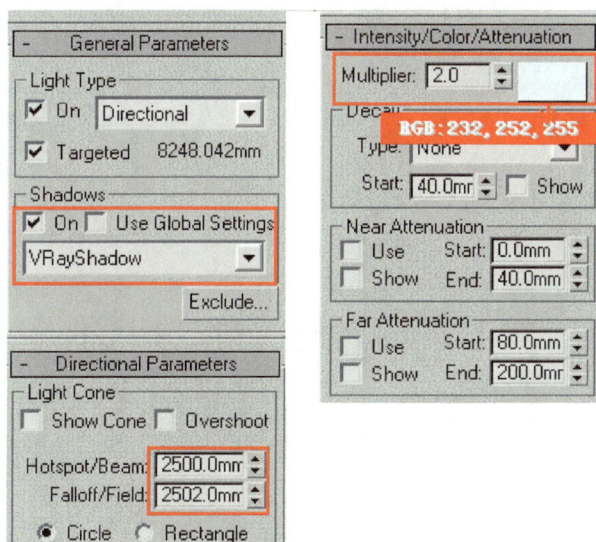

图 3-2-12　设置灯光参数

（5）单击 F9 键，对摄影机视图 Camera01 进行渲染，效果如图 3-2-13 所示。

图 3-2-13　渲染效果

（6）继续为场景创建灯光。在如图 3-2-14 所示位置创建一盏 VRayLight 灯光。

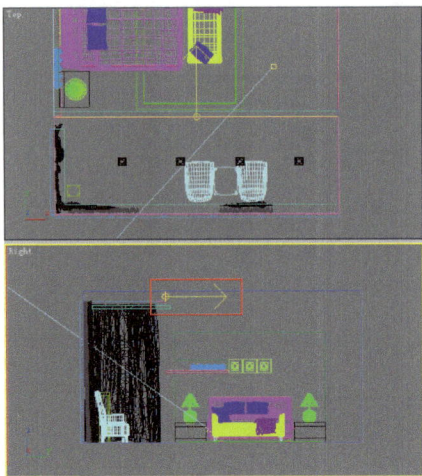

图 3-2-14　创建 VRay 灯光

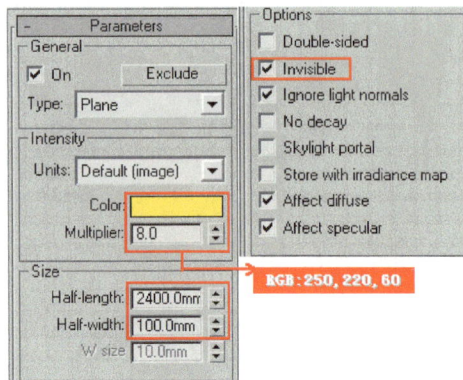

图 3-2-15　设置灯光参数

（7）灯光参数设置如图 3-2-15 所示。

（8）单击 F9 键，对摄影机视图 Camera01 进行渲染，效果如图 3-2-16 所示。

图 3-2-16　渲染效果

3. 创建室内人造光源灯光

（1）单击"Create"（建立）→"Lights"（灯光）图标，在下拉列表中选择"Photometric"（光度学）子项，然后在展开的"Object Type"（对象类型）卷展栏下，单击"Target Point"（目标点光源）按钮，在如图 3-2-17 所示位置创建一个"目标点光源"。

（2）灯光参数设置如图 3-2-18 所示。

（3）在展开的"Web Parameters"（Web 参数）卷展栏中下，调用一个"Web File"（光域网）文件，如图 3-2-19 所示。光域网文件为配套光盘中的"项目三\任务二\素材\贴图\牛眼灯.ies"。

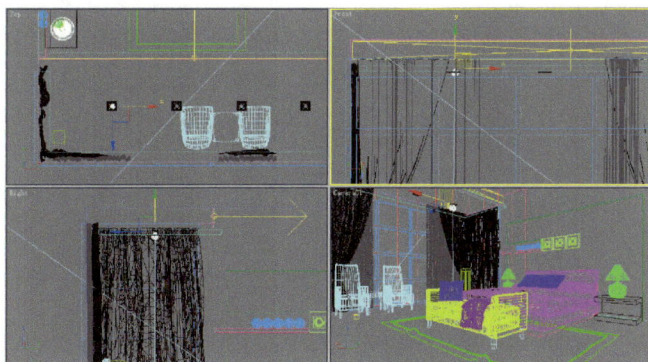

图 3-2-17　创建目标点光源

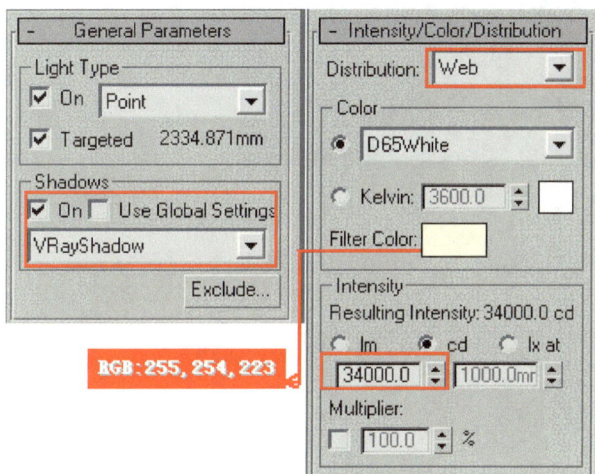

图 3-2-18　设置灯光参数　　　　　　图 3-2-19　调用光域网文件

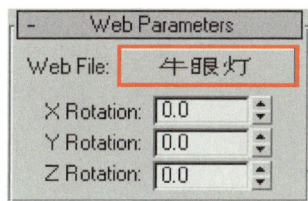

（4）在"Top"（顶）视图中，选中（2）中创建的目标点光源 Point01，按住 Shift 键以"Instance"（关联）方式关联复制出三盏灯光，位置如图 3-2-20 所示。

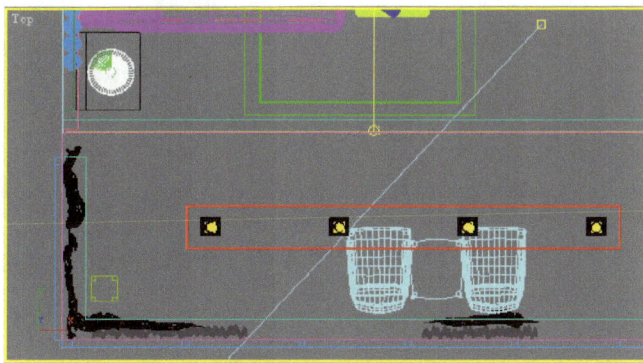

图 3-2-20　关联复制

（5）继续创建卧室吊灯灯光。依旧选中复制过的一盏目标点光源 Point01，以"Copy"（拷贝）的方式进行复制，如图 3-2-21 所示。灯光参数保持不变。

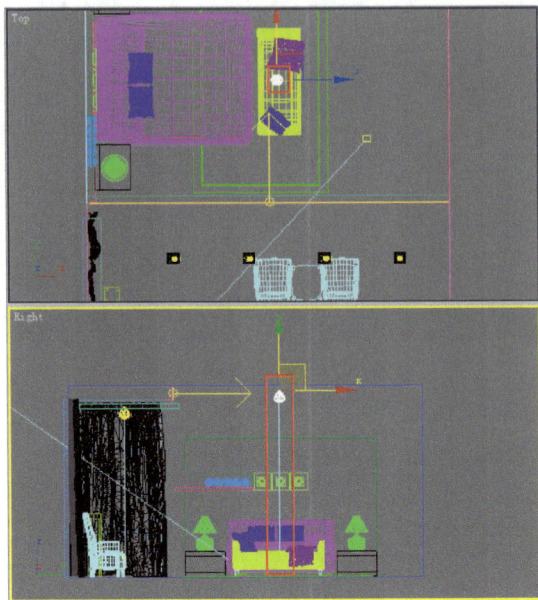

图 3-2-21　复制灯光

（6）至此，场景中的所有灯光已经创建完毕，单击 F9 键对摄像机视图进行渲染，最终效果如图 3-2-1 所示。

任务三　设置场景材质

一、任务描述

卧室应以宽敞明亮的空间布置为主，整体环境应简洁大方，室内织物则以天然植物纤维为主，给人温暖的感觉。本任务中，要求对场景中的材质进行设置，最终效果如图 3-3-1 所示。

图 3-3-1　最终效果

二、任务分析

本任务在材质设置过程中，首先应设置主题模型的材质，如：墙体、地面和门窗等，然后依次设置单个模型的材质，如：床和椅子等家具和饰物。

三、方法与步骤

在设置场景材质前，首先要取消任务二中对场景物体的材质替换状态。单击 F10 键，在弹出的"Render Scene"（渲染场景）对话框中，选择"Renderer"（渲染器）选项卡，在展开的"V - Ray：：Global switches"（全局开关）卷展栏下，取消勾选的"Override mtl"（替换材质)复选框,如图 3-3-2 所示。

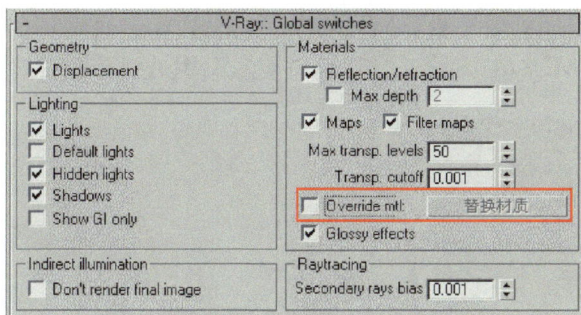

图 3-3-2　全局开关卷展栏

1. 墙面材质设置

(1) 单击 M 键打开"Material Editor"(材质编辑器)对话框,选择第 2 个材质球,再单击"Standard"(标准)按钮,在弹出的"Material/Map Browser"(材质/贴图浏览器)对话框中双击鼠标左键选择"VRayMtl"(VRay 专业材质)材质,并将材质命名为"白色乳胶漆",具体参数设置如图 3-3-3 所示。

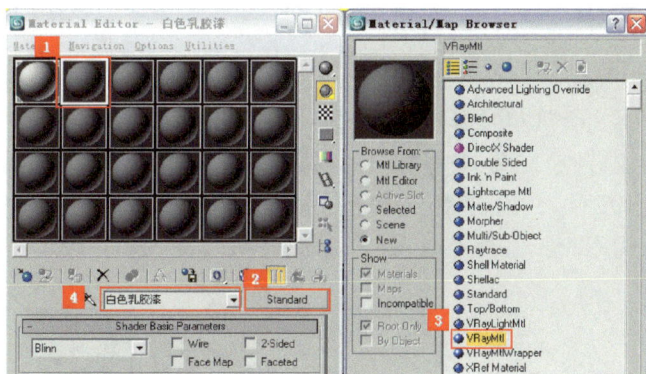

(a) 选择材质

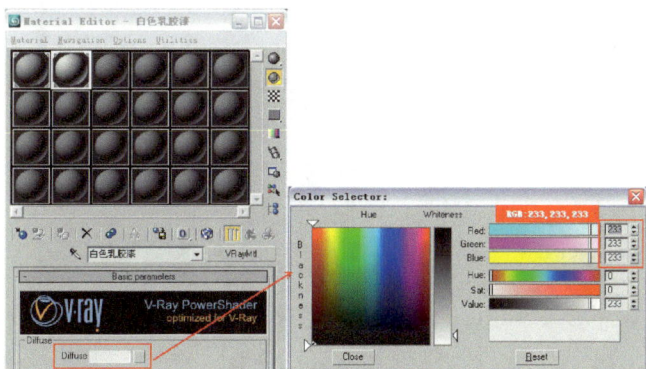

(b) 设置参数

图 3-3-3　设置材质

（2）单击操作界面上方工具栏上的"Select by Name"（通过命名选择）图标，在弹出的"Select Objects"（对象选择）对话框中，选择"墙面"，单击"Select"（选择）按钮，如图3-3-4所示。在"Material Editor"（材质编辑器）对话框中单击"Assign Material to Selection"（将材质指定给对象）和"Show Map in Viewport"（视口显示贴图）图标，将材质附着给"墙面"物体。

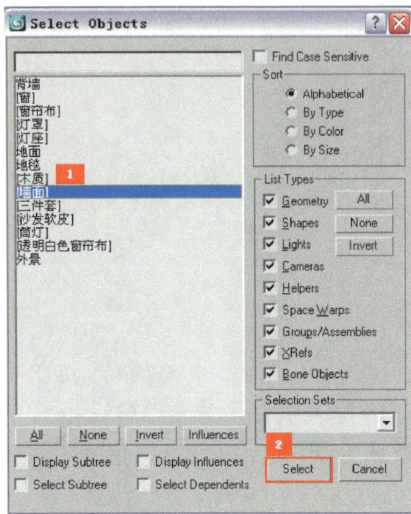

图 3-3-4　指定材质

图 3-3-5　设置参数

2. 背景墙材质设置

（1）在"Material Editor"（材质编辑器）对话框中，选择第3个空白材质球，将其设置为"VRayMtl"（VRay专业材质）材质，并将材质命名为"黑色面"，具体参数设置如图3-3-5所示。

（2）将材质指定给"背景墙"物体，并单击F9键对摄像机视图进行渲染，此时墙面效果如图3-3-6所示。材质指定方法参照本任务"1.墙面材质设置"中的（2）。

图 3-3-6　渲染效果

3. 地面材质设置

（1）在"Material Editor"（材质编辑器）对话框中，选择第4个空白材质球，将其设置为

"VRayMtl"（VRay专业材质）材质，并将材质命名为"地面"，单击"Diffuse"（漫反射）框右侧的贴图按钮，为其添加一个"Bitmap"（位图）贴图，具体参数设置如图 3-3-7 所示。贴图文件为配套光盘中的"项目三\任务三\素材\贴图\006.jpg"。

（2）单击"Go to Parent"（返回上一级）图标，回到"VrayMtl"（VRay专业材质）层级，在展开的"Map"（贴图）卷展栏下，单击"Bump"（凹凸）贴图框右侧的"None"（无）贴图按钮，为其添加一个"Bitmap"（位图）贴图，具体参数设置如图 3-3-8 所示。贴图文件为配套光盘中的"项目三\任务三\素材\贴图\007.jpg"。（注意：单击"Bump"（凹凸）贴图框右侧的按钮，进入"Bitmap"（位图）贴图层级，在展开的"Coordinates"（坐标）卷展栏下，将"Blur"（模糊）参数设置为 0.5）

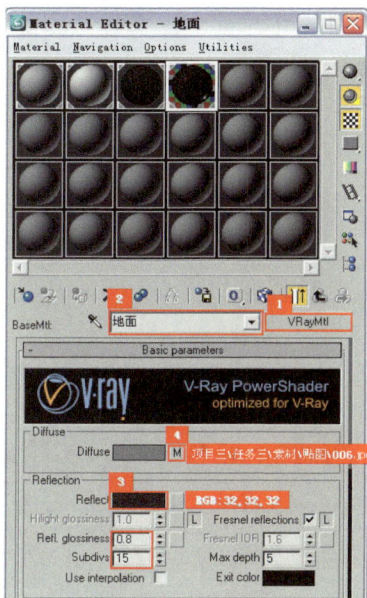

图 3-3-7　设置参数

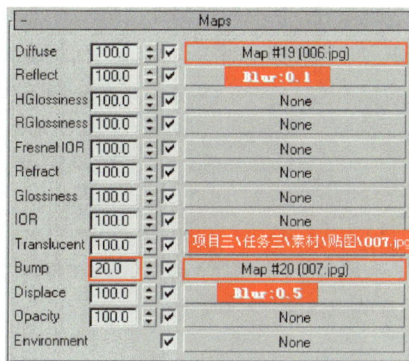

图 3-3-8　添加位图贴图

（3）将材质指定给"地面"物体，并单击 F9 键对摄像机视图进行渲染，此时地面效果如图 3-3-9 所示。

图 3-3-9　渲染效果

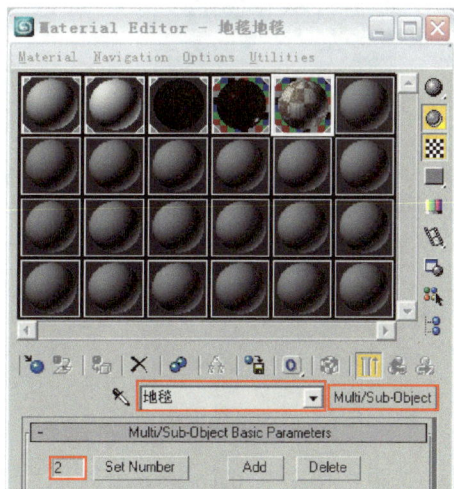

图 3-3-10　设置参数

4. 地毯材质设置

（1）在"Material Editor"（材质编辑器）对话框中，选择第5个空白材质球，将其设置为"Multi/Sub-Object"（多维/子物体）材质，并将材质命名为"地毯"，在展开的"Multi/Sub-Object Basic Parameters"（多维/子物体基本参数）卷展栏下，单击"Set Number"（设置数量）按钮，设置参数为"2"，即设置两个ID材质球，如图3-3-10所示。

"Multi/Sub-Object"（多维/子物体）材质是3ds Max 9.0自带的一种特殊材质，事先对场景中的模型设置ID编号，通过对子材质的设置，然后指定给场景中的模型，可以实现单一物体多种材质的赋予。

（2）单击第1个材质球（Material #5）右侧的按钮进入材质编辑，再单击"Standard"（标准）按钮，将其设置为"VRayMtl"（VRay专业材质）材质，然后单击"Diffuse"（漫反射）框右侧的贴图按钮，为其添加一个"Bitmap"（位图）贴图，具体参数设置如图3-3-11所示。贴图文件为配套光盘中的"项目三\任务三\素材\贴图\地毯.jpg"。

（3）单击"Go to Parent"（返回上一级）图标，回到"VRayMtl"（VRay专业材质）层级，在展开的"Map"（贴图）卷展栏下，将"Diffuse"（漫反射）框右侧的贴图按钮拖动到"Bump"（凹凸）贴图框右侧的"None"（无）贴图按钮上进行"Copy"（拷贝）复制，如图3-3-12所示。（注意：单击"Bump"（凹凸）贴图框右侧的按钮，进入"Bitmap"（位图）贴图层级，然后将"Blur"（模糊）参数设置为1.0）

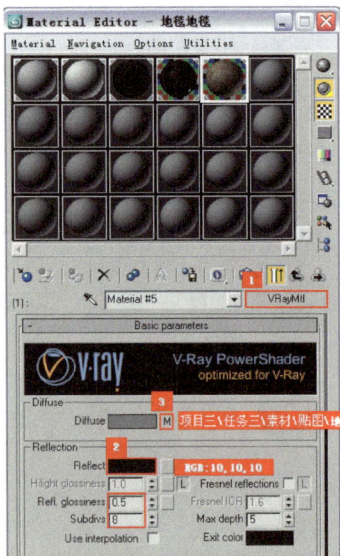

图 3-3-11　添加位图贴图

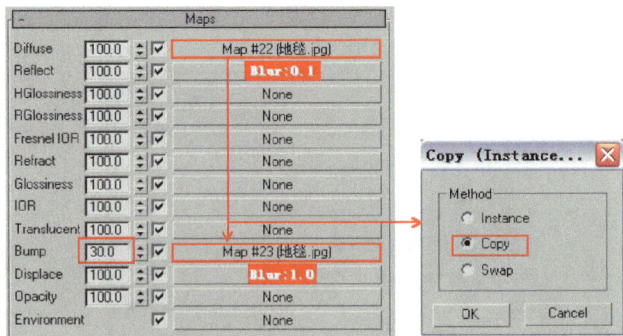

图 3-3-12　设置参数

（4）再次单击"Go to Parent"（返回上一级）图标，回到"Multi/Sub-Object"（多维/子物体）层级，单击第2个材质球（Material #6）右侧的按钮进入材质编辑，再单击"Standard"（标准)按钮,将其设置为"VRayMtl"(VRay 专业材质)材质,然后单击"Diffuse"(漫反射)框右侧的贴图按钮,为其添加一个"Bitmap"(位图)贴图,具体参数设置如图 3-3-13 所示。贴图文件为配套光盘中的"项目三\任务三\素材\贴图\009.jpg"。

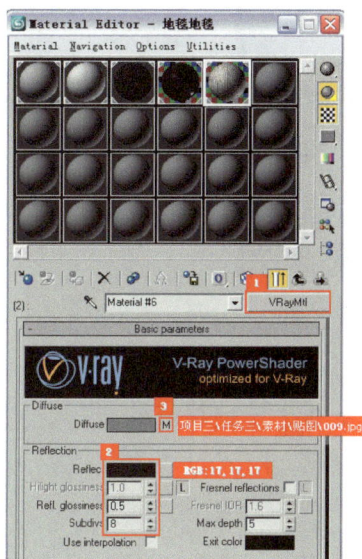

图 3-3-13　添加位图贴图

图 3-3-14　渲染效果

（5）将材质指定给"地毯"物体,并单击 F9 键对摄像机视图进行渲染,此时效果如图 3-3-14 所示。

5. 沙发布料材质设置

（1）在"Material Editor"(材质编辑器)对话框中,选择第 6 个空白材质球,将其设置为"VRayMtl"(VRay 专业材质)材质,并将材质命名为"布料",单击"Diffuse"(漫反射)框右侧的贴图按钮,为其添加一个"Falloff"(衰减)贴图,具体参数设置如图 3-3-15 所示。

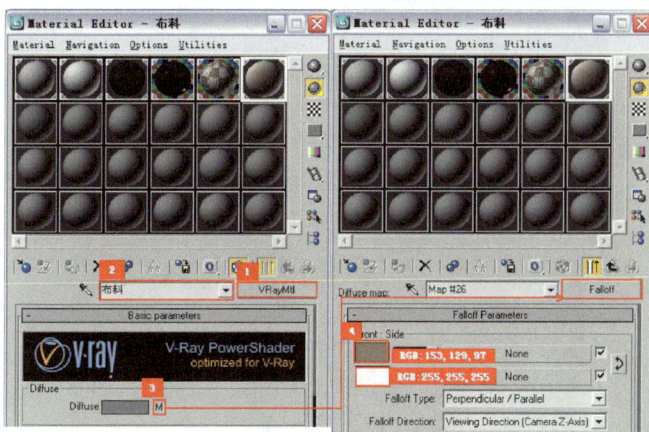

图 3-3-15　添加衰减贴图

（2）将材质指定给"沙发软皮"物体,并单击 F9 键对摄像机视图进行渲染,此时效果如图 2-3-16 所示。

图 3-3-16　渲染效果

6. 床垫布纹材质设置

（1）在"Material Editor"（材质编辑器）对话框中，选择第 7 个空白材质球，将其设置为"VRayMtl"（VRay 专业材质）材质，并将材质命名为"床垫布纹"，单击"Diffuse"（漫反射）框右侧的贴图按钮，为其添加一个"Falloff"（衰减）贴图，具体参数设置如图 3-3-17 所示。

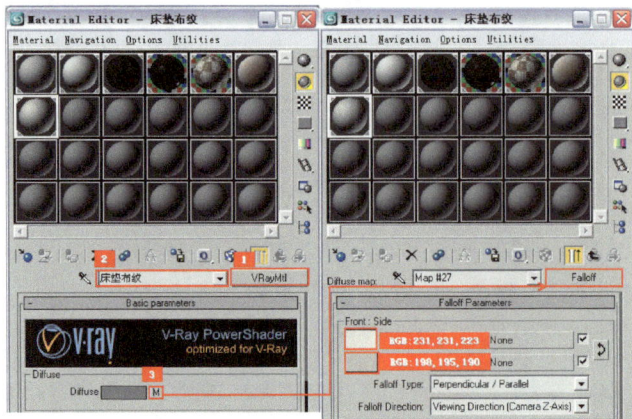

图 3-3-17　添加衰减贴图

（2）将材质指定给"三件套"物体，并单击 F9 键对摄像机视图进行渲染，此时效果如图 3-3-18 所示。

图 3-3-18　渲染效果

7. 木质材质设置

（1）在"Material Editor"（材质编辑器）对话框中，选择第 8 个空白材质球，将其设置为"VRayMtl"（VRay 专业材质）材质，并将材质命名为"木质"，单击"Diffuse"（漫反射）框右侧的贴图按钮，为其添加一个"Bitmap"（位图）贴图，具体参数设置如图 3-3-19 所示。贴图文件为配套光盘的"项目三\任务三\素材\贴图\黑色木.jpg"。

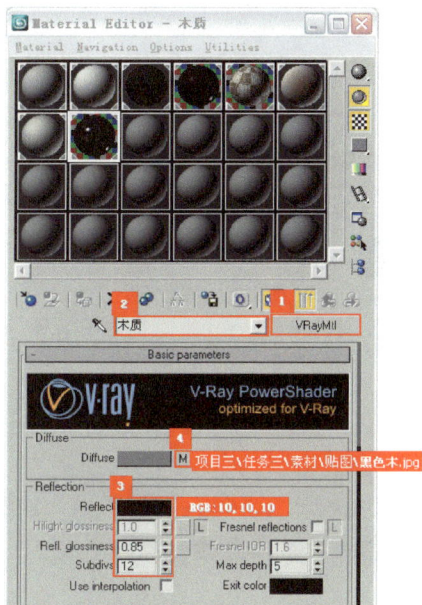

图 3-3-19　添加位图贴图

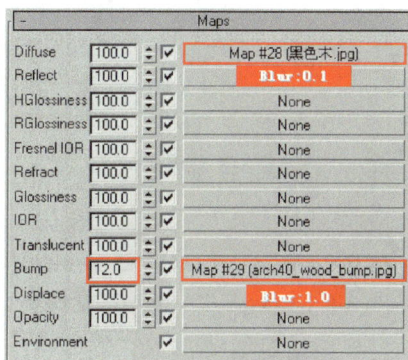

图 3-3-20　设置参数

（2）单击"Go to Parent"（返回上一级）图标，回到"VRayMtl"（VRay 专业材质）层级，在展开的"Map"（贴图）卷展栏下，单击"Bump"（凹凸）贴图框右侧的"None"（无）贴图按钮，为其添加一个"Bitmap"（位图）贴图文件，具体参数设置如图 3-3-20 所示。（注意：单击"Bump"（凹凸）贴图框右侧的按钮，进入"Bitmap"（位图贴图）层级，然后将"Blur"（模糊）参数设置为 1.0）

（3）将材质指定给"木质"物体，并单击 F9 键对摄像机视图进行渲染，此时渲染效果如图3-3-21 所示。

图 3-3-21　渲染效果

8. 窗框材质设置

（1）在"Material Editor"（材质编辑器）对话框中，选择第 9 个空白材质球，将其设置为"VRayMtl"（VRay 专业材质）材质，并将材质命名为"窗"，具体参数设置如图 3-3-22 所示。

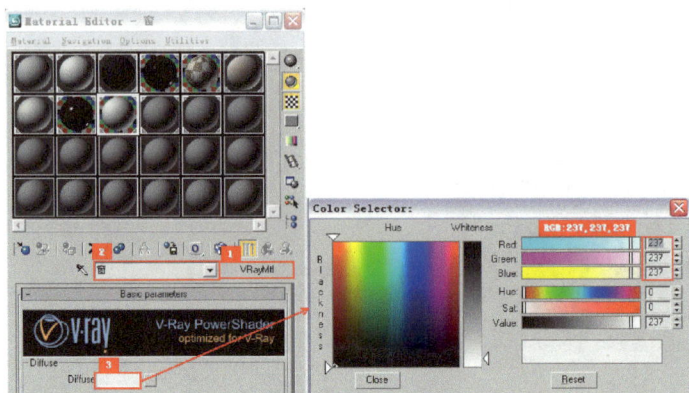

图 3-3-22　设置参数

（2）将材质指定给"窗"物体。

9. 窗帘布材质设置

（1）在"Material Editor"（材质编辑器）对话框中，选择第 10 个空白材质球，将其设置为"VRayMtl"（VRay 专业材质）材质，并将材质命名为"窗帘布"，具体参数设置如图 3-3-23 所示。

（2）将材质指定给"窗帘布"物体。

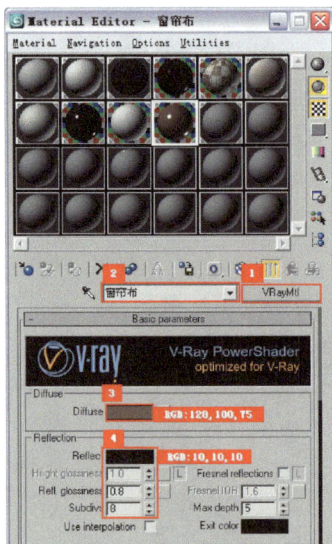

图 3-3-23　设置参数

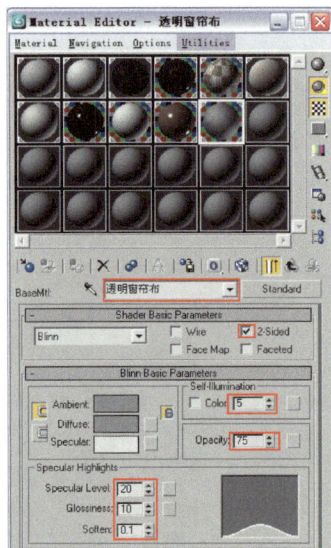

图 3-3-24　设置参数

10. 透明窗帘布材质设置

（1）在"Material Editor"（材质编辑器）对话框中，选择第 11 个空白材质球，并将材质命名为"透明窗帘布"，具体参数设置如图 3-3-24 所示。

（2）单击"Standard"（标准）按钮，选择"VRayMtlWrapper"（VRay 专业材质包装）材质，在弹出的对话框中选择"Keep old material as sub-material?"（保留原先的材质？），如图3-3-25所示，并单击"OK"按钮。

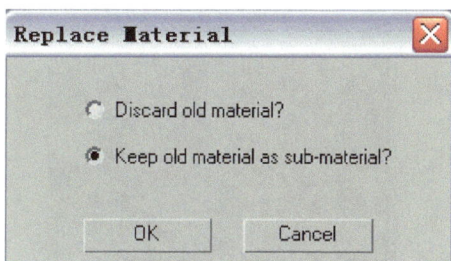

图 3-3-25　替换材质对话框

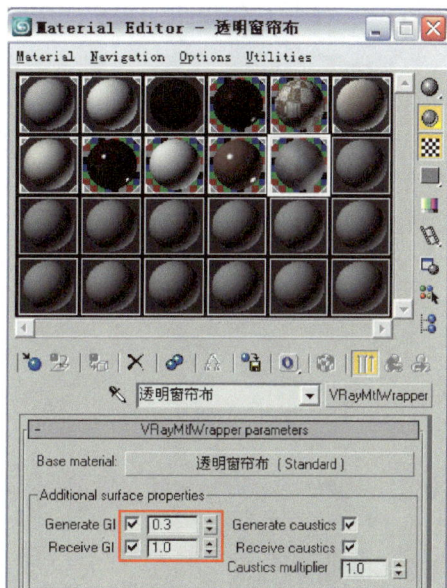

图 3-3-26　设置参数

（3）在展开的"VRay Mtl Wrapper Parameters"（VRay 专业材质包装）卷展栏下，如图3-3-26 所示设置具体参数。

（4）将材质指定给"透明白色窗帘布"物体，并单击 F9 键对摄像机视图进行渲染，此时效果如图3-3-27所示。

图 3-3-27　渲染效果

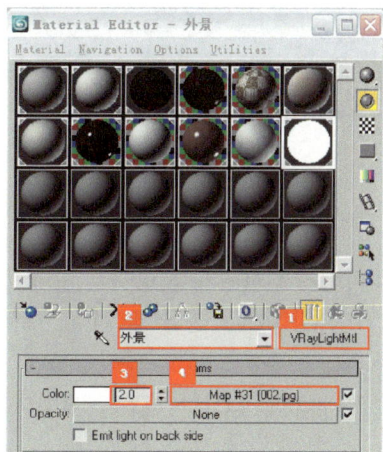

图 3-3-28　添加位图贴图

11. 窗户外景材质设置

（1）在"Material Editor"（材质编辑器）对话框中，选择第 12 个空白材质球，将其设置为

"VRayMtl"(VRay专业材质)材质,并将材质命名为"外景",单击"Color"(颜色)框右侧的贴图按钮,为其添加一个"Bitmap"(位图)贴图,具体参数设置如图 3-3-28 所示。贴图文件为配套光盘中的"项目三\任务三\素材\贴图\002.jpg"。

(2) 将材质指定给"外景"物体。

12. 灯罩材质设置

(1) 在"Material Editor"(材质编辑器)对话框中,选择第 13 个空白材质球,将其设置为"VRayMtl"(VRay专业材质)材质,并将材质命名为"灯罩",单击"Diffuse"(漫反射)框右侧的贴图按钮,为其添加一个"Bitmap"(位图)贴图,具体参数设置如图 3-3-29 所示。贴图文件为配套光盘中的"项目三\任务三\素材\贴图\003.jpg"。

(2) 将材质指定给"灯罩"物体。

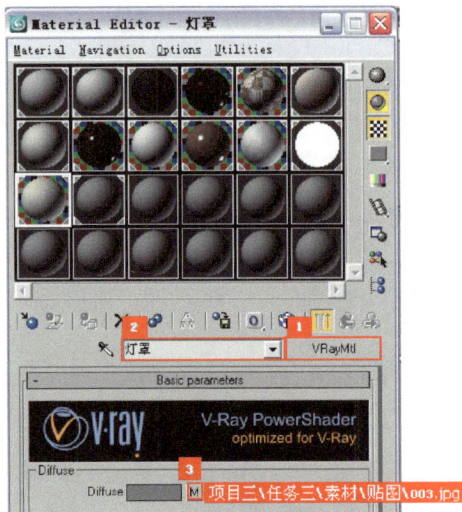

图 3-3-29　添加位图贴图

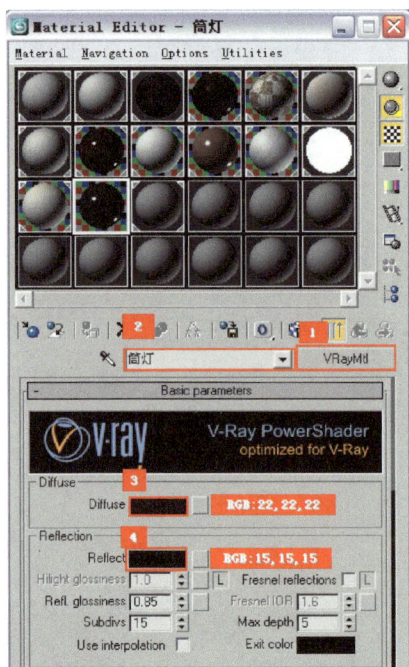

图 3-3-30　设置参数

13. 筒灯材质设置

(1) 在"Material Editor"(材质编辑器)对话框中,选择第 14 个空白材质球,将其设置为"VRayMtl"(VRay专业材质)材质,并将材质命名为"筒灯",具体参数设置如图 3-3-30 所示。

(2) 将材质指定给"筒灯"物体。

四、拓展训练——"音响"的材质设置

打开配套光盘中的"项目三\任务三\拓展训练\初始文件.max"文件,效果如图 3-3-31 所示。进行材质设置后,最终效果如图 3-3-32 所示。

图 3-3-31　初始文件

图 3-3-32　最终效果

任务四　最终渲染设置

一、任务描述

利用 VRay 软件进行最终渲染，因此需要设置较高的参数，从而达到高标准的视觉效果。图 3-4-1 所示为最终渲染图效果。

图 3-4-1　最终渲染效果

图 3-4-2　渲染效果

二、任务分析

本任务中，对于最终渲染设置，为提高渲染速度，可在"发光贴图"和"灯光缓存"卷展栏中勾选"自动保存发光贴图"，最后再以大图的形式渲染输出图片。

三、方法与步骤

上一个任务中，我们完成了对场景中材质的设置，而现在则需要对场景进行最终渲染。
（1）观察目前的场景效果，单击 F9 键对摄影机视图 Camera01 进行渲染，效果如图 3-4-2所示。

（2）在展开的"VRayShadows params"（VRay阴影参数）卷展栏下，对场景中模拟日光的灯"Target Direct"（目标平行光）进行"Subdivs"（阴影细分）值设置，输入24，如图3-4-3所示。

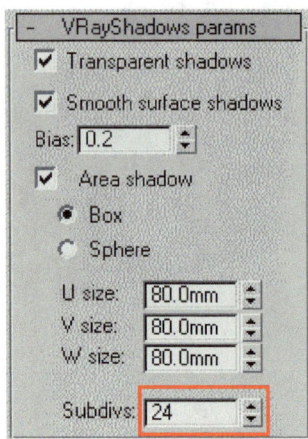

图 3-4-3　阴影细分值设置

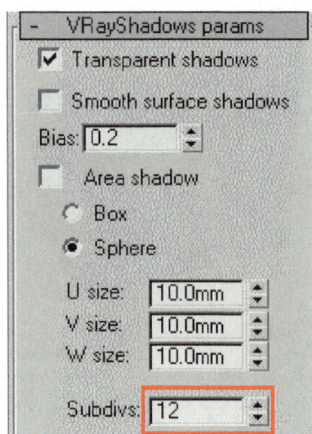

图 3-4-4　设置参数

（3）在展开的"VRay Shadows params"（VRay 阴影参数）卷展栏下，对场景中的灯Point05 进行"Subdivs"（阴影细分）值设置，输入12，如图3-4-4所示。

（4）单击 F10 键，在弹出的"Render Scene"（渲染场景）对话框中，选择"Renderer"（渲染器）选项卡，在展开的"VRay：Global switches"（全局开关）卷展栏下，勾选"Don't render final image"（不渲染最后图像）复选框，如图3-4-5所示。

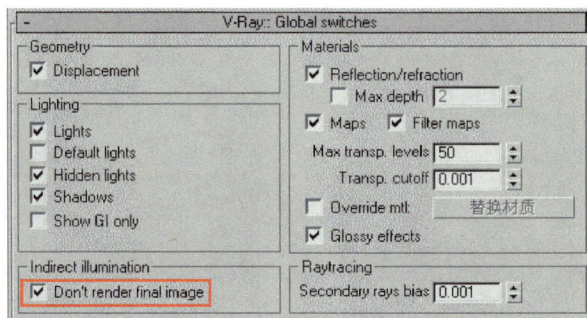

图 3-4-5　全局开关卷展栏

（5）下面进行渲染级别设置。在展开的"VRay：Irradiance map"（发光贴图）卷展栏下，如图3-4-6所示设置参数。

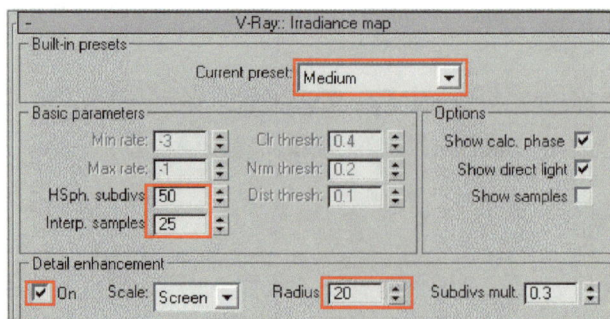

图 3-4-6　发光贴图卷展栏

（6）在展开的"VRay∷Ligth cache"（灯光缓存）卷展栏下，如图 3-4-7 所示设置参数。

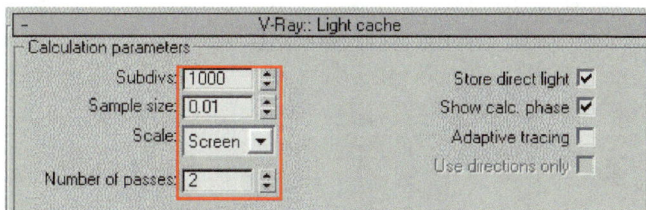

图 3-4-7　灯光缓存卷展栏

（7）在展开的"VRay∷rQMC Sampler"（准蒙特卡罗采样器）卷展栏下，如图 3-4-8 所示设置参数。这是模糊采样设置。

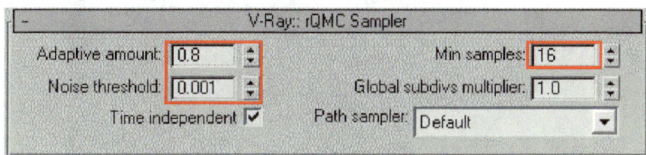

图 3-4-8　准蒙特卡罗采样器卷展栏

（8）保存发光贴图的参数设置。在展开的"VRay∷Irradiance map"（发光贴图）卷展栏下，勾选"On render end"（渲染结果）选项板中的"Don't delete"（不要删除）和"Auto save"（自动保存）复选框，再单击"Auto save"（自动保存）复选框后面的"Browse"（浏览器）按钮，在弹出的"Auto save irradiance map"（自动保存发光贴图）对话框中输入要保存的文件，文件名为"发光贴图 01.vrmap"并选择保存路径，如图 3-4-9 所示。

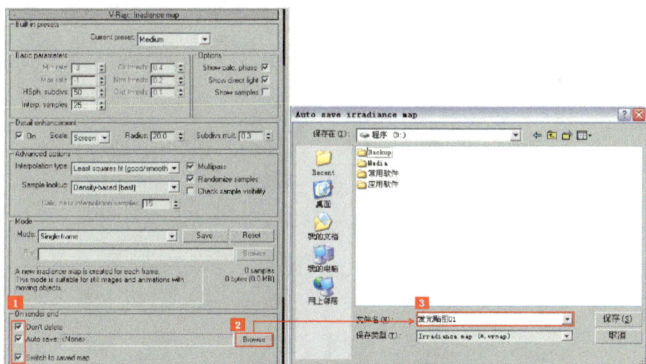

图 3-4-9　保存发光贴图

（9）在展开的"VRay∷Light cache"（灯光缓存）卷展栏下，勾选"On render end"（渲染结果）选项区域中的"Don't delete"（不要删除）和"Auto save"（自动保存）复选框，再单击"Auto save"（自动保存）复选框后面的"Browse"（浏览器）按钮，在弹出的"Auto save irradiance map"（自动保存发光贴图）对话框中输入要保存的文件，文件名为"灯光贴图 01.vrmap"并选择保存路径，如图 3-4-10 所示。

（10）保持当前输出尺寸，单击 F9 键对摄像机视图进行渲染，效果如图 3-4-11 所示。由于这次设置了较高的渲染采样参数，渲染时间也就相应加长了。

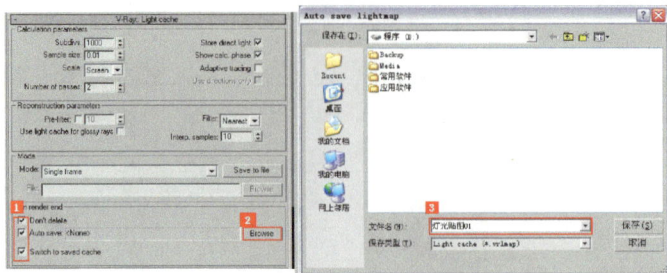

图 3-4-10　保存灯光贴图

图 3-4-11　渲染效果

（11）最终成品渲染设置。首先设置输出尺寸，单击 F10 键，在弹出的"Render Scene"（渲染场景）对话框中，选择"Common"（常规）选项卡，在展开的"Common Parameters"（公用参数）卷展栏下，如图 3-4-12 所示参数设置最终渲染图像的输出尺寸。

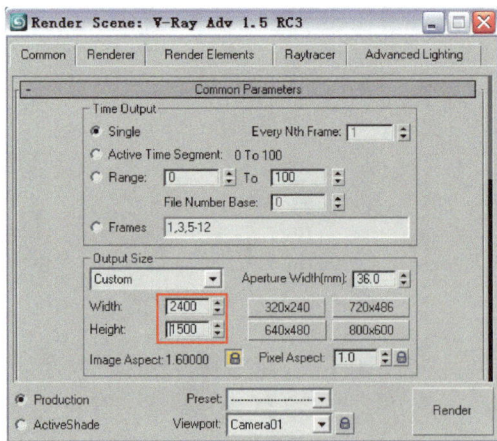

图 3-4-12　设置输出尺寸

（12）选择"Renderer"（渲染器）选项卡，在展开的"VRay∷Global switches"（全局开关）卷展栏下，取消"Don't render final image"（不要渲染最后图像）复选框的勾选，如图 3-4-13 所示。

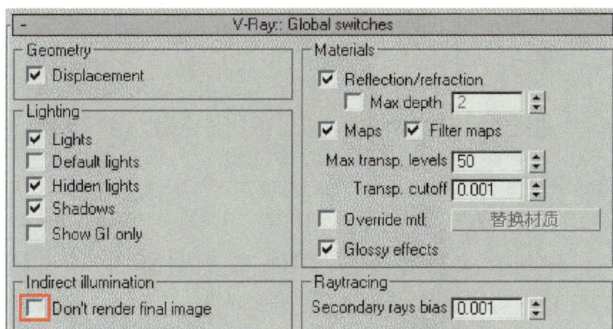

图 3-4-13　全局开关卷展栏

（13）在展开的"VRay∷Image sampler（Antialiasing）"（抗锯齿采样）卷展栏下，如图3-4-14所示设置参数。

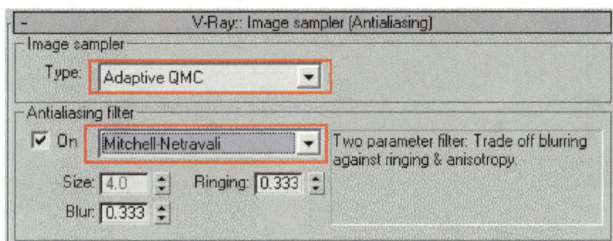

图 3-4-14　抗锯齿采样卷展栏

（14）最终渲染效果如图 3-4-1 所示。

任务五　Photoshop 后期处理

一、任务描述

最后使用 Photoshop CS3 软件对图像的亮度、对比度以及饱和度进行调整，使效果更加生动和逼真，效果如图 3-5-1 所示。

图 3-5-1　最终效果

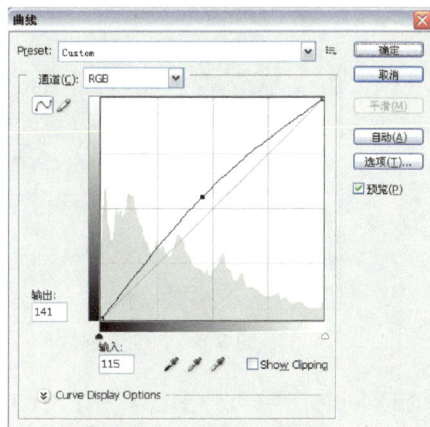

图 3-5-2　"曲线"对话框

本任务中,主要使用"曲线"、"高斯模糊"、"USM 锐化"以及"照片滤镜"等命令。

三、方法与步骤

(1)在 Photoshop CS3 软件中打开任务四中完成的渲染图,再按住 Ctrl + M 键打开"曲线"对话框,如图 3-5-2 所示,适当调节参数加强图像明暗对比。

(2)按住 Ctrl + J 键复制图层,如图 3-5-3 所示。

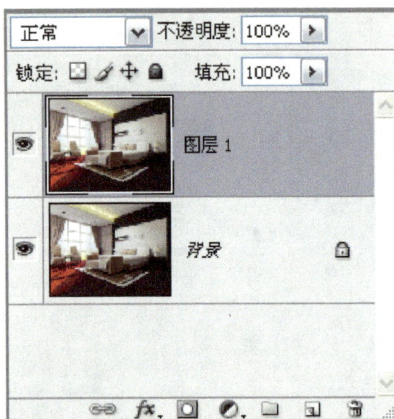

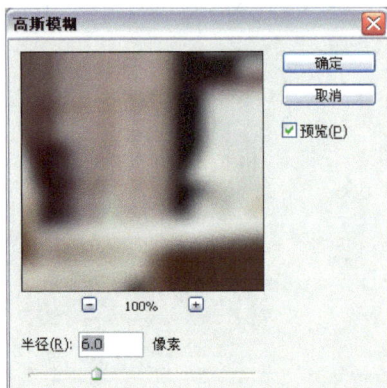

图 3-5-3　复制图层　　　　　　图 3-5-4　高斯模糊处理

(3)对(2)中复制出的图层进行高斯模糊处理,选择菜单栏中的"滤镜/模糊/高斯模糊",设置半径为"6"像素,如图 3-5-4 所示。

(4)将图层 1 的混合模式设置为"柔光"、不透明度设置为"40％",如图 3-5-5 所示。

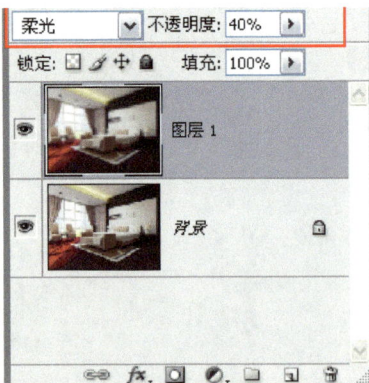

图 3-5-5　设置参数　　　　　　图 3-5-6　锐化

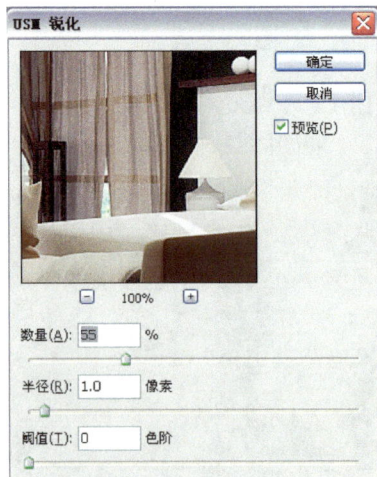

(5)同时选中两个图层,按住 Ctrl + E 键合并图层,然后选择菜单栏中的"滤镜/锐化/USM 锐化",如图 3-5-6 所示。

（6）单击图层控制面板下的 ⬤ （调整图层）按钮，如图 3-5-7 所示设置参数。

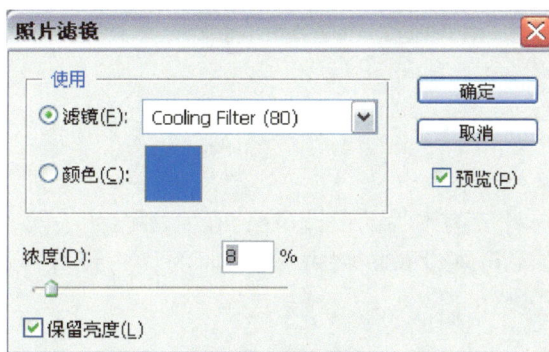

图 3-5-7　设置参数

（7）最终效果如图 3-5-1 所示。

四、拓展训练——Photoshop 后期制作

　　打开配套光盘中的"项目三\任务五\拓展训练\素材.max"文件，效果如图 3-5-8 所示。利用 Photoshop CS3 软件进行后期制作后，最终效果如图 3-5-9 所示。

图 3-5-8　初始文件

图 3-5-9　最终效果

项目实训二

一、项目描述

混合设计风格属于一种较为中性的设计风格,在室内设计中既趋于现代实用,又能够吸取传统的装饰特征,从装潢与陈设角度将古今、中西的优秀设计风格元素融于一体。如图3-6-1所示即为混合设计风格的卧室。

图 3-6-1　混合设计风格的卧室

二、项目要求

（1）打开配套光盘中的"项目三\项目实训二"文件夹中的"卧室.max"文件。

（2）参照图3-6-1所示效果图设置材质,注意墙体的色彩设置。

三、项目提示

（1）电视机和花瓶已做好,可直接导入调用。

（2）参照效果图,通过对材质球设置"Diffuse"（漫反射）贴图的方法,分别编辑材质并指定给相应的对象。

（3）添加一盏"目标平行光"作为日光,另外添加三盏 VRayLight 作为筒灯和两盏 VRayLight 作为台灯光源。

（4）添加摄像机,渲染图片。

四、项目评价

项目实训评价表

内　容		评　价			
学习目标	评价项目	4	3	2	1
职业能力					
能熟练掌握材质编辑器的使用方法	熟悉材质编辑器界面				
	使用材质编辑器的常用工具				
	设置贴图				
	设置金属材质				
	设置木材质				
	设置玻璃材质				
布置和调节灯光	掌握灯光的使用效果				
	灯光的分布				
	设置灯光的常用参数				
	设置灯光阴影				
	光域网文件的运用				
能设置摄像机	添加和调整摄像机				
通用能力	交流表达能力				
	与人合作能力				
	沟通能力				
	组织能力				
	活动能力				
	解决问题能力				
	自我提高的能力				
	革新、创新能力				
综合评价					

3ds Max 9.0——室内设计

项目三　**现代主义风格的卧室设计**　109

项目四

简约白色客厅设计

客厅也称起居室，是主人与客人会面的场所，也是房屋的门面。而客厅的摆设、颜色等都能反映出主人的性格特点、品味等。客厅宜采用浅色调，使客人有耳目一新的感觉。

任务一　餐桌椅建模

一、任务描述

餐桌椅是人们日常生活和社会活动中使用的具有坐卧、凭倚、餐食等功能的器具。本任务中通过二维建模等方法创建如图 4-1-1 所示餐桌椅。

图 4-1-1　餐桌椅

二、任务分析

本任务要求创建餐桌椅，首先使用切角长方体命令来创建桌椅的主体，然后将其转换为可编辑的多边形，再利用顶点、面等方式通过移动和拉伸等命令将其形体创建完成。

三、方法与步骤

（1）打开 3ds Max 9.0 软件，单击"Create"（建立）→"Geometry"（几何）图标，在展开的"Object Type"（对象类型）卷展栏下，单击"Box"（长方体）按钮，如图 4-1-2 所示在"Front"（前）视图中创建一个长方体。

（2）在展开的"Parameters"（参数）卷展栏下，如图 4-1-3 所示设置参数。

（3）选择（2）中创建的物体，单击鼠标右键，选择"Convert To"（转换至）菜单→"Convert to Editable Poly"（转换成可编辑的多边形）命令，如图 4-1-4 所示。

（4）在展开的"Selection"（选择）卷展栏下，单击"Vertex"（顶点）图标，进入点层级，如图 4-1-5 所示。

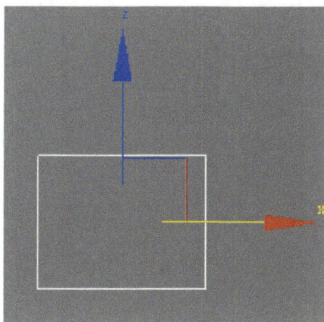

图 4-1-2 创建长方体

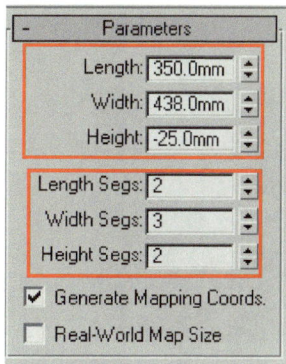

图 4-1-3 设置参数

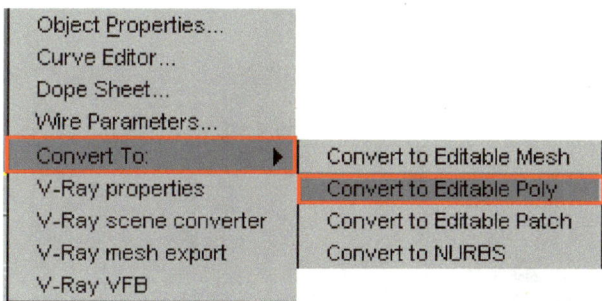

图 4-1-4 转换设置

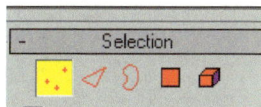

图 4-1-5 点层级

（5）在"Front"（前）视图中选择需要修改的点，如图 4-1-6 所示。

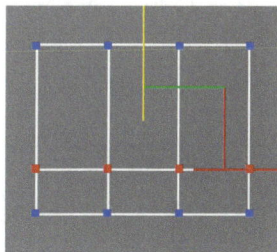

图 4-1-6 选择点

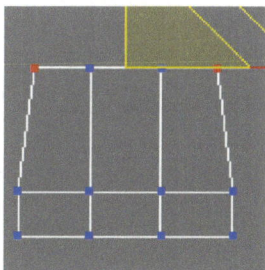

图 4-1-7 缩放操作

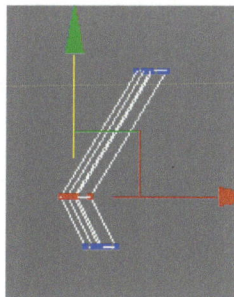

图 4-1-8 修改点

（6）单击操作界面上方工具栏上的"Select and Uniform Scale"（选择并等比例缩放）图标，修改点的位置（按住鼠标左键不放，选中需要的点向内侧移动直到得到所需效果），如图 4-1-7 所示。

（7）在"Left"（左）视图中选择需要修改的点，如图 4-1-8 所示效果进行修改。

（8）在"Top"（顶）视图中选择需要修改的点，选择沿 y 轴向前拉伸，效果如图 4-1-9 所示。

（9）在"Top"（顶）视图中，继续创建一个长方体，如图 4-1-10 所示。

（10）在展开的"Parameters"（参数）卷展栏下，如图 4-1-11 所示设置参数。

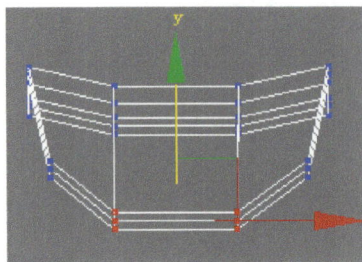

图 4-1-9　拉伸操作

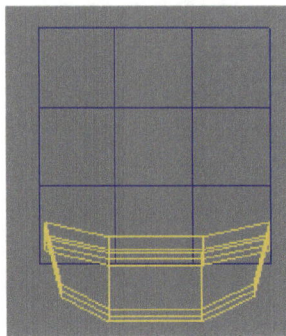

图 4-1-10　创建长方体

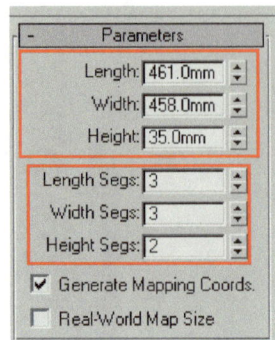

图 4-1-11　设置参数

（11）选择（10）中创建物体，单击鼠标右键，选择"Convert To"（转换至）菜单→"Convert to Editable Poly"（转换至可编辑的多边形）命令，如图 4-1-12 所示。

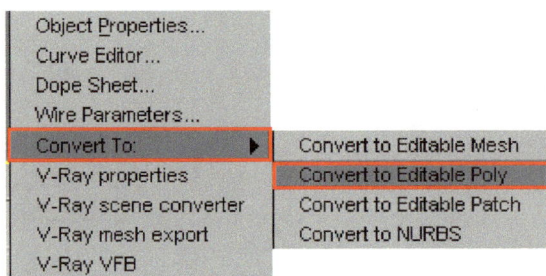

图 4-1-12　转换设置

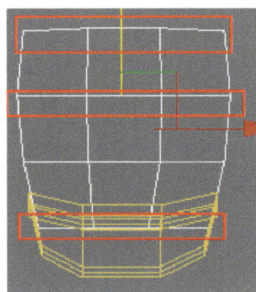

图 4-1-13　修改点

（12）在展开的"Selection"（选项）卷展栏下，单击"Vertex"（顶点）图标，进入点层级，然后在"Top"（顶）视图中选择需要修改的点，并单击操作界面上方工具栏上的"Select and Uniform Scale"（选择并等比例缩放）按钮进行修改，如图 4-1-13 所示。

（13）在"Front"（前）视图中选择需要修改的点，如图 4-1-14 所示效果进行修改。

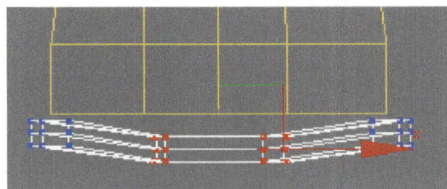

图 4-1-14　修改点

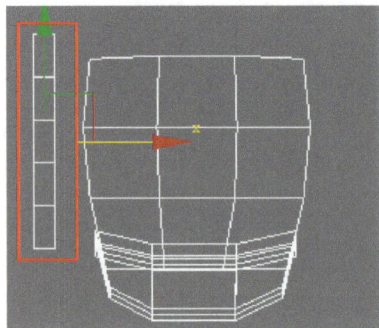

图 4-1-15　创建长方体

（14）接下来开始制作椅子的腿部。单击"Create"（建立）→"Geometry"（几何）图标，再单击"Box"（长方体）按钮，在"Top"（顶）视图中创建一个长方体，如图 4-1-15 所示。

（15）在展开的"Parameters"（参数）卷展栏下，如图 4-1-16 所示设置参数。

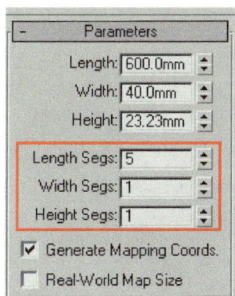

图 4-1-16 设置参数

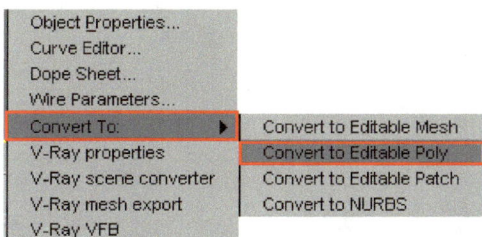

图 4-1-17 转换设置

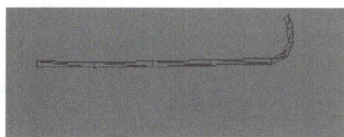

图 4-1-18 修改点

（16）选择（15）中创建物体，单击鼠标右键，选择"Convert To"（转换至）菜单→"Convert to Editable Poly"（转换成可编辑的多边形）命令，如图 4-1-17 所示。

（17）在展开的"Selection"（选择）卷展栏下，单击"Vertex"（顶点）图标，进入点层级，在"Left"（左）视图中选择需要修改的点进行修改，最终效果如图 4-1-18 所示。

（18）在"Top"（顶）视图中选中（17）中创建的桌腿，再按住 Shift 键并向右拖动，在弹出的对话框中进行选择，最后单击"OK"按钮，如图 4-1-19 所示。

（19）效果如图 4-1-20 所示。

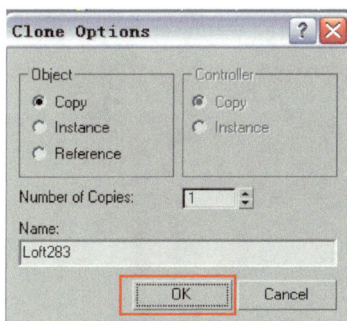

图 4-1-19 复制

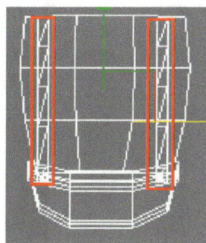

图 4-1-20 效果图

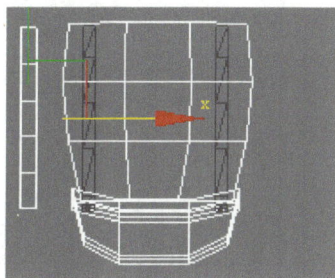

图 4-1-21 创建长方体

（20）在"Top"（顶）视图中继续创建一个如图 4-1-21 所示长方体。

（21）在"Left"（左）视图中选择需要修改的点，修改后效果如图 4-1-22 所示。

（22）在"Top"（顶）视图中选中（21）中所创建的桌腿，按住 Shift 键并向右拖动，在弹出的对话框中单击"OK"按钮，如图 4-1-23 所示。

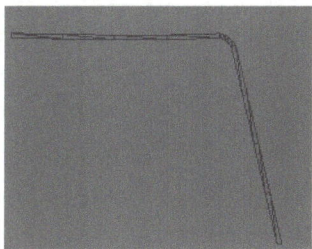

图 4-1-22 修改点

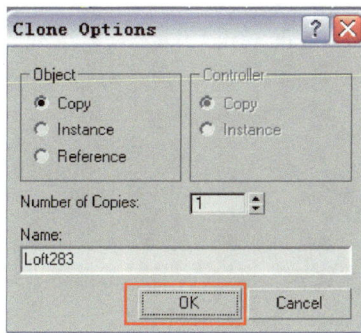

图 4-1-23 复制

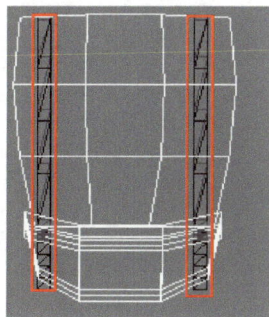

图 4-1-24 效果图

3ds Max 9.0——室内设计

（23）得到如图 4-1-24 所示效果。

（24）单击"Create"（建立）→"Geometry"（几何）图标，再单击"Box"（长方体）按钮，在"Top"（顶）视图中如图 4-1-25 所示创建一个长方体。

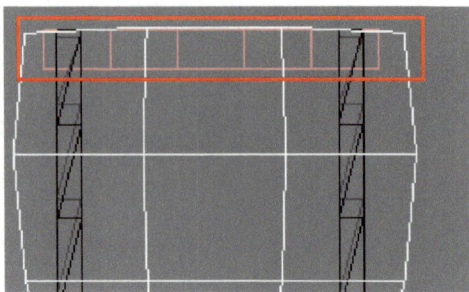

图 4-1-25　创建长方体

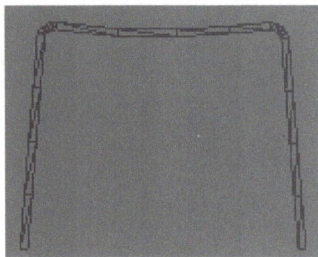

图 4-1-26　修改点

（25）在"Front"（前）视图中选择需要修改的点进行修改，效果如图 4-1-26 所示。

（26）整体效果如图 4-1-27。

图 4-1-27　效果图

图 4-1-28　创建长方体

（27）接下来开始桌子的制作。在"Top"（顶）视图中继续创建一个长方体，如图 4-1-28 所示。

（28）单击"Create"（建立）→"Geometry"（几何）图标，再单击"Cylinder"（圆柱体）按钮，在"Top"（顶）视图中，如图 4-1-29 所示位置创建一个圆柱体。

图 4-1-29　创建圆柱体

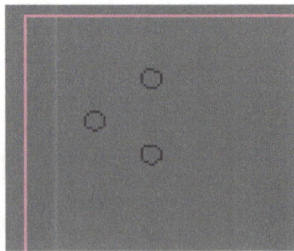

（a）"Top"（顶）视图

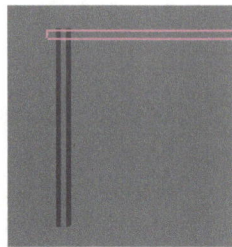

（b）"Left"（左）视图

图 4-1-30　复制圆柱体

（29）分别在"Left"（左）视图和"Top"（顶）视图中各复制一个圆柱体，具体位置如图 4-1-30

所示。

（30）单击操作界面上方工具栏上的"Select and Rotate"（选择并旋转）图标，在"Left"（左）视图中选择需要旋转的圆柱体，如图 4-1-31 所示。

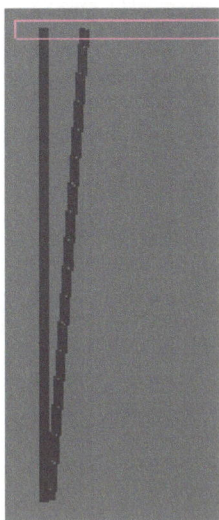

图 4-1-31　旋转

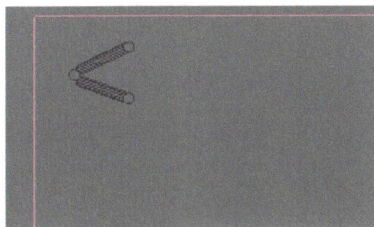

图 4-1-32　旋转

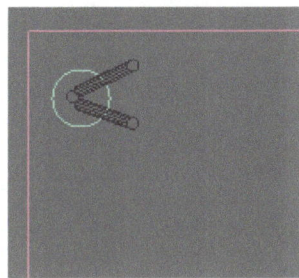

图 4-1-33　创建圆柱体

（31）单击操作界面上方工具栏上的"Select and Rotate"（选择并旋转）图标，在"Top"（顶）视图中选择需要旋转的圆柱体，如图 4-1-32 所示。

（32）在"Top"（顶）视图中创建一个圆柱体，位置如图 4-1-33 所示。

（33）在"Front"（前）视图中选中椅子腿部，单击操作界面上方工具栏上的"Mirror"（镜像）图标，在弹出的对话框中进行设置，具体参数如图 4-1-34 所示。

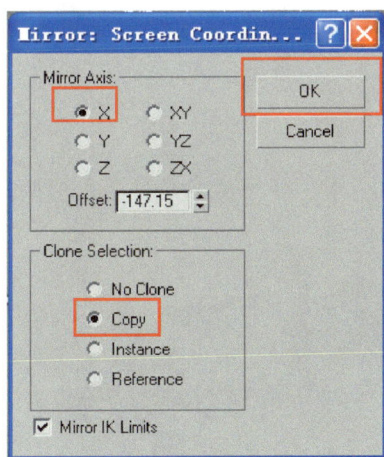

图 4-1-34　设置参数

图 4-1-35　效果图

（34）得到如图 4-1-35 所示效果。

（35）在"Top"（顶）视图中选择（34）中创建的两条椅子腿部，按住 Shift 键并向右拖动，在弹出的对话框中单击"OK"按钮，如图 4-1-36 所示。

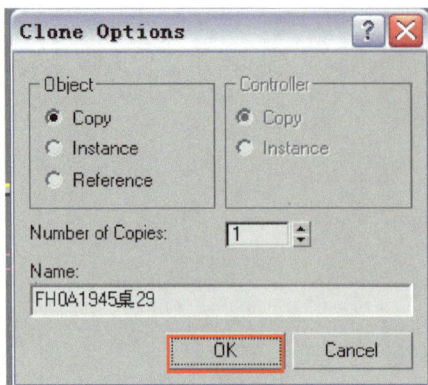

图 4-1-36　复制

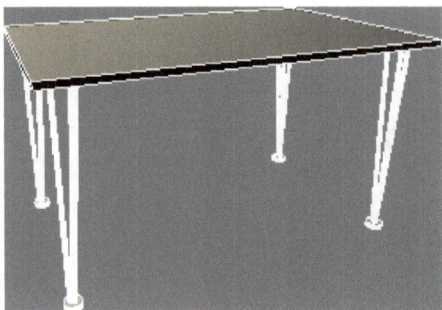

图 4-1-37　效果图

（36）桌子的最终效果如图 4-1-37 所示。

（37）最后对椅子进行复制，摆放位置如图 4-1-38 所示。

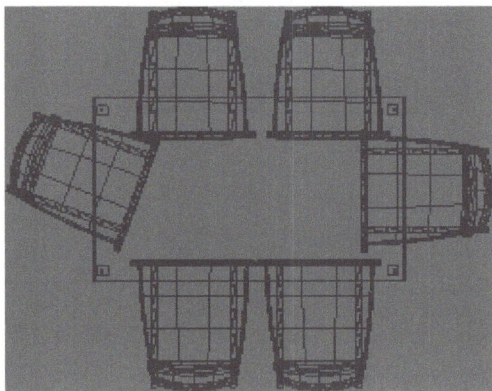

图 4-1-38　复制椅子

（38）餐桌椅的最终效果如图 4-1-1 所示。

四、拓展训练——"沙发"的制作

利用 3ds Max 9.0 软件分别创建如图 4-1-39、图 4-1-40 和图 4-1-41 所示的三种沙发模型。

图 4-1-39　一座沙发

图 4-1-40　两座沙发

图 4-1-41　三座沙发

任务二　测试渲染设置及灯光布置

一、任务描述

先进行测试渲染参数设置,之后进行灯光设置。灯光设置以室内人造光源为主。本任务中,要求对已有素材进行渲染及灯光设置,最后效果如图 4-2-1 所示。

二、任务分析

客厅的灯光十分复杂,光源较多。主灯采用自发光的材质,运用 VRayLight 光源,另外涉及到七盏筒灯灯光,均运用 VRayLight 光源表现。

图 4-2-1　最终效果

三、方法与步骤

打开配套光盘中的"项目四\任务二\初始文件. max",如图 4-2-2 所示。该文件是为一个已创建好的客厅场景模型,并且场景中的摄像机也创建完毕。

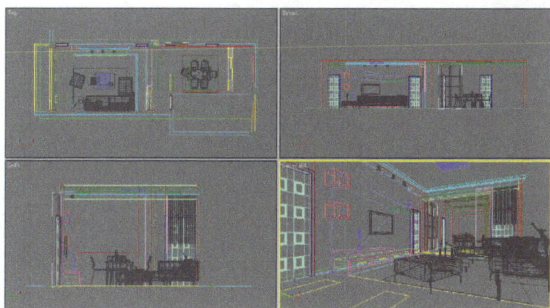

图 4-2-2　客厅场景模型

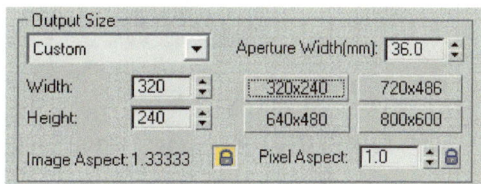

图 4-2-3　设置输出尺寸

3ds Max 9.0——室内设计

1. 设置测试渲染参数

（1）单击 F10 键，在弹出的"Render Scene"（渲染场景）对话框中，选择"Common"（常规）选项卡，在"Output Size"（输出尺寸）选项板中进行设置，如图 4-2-3 所示。

（2）选择"Renderer"（渲染器）选项卡，在展开的"VRay∷Global switches"（全局开关）卷展栏下，如图 4-2-4 所示设置参数。

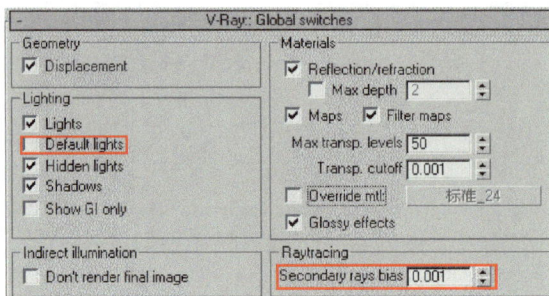

图 4-2-4　全局开关卷展栏

（3）在展开的"VRay∷Image sampler(Antialiasing)"（抗锯齿采样）卷展栏下，如图 4-2-5 所示设置参数。

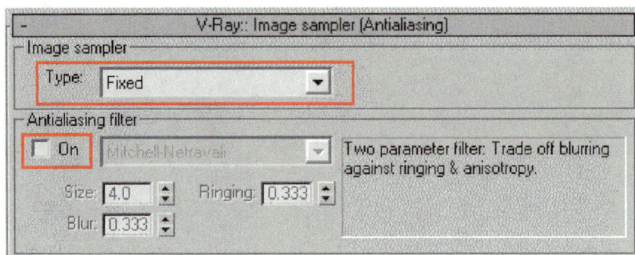

图 4-2-5　抗锯齿采样卷展栏

（4）在展开的"VRay∷Indirect illumination(GI)"（间接照明）卷展栏下，如图 4-2-6 所示设置参数。

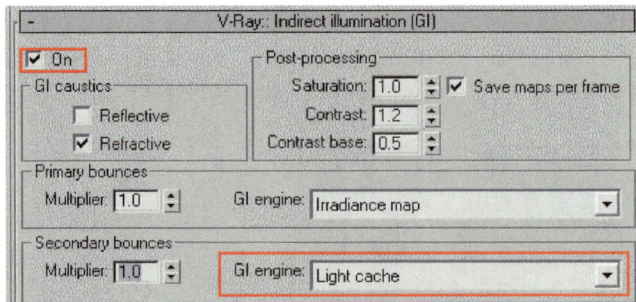

图 4-2-6　间接照明卷展栏

（5）在展开的"VRay∷Irradiance map"（发光贴图）卷展栏下，如图 4-2-7 所示设置参数。

（6）在展开的"VRay∷Light cache"（灯光缓存）卷展栏下，如图 4-2-8 所示设置参数。

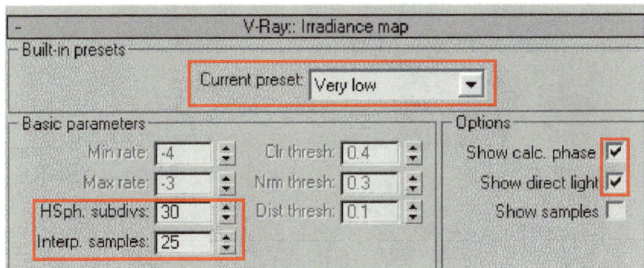

图 4-2-7　发光贴图卷展栏

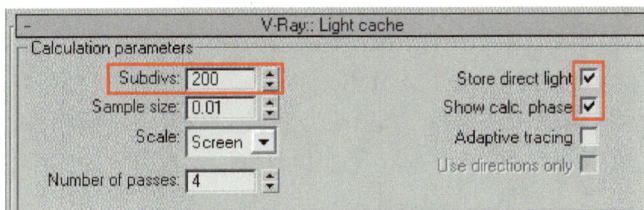

图 4-2-8　灯光缓存卷展栏

2. 布置场景灯光

本场景光线来源主要为日光及室内的人造光源,在为场景创建灯光前,首先应用一种白色材质覆盖场景中的所有物体,这样便于观察光源对于场景的影响。

(1) 单击 M 键,在弹出的"Material Editor"(材质编辑器)对话框中,选择第 1 个空白材质球,单击"Standard"(标准)按钮,在弹出的"Material/Map Browser"(材质/贴图浏览器)对话框中选择"VRayMtl"(VRay 专业材质)材质,并将材质命名为"替换材质",具体参数设置如图 4-2-9 所示。

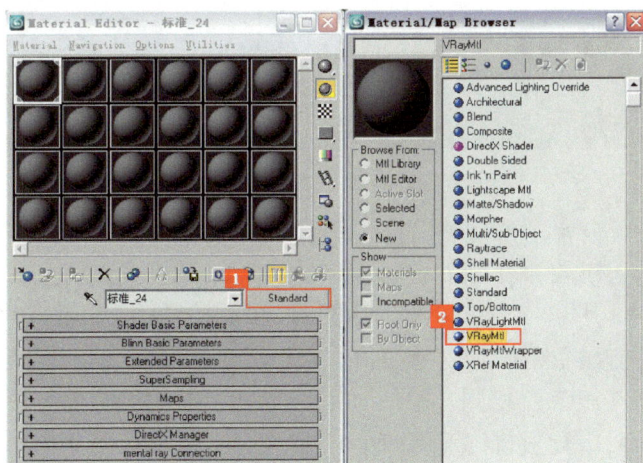

(a) 选择材质

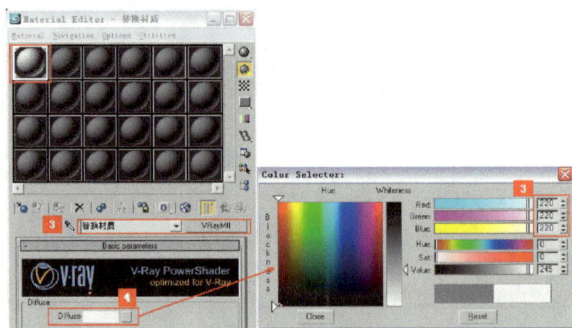

(b) 设置参数

图 4-2-9　设置材质

（2）单击 F10 键，在弹出的"Render Scene"（渲染场景）对话框中，选择"Renderer"（渲染器）选项卡，在展开的"VRay：：Global switches"（全局开关）卷展栏下，勾选"Override mtl"（替代材质）复选框，然后单击"Material Editor"（材质编辑器）对话框中的贴图通道按钮，按住 Shift 键将材质球拖动至"Override mtl"（替代材质）复选框的按钮处并以"Instance"（关联）方式进行关联复制，具体参数设置如图 4-2-10 所示。

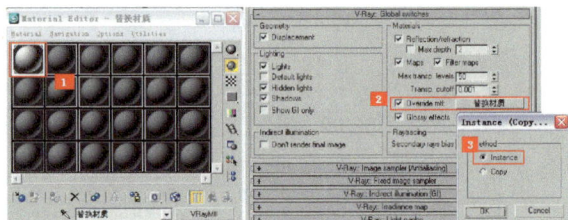

图 4-2-10　关联复制

（3）继续为场景创建灯光。在如图 4-2-11 所示位置创建四盏 VRayLight 灯光。

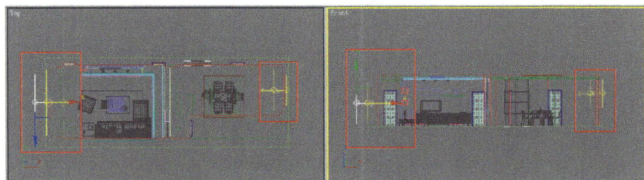

图 4-2-11　创建 VRayLight 灯光

（4）从左到右依次设置四盏灯光，具体参数如图 4-2-12 所示。

（5）单击 F9 键，对摄影机视图 Camera01 进行渲染，效果如图 4-2-13 所示。

（6）在如图 4-2-14 所示位置再连续创建五盏 VRayLight 灯光作为室内辅助光源。

（7）在"Front"（前）视图中，从左到右依次设置五盏灯光，具体参数如图 4-2-15 所示。（注：第二盏灯的参数与第三盏相同）

（8）单击 F9 键，对摄影机视图 Camera01 进行渲染，效果如图 4-2-16 所示。

（9）单击"Create"（建立）→"Lights"（灯光）图标，在下拉列表中选择"Photometric"（光度学）子项，然后在展开的"Object Type"（对象类型）卷展栏下，单击"Target Point"（目标点光源）按钮，从左到右从上到下，依次创建九盏灯光，具体位置如图 4-2-17 所示。

3ds Max 9.0——室内设计

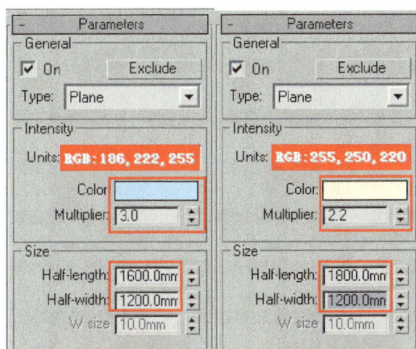

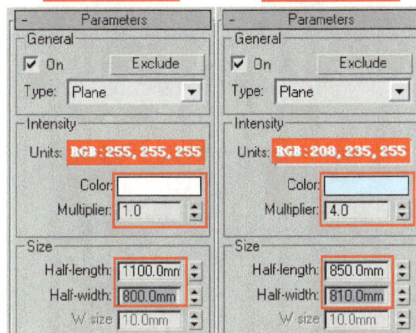

图 4-2-12　设置灯光参数

图 4-2-13　渲染效果

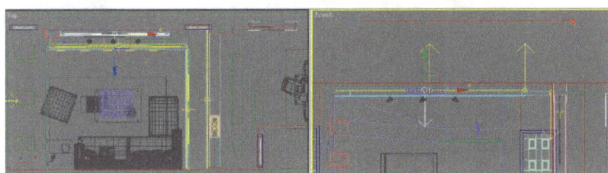

图 4-2-14　创建灯光

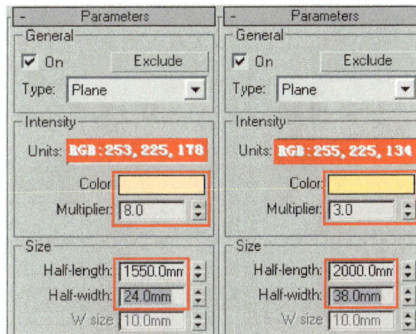

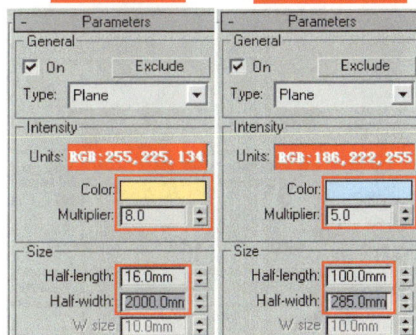

图 4-2-15　设置灯光参数

图 4-2-16　渲染效果

图 4-2-17　创建灯光

（10）如图 4-2-18 所示设置灯光参数。（注：上三盏横排灯光的参数相同，右侧竖排四盏灯光的参数相同）

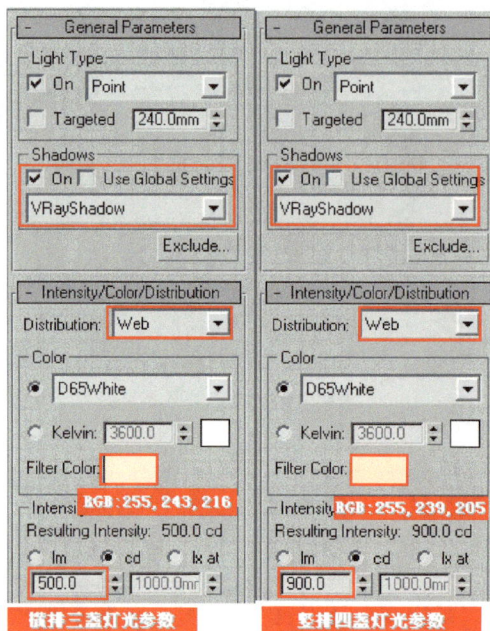

图 4-2-18　设置灯光参数

图 4-2-19　光域网文件

（11）在展开的"Web Parameters"（Web 参数）卷展栏下，调用一个"Web File"（光域网）文件，如图 4-2-19 所示。光域网文件为配套光盘中的"项目四\任务二\素材\贴图\1特效筒灯.ies"。

（12）场景中的所有灯光已经创建完毕，单击 F9 键对摄像机视图进行渲染，效果如图 4-2-1 所示。

任务三　设置场景材质

一、任务描述

客厅不仅是主人进行会客和活动的空间，同时也是向他人展示自己兴趣爱好与个性特点的地方，此处以白色为主色调，展现出简约、大方的风格特点。本任务中，要求对场景中的材质进行设置，最终效果如图 4-3-1 所示。

二、任务分析

本任务在材质设置过程中，由于客厅大部分材质以白色为主，因此主要墙体、布及其他白色

图 4-3-1　最终效果

物体的材质需分开设置。

三、方法与步骤

在设置场景材质前,首先要取消任务二中对场景物体的材质替换状态。单击 F10 键,在弹出的"Render Scene"(渲染场景)对话框中,选择"Renderer"(渲染器)选项卡,在展开的"V-Ray::Global switches"(全局开关)卷展栏下,取消勾选的"Override mtl"(替换材质)复选框,如图 4-3-2 所示。

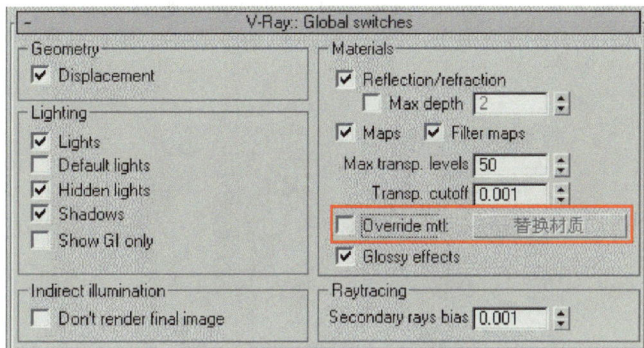

图 4-3-2　全局开关卷展栏

1. 墙面材质设置

(1)单击 M 键打开"Material Editor"(材质编辑器)对话框,选择第 2 个材质球,再单击"Standard"(标准)按钮,在弹出的"Material/Map Browser"(材质/贴图浏览器)对话框中双击鼠标左键选择"VRayMtl"(VRay 专业材质)材质,并将材质命名为"白色乳胶漆",具体参数设置如图 4-3-3 所示。

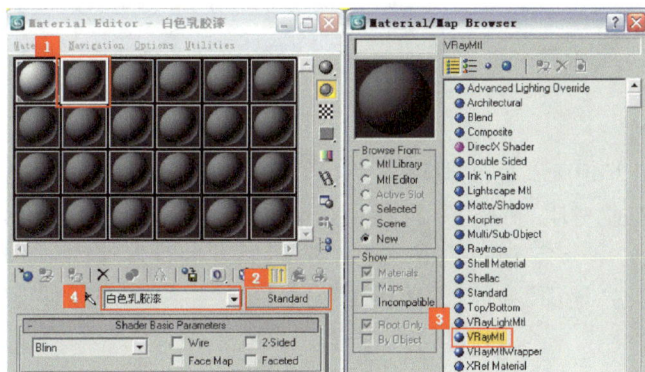

(a)选择材质

(b)设置参数

图 4-3-3　设置材质

3ds Max 9.0——室内设计

（2）单击操作界面上方工具栏上的"Select by Name"（通过命名选择）图标,在弹出的"Select Objects"（对象选择）对话框中,选择"墙面",单击"Select"（选择）按钮,如图 4-3-4 所示。在"Material Editor"（材质编辑器）对话框中单击"Assign Materia to Selection"（将材质指定给对象和"Show Map in Viewport"（视口显示贴图））图标,将材质附着给"墙面"物体。

图 4-3-4　指定材质

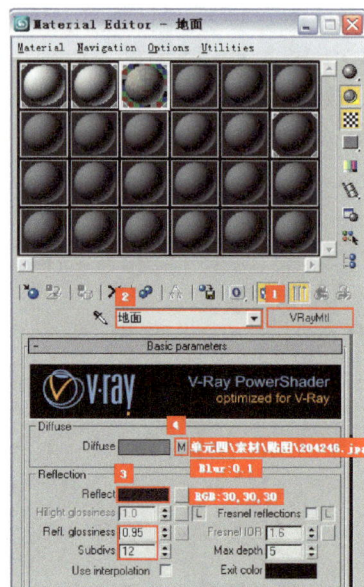

图 4-3-5　添加位图贴图

2. 地面材质设置

（1）在"Material Editor"（材质编辑器）对话框中,选择第 3 个空白材质球,将其设置为"VRayMtl"（VRay 专业材质）材质,并将材质命名为"地面",单击"Diffuse"（漫反射）框右侧的贴图按钮,为其添加一个"Bitmap"（位图）贴图,具体参数设置如图 4-3-5 所示。

（2）将材质指定给"地面"物体,并单击 F9 键对摄像机视图进行渲染,此时墙面效果如图 4-3-6 所示。

图 4-3-6　渲染效果

为节约篇幅,场景中的餐桌、沙发座椅的建模和材质已事先设置好,同学们可通过"File"(文件)→"Merge"(合并)命令将其导入到场景中。

3. 背景墙材质设置

（1）在"Material Editor"(材质编辑器)对话框中,选择第 4 个空白材质球,将其设置为"VRayMtl"(VRay 专业材质)材质,并将材质命名为"背景墙",单击"Diffuse"(漫反射)框右侧的贴图按钮,为其添加一个"Bitmap"(位图)贴图,具体参数设置如图 4-3-7 所示。贴图文件为配套光盘中的"项目四\任务三\素材\贴图\184320.jpg"。

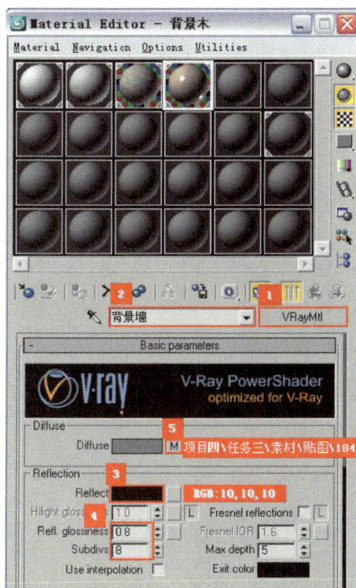

图 4-3-7　添加位图贴图

图 4-3-8　渲染效果

（2）将材质指定给"背景墙"物体,并单击 F9 键对摄像机视图进行渲染,此时效果如图 4-3-8 所示。

4. 石膏板材质设置

（1）在"Material Editor"(材质编辑器)对话框中,选择第 5 个空白材质球,将其设置为"VRayMtl"(VRay 专业材质)材质,并将材质命名为"石膏板",将"Diffuse"(漫反射)的颜色设置为白色,如图 4-3-9 所示。

（2）在展开的"Maps"(贴图)卷展栏下,单击"Bump"(凹凸)贴图框右侧的"None"(无)按钮,在弹出的对话框中选择"Speckle"(散斑)选项,如图 4-3-10 所示。

（3）将材质指定给"石膏板"物体,并对摄像机视图进行渲染,此时效果如图 4-3-11 所示。

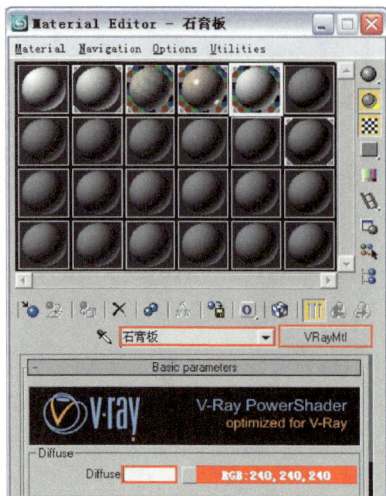

图 4-3-9 设置材质

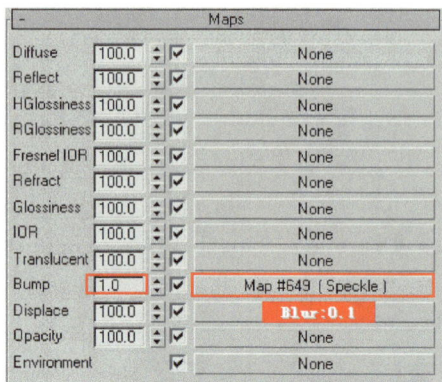

图 4-3-10 选择散斑

图 4-3-11 渲染效果

5. 木材质设置

（1）在"Material Editor"（材质编辑器）对话框中，选择第 6 个空白材质球，将其设置为"VRayMtl"（VRay 专业材质）材质，并将材质命名为"门"，单击"Diffuse"（漫反射）框右侧的贴图按钮，为其添加一个"Bitmap"（位图）贴图，具体参数设置如图 4-3-12 所示。贴图文件为配套光盘中的"项目四\任务三\素材\贴图\184320.jpg"。

（2）将材质指定给"门"物体，并对摄像机视图进行渲染，此时效果如图 4-3-13 所示。

6. 玻璃材质设置

（1）在"Material Editor"（材质编辑器）对话框中，选择第 7 个空白材质球，将其设置为"VRayMtl"（VRay 专业材质）材质，并将材质命名为"玻璃"，如图 4-3-14 所示设置参数。

（2）将材质指定给"玻璃"物体，并对摄像机视图进行渲染，此时效果如图 4-3-15 所示。

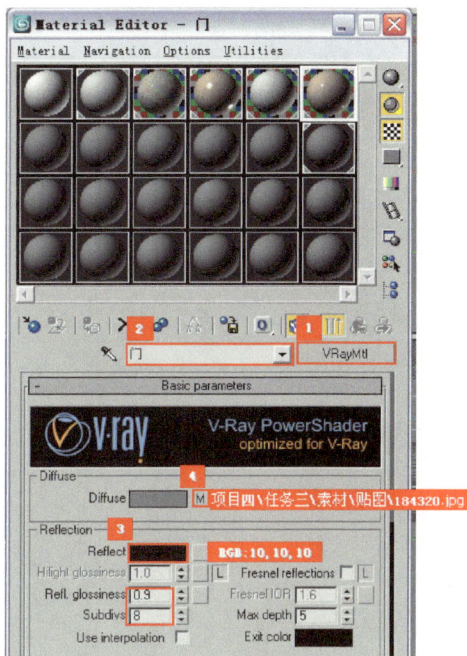

图 4-3-12　添加位图贴图

图 4-3-13　渲染效果

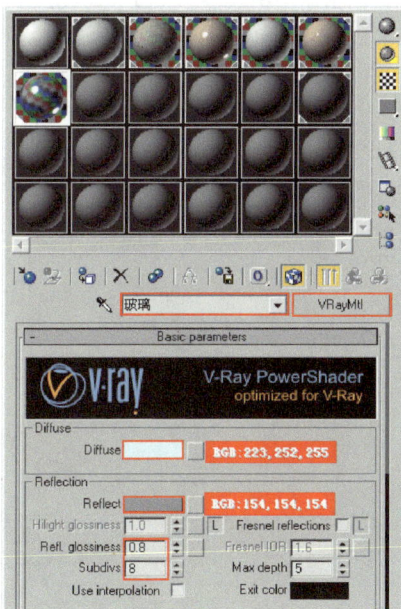

图 4-3-14　设置参数

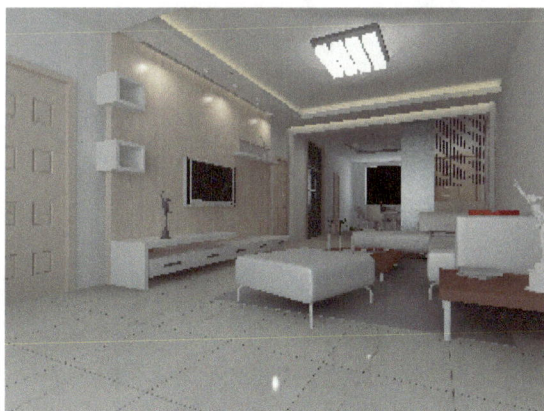

图 4-3-15　渲染效果

7. 珠帘材质设置

（1）在"Material Editor"（材质编辑器）对话框中，选择第 8 个空白材质球，将其设置为"VRayMtl"（VRay 专业材质）材质，并将材质命名为"珠帘"，如图 4-3-16 所示设置参数。

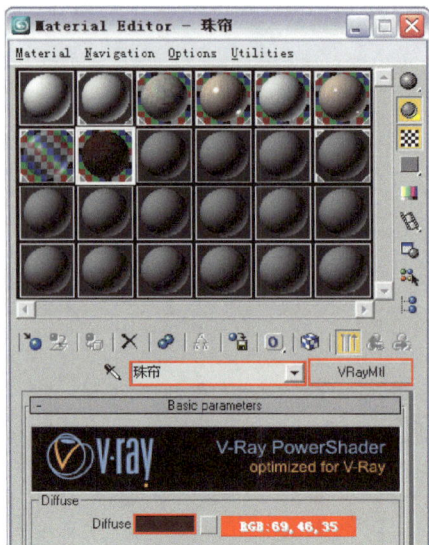

图 4-3-16　设置参数

（2）将材质指定给"珠帘"物体。

8. 红色皮材质设置

（1）在"Material Editor"（材质编辑器）对话框中，选择第 9 个空白材质球，将其设置为"VRayMtl"（VRay 专业材质）材质，并将材质命名为"抱枕"，如图 4-3-17 所示设置参数。

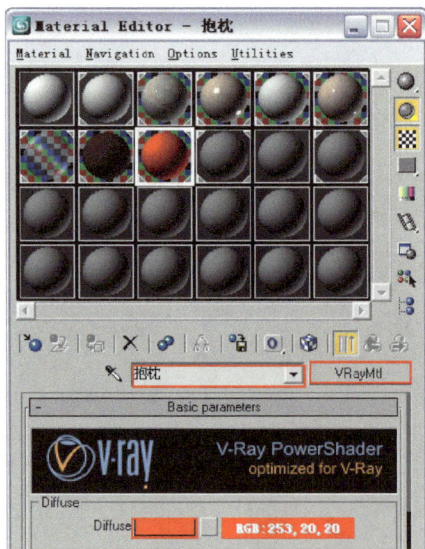

图 4-3-17　设置参数

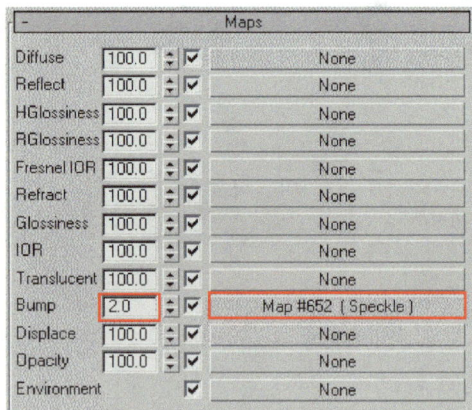

图 4-3-18　添加散斑贴图

（2）在展开的"Maps"（贴图）卷展栏下，单击"Bump"（凹凸贴图）框右侧的"None"（无）按钮，为其添加一个"Speckle"（散斑）贴图，如图 4-3-18 所示。

（3）将材质指定给"抱枕"物体。

9. 装饰物材质设置

（1）在"Material Editor"（材质编辑器）对话框中，选择第 10 个空白材质球，将其设置为

"VRayMtl"（VRay 专业材质）材质，并将材质命名为"装饰物"，具体参数设置如图 4-3-19 所示。

（2）将材质指定给"装饰物"物体。

图 4-3-19 设置参数

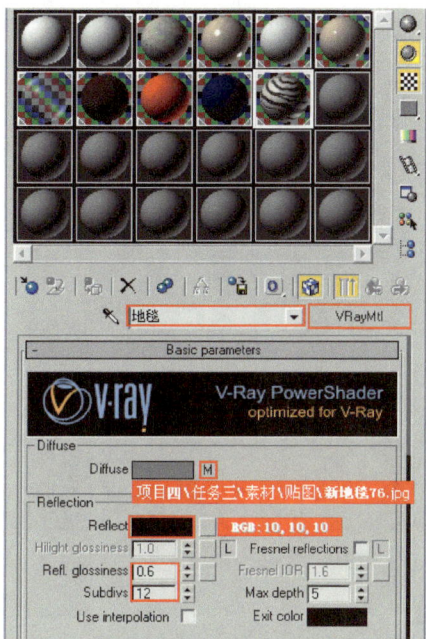

图 4-3-20 添加位图贴图

10. 地毯材质设置

（1）在"Material Editor"（材质编辑器）对话框中，选择第 11 个空白材质球，将其设置为"VRayMtl"（VRay 专业材质）材质，并将材质命名为"地毯"，单击"Diffuse"（漫反射）框右侧的贴图按钮，为其添加一个"Bitmap"（位图）贴图，具体参数设置如图 4-3-20 所示。贴图文件为配套光盘中的"项目四\任务三\素材\贴图\新地毯 76.jpg"。

（2）将材质指定给"地毯"物体，并对摄像机视图进行渲染，此时效果如图 4-3-21 所示。

图 4-3-21 渲染效果

11. 自发光材质设置

（1）在"Material Editor"（材质编辑器）对话框中，选择第 12 个空白材质球，将其设置为 "VRayMtl"（VRay 专业材质）材质，并将材质命名为"灯"，具体参数设置如图 4-3-22 所示。

（2）将材质指定给"灯"物体。

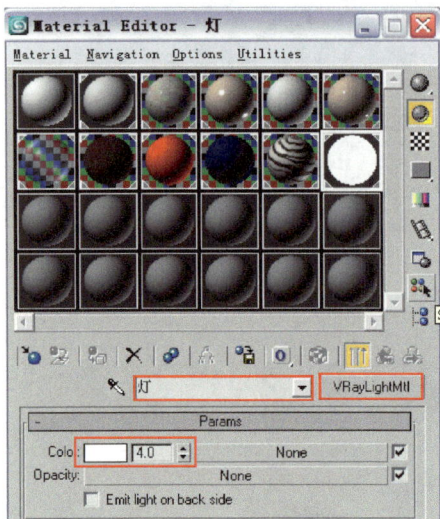

图 4-3-22　设置参数

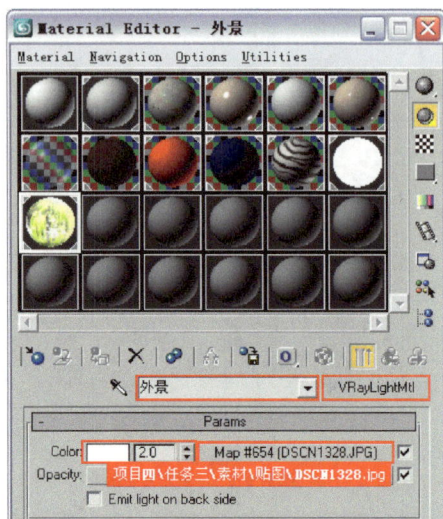

图 4-3-23　添加位图贴图

12. 外景材质设置

（1）在"Material Editor"（材质编辑器）对话框中，选择第 13 个空白材质球，将其设置为 "VRayMtl"（VRay 专业材质）材质，并将材质命名为"外景"，单击"Color"（颜色）框右侧的 "None"（无）按钮，为其添加一个"Bitmap"（位图贴图），具体参数设置如图 4-3-23 所示。贴图 文件为配套光盘中的"项目四\任务三\素材\贴图\DSCN1328.jpg"。

（2）将材质指定给"外景"物体。

四、拓展训练——"玻璃"的材质设置

打开配套光盘中的"项目四\任务三\拓展训练\初始文件. max"文件，如图 4-3-24 所示。 进行材质设置后，效果如图 4-3-25 所示。（注：贴图文件均在配套光盘中的"项目四\任务三\ 拓展训练"文件夹内）

图 4-3-24　初始文件

图 4-3-25　最终效果

任务四 最终渲染设置

一、任务描述

利用 VRay 软件进行最终渲染,因此需要设置较高的参数,从而达到高标准的视觉效果。图 4-4-1 所示为最终渲染的成品图效果。

图 4-4-1 最终渲染效果

图 4-4-2 渲染效果

二、任务分析

本任务中,对于最终渲染设置,为提高渲染速度,可在"发光贴图"和"灯光缓存"卷展栏中勾选"自动保存发光贴图",最后再以大图的形式渲染输出图片。

三、方法与步骤

上一个任务中,我们完成了对场景中材质的设置,而现在则需要对场景进行最终渲染。

(1)观察目前的场景效果,单击 F9 键对摄影机视图 Camera01 进行渲染,效果如图 4-4-2 所示。

(2)在展开的"Parameters"(参数)卷展栏下,进入"Sampling"(取样)选项板中,对场景中模拟日光的四盏 VRayLight 进行"Subdivs"(阴影细分)值设置,输入 15,如图 4-4-3 所示。

(3)在展开的"VRayShadows params"(VRay 阴影参数)卷展栏下,分别对选中的九盏"Free Point"进行"Subdivs"(阴影细分)值设置,输入 12,如图 4-4-4 所示。

(4)单击 F10 键,打开"Render Scene"(渲染场景)对话框,在展开的"VRay::Global switches"(全局开关)卷展栏下,勾选"Don't render final image"(不渲染最后图像)复选框,如图 4-4-5 所示。

(5)下面进行渲染级别设置。在展开的"VRay::Irradiance map"(发光贴图)卷展栏下,如图 4-4-6 所示设置参数。

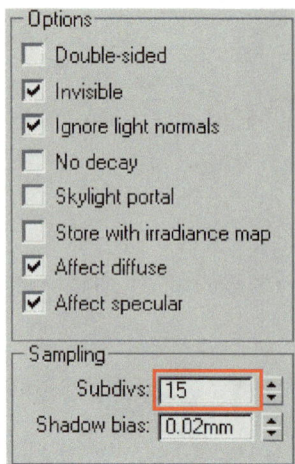

图 4-4-3　阴影细分值设置

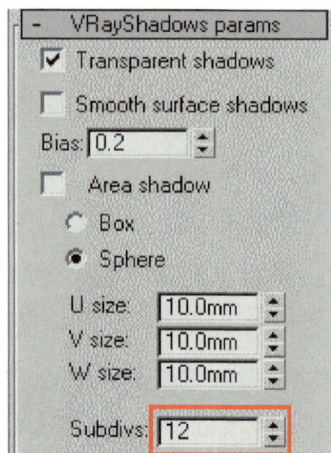

图 4-4-4　阴影细分值设置

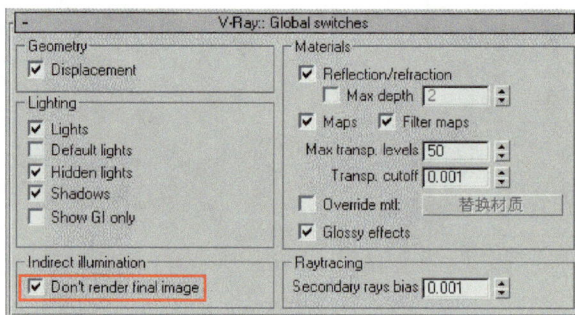

图 4-4-5　全局开关卷展栏

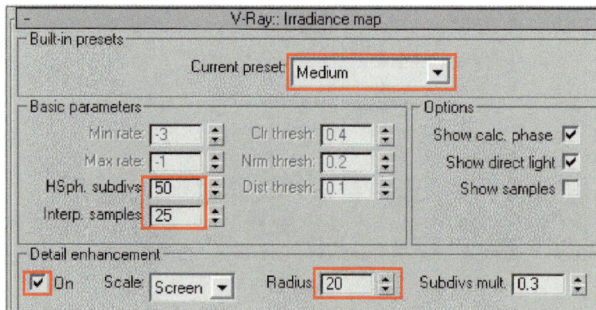

图 4-4-6　发光贴图卷展栏

（6）在展开的"VRay∷Light cache"（灯光缓存）卷展栏下，如图 4-4-7 所示设置参数。

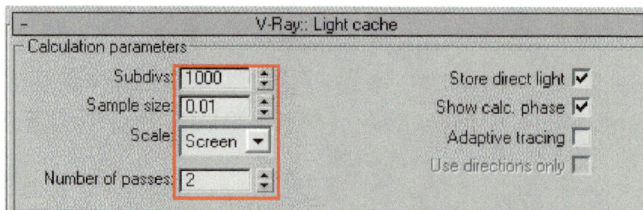

图 4-4-7　灯光缓存卷展栏

（7）在展开的"VRay∷rQMC Sampler"（准蒙特卡罗采样器）卷展栏下，如图 4-4-8 所示。

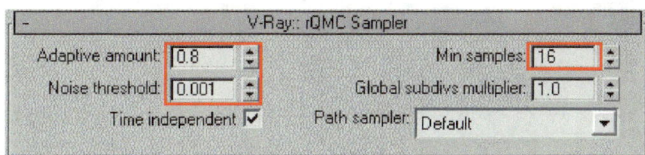

图 4-4-8　准蒙特卡罗采样器卷展栏

（8）保存发光贴图的参数设置。在展开的"VRay∷Irradiance map"（发光贴图）卷展栏下，勾选"On render end"（渲染结果）选项板中的"Don't delete"（不要删除）和"Auto save"（自动保存）复选框，再单击"Auto save"（自动保存）复选框后面的"Browse"（浏览器）按钮，在弹出的"Auto save irradiance map"（自动保存发光贴图）对话框中输入要保存的文件，文件名为"发光贴图 01. vrmap"并选择保存路径，如图 4-4-9 所示。

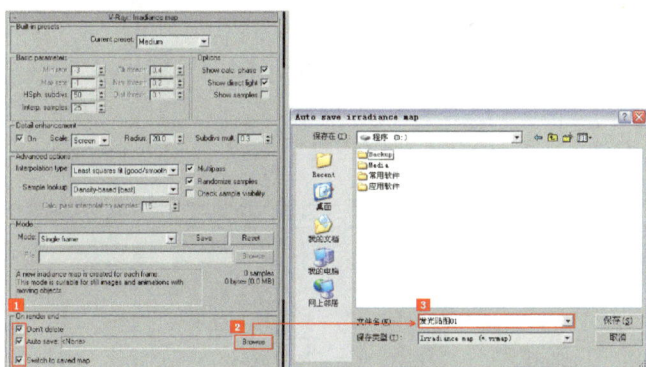

图 4-4-9　保存发光贴图

（9）在展开的"VRay∷Light cache"（灯光缓存）卷展栏下，勾选"On render end"（渲染结果）选项板中的"Don't delete"（不要删除）和"Auto save"（自动保存）复选框，再单击"Auto save"（自动保存）复选框后面的"Browse"（浏览器）按钮，在弹出的"Auto save irradiance map"（自动保存发光贴图）对话框中输入要保存的文件，文件名为"灯光贴图 01. vrmap"并选择保存路径，如图 4-4-10 所示。

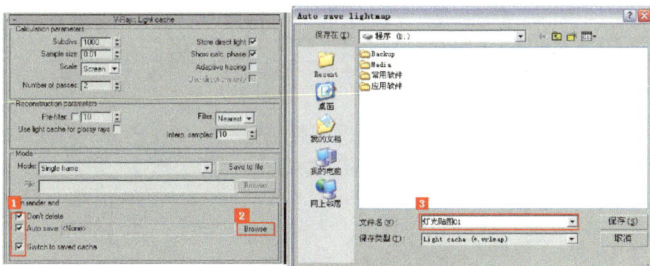

图 4-4-10　保存灯光贴图

（10）保持当前输出尺寸，单击 F9 键对摄像机视图进行渲染，效果如图 4-4-11 所示。由于这次设置了较高的渲染采样参数，渲染时间也就相应加长了。

图 4-4-11　渲染效果

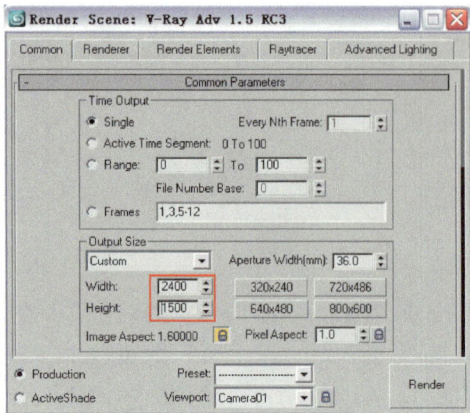

图 4-4-12　设置输出尺寸

（11）最终成品渲染设置。首先设置输出尺寸，单击 F10 键，在弹出的"Render Scene"（渲染场景）对话框中，选择"Common"（常规）选项卡，在展开的"Common Parameters"（常规参数）卷展栏下，如图 4-4-12 所示参数设置最终渲染图像的输出尺寸。

（12）选择"Renderer"（渲染器）选项卡，在展开的"VRay∷Global switches"（全局开关）卷展栏下，取消"Don't render final image"（不要渲染最后图像）复选框的勾选，如图 4-4-13 所示。

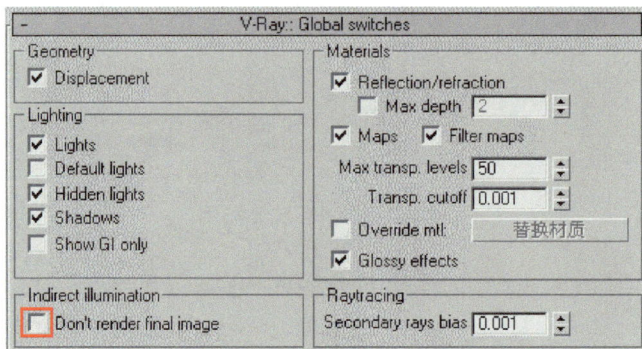

图 4-4-13　全局开关卷展栏

（13）在展开的"VRay∷Image sampler（Antialiasing）"（抗锯齿采样）卷展栏下，如图 4-4-14 所示设置参数。

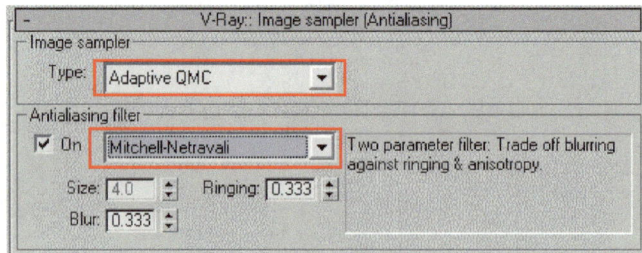

图 4-4-14　抗锯齿采样卷展栏

（14）最终渲染效果如图 4-4-1 所示。

任务五　Photoshop 后期处理

一、任务描述

最后使用 Photoshop CS3 软件对图像的亮度、对比度以及饱和度进行调整，使效果更加生动和逼真，效果如图 4-5-1 所示。

二、任务分析

本任务中，主要使用"曲线"、"高斯模糊"以及"USM 锐化"等命令。

三、方法与步骤

图 4-5-1　渲染效果

（1）在 Photoshop CS3 软件中打开任务四中完成的渲染图，再按住 Ctrl＋M 键打开"曲线"对话框，如图 4-5-2 所示，适当调节参数加强图像明暗对比。

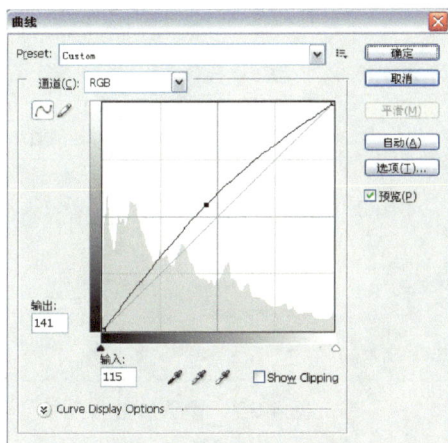

图 4-5-2　"曲线"对话框

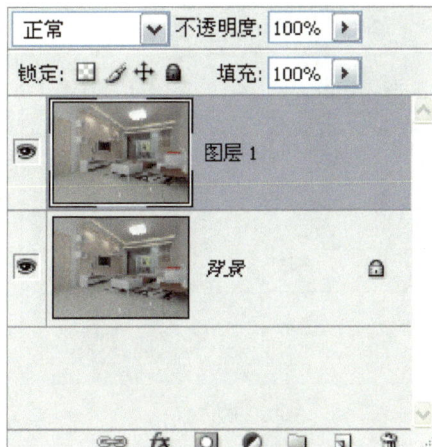

图 4-5-3　复制图层

（2）按住 Ctrl＋J 键复制图层，如图 4-5-3 所示。

（3）对（2）中复制出的图层进行高斯模糊处理，选择菜单栏中的"滤镜/模糊/高斯模糊"，设置半径为"6"像素，如图 4-5-4 所示。

（4）将图层 1 的混合模式设置为"柔光"、不透明度设置为"40％"，如图 4-5-5 所示。

（5）同时选中两个图层，按住 Ctrl＋E 键合并图层，然后选择菜单栏中的"滤镜/锐化/USM 锐化"，如图 4-5-6 所示。

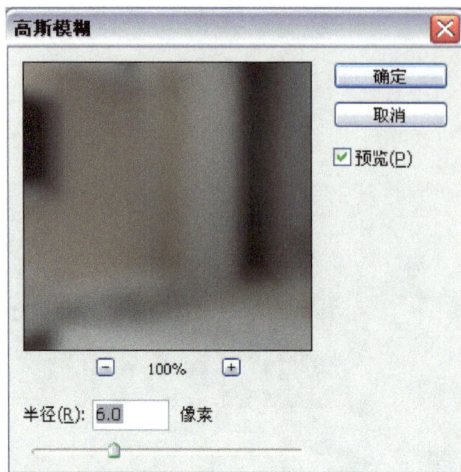

图 4-5-4　设置半径

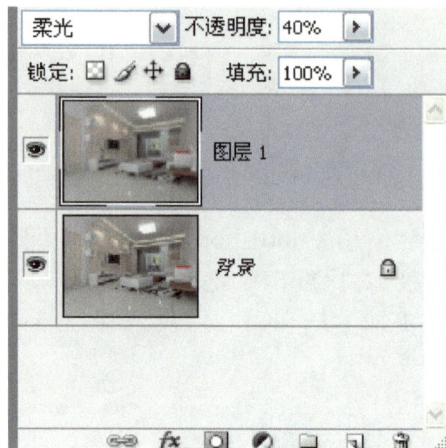

图 4-5-5　设置参数

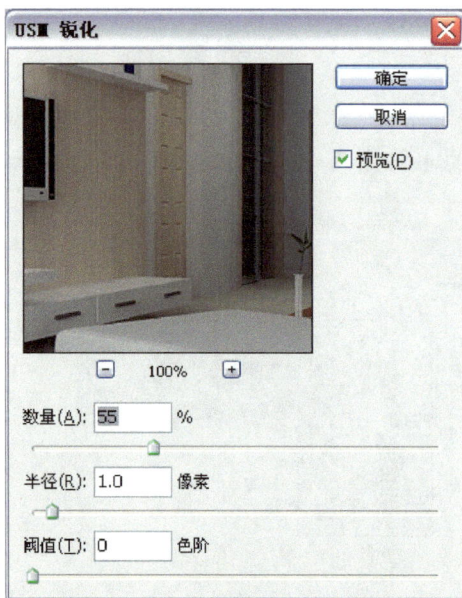

图 4-5-6　USM 锐化

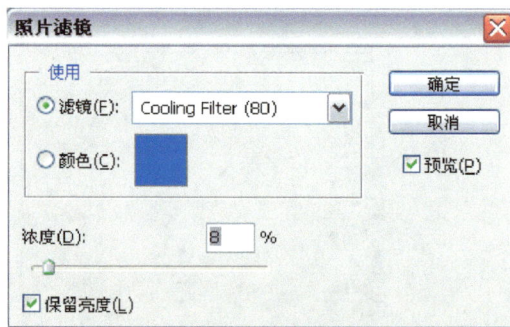

图 4-5-7　设置参数

（6）单击图层控制面板下的 （调整图层）按钮，如图 4-5-7 所示设置参数。

（7）最终效果如图 4-5-1 所示。

四、拓展训练——Photoshop 后期制作

打开配套光盘中的"项目四\任务五\拓展训练\素材. max"文件，效果如图 4-5-8 所示。经过 Photoshop CS3 软件进行后期制作后，最终效果如图 4-5-9 所示。

图 4-5-8 初始文件

图 4-5-9 最终效果

利用 Photoshop CS3 软件上色时,除了可以用"色彩平衡"外,同学们还可以尝试采用"色相/饱和度"、"变化"等方法,同样可起到变换颜色的效果。

项 目 实 训 三

一、项目描述

现代欧式风格是集成古典风格中的精华部分并加以提炼的结果,其特点是强调比例、尺度及结构原理,对复杂的装饰创始予以简化或抽象,如图 4-6-1 所示即为现代欧式风格的客厅。

图 4-6-1 现代欧式风格

二、项目要求

（1）打开配套光盘中的"项目四\项目实训三"文件夹中的"客厅.max"文件。
（2）参照图 4-6-1 所示效果图设置材质，注意夜间的色调和灯光调节。

三、项目提示

（1）沙发和茶几已做好，可直接导入调用。
（2）通过对材质球设置"Diffuse"（漫反射）贴图的方法，分别编辑材质并指定给相应的对象。
（3）添加一盏"目标平行光"作为夜间灯光，一盏 VRayLight 灯光作为室内主光源。
（4）添加摄像机，渲染图片。

四、项目评价

项目实训评价表

内　容		评　价			
学习目标	评价项目	4	3	2	1
职业能力					
能熟练掌握材质编辑器的使用方法	熟悉材质编辑器界面				
	使用材质编辑器的常用工具				
	设置贴图				
	设置金属材质				
	设置木材质				
	设置玻璃材质				
布置和调节灯光	掌握灯光的使用效果				
	灯光的分布				
	设置灯光的常用参数				
	设置灯光阴影				
	光域网文件的运用				
能设置摄像机	添加和调整摄像机				
通用能力	交流表达能力				
	与人合作能力				
	沟通能力				
	组织能力				
	活动能力				
	解决问题能力				
	自我提高的能力				
	革新、创新能力				
综合评价					

项目五
现代简约风格客厅设计

现代简约,顾名思义,整体设计体现的是简约而不失现代韵味的风格理念。简约风格的客厅多以白色为主,注重细节化,赋予居室空间生命与情趣。既能满足人们的生活方式和功能需求,又能体现出主人自身的品味、文化背景等。

任务一 电视柜建模

一、任务描述

电视柜在客厅中相当常见,其存在的意义是为人们提供信息的收集。本任务中,通过创建简单的基本体,完成如图 5-1-1 所示的电视柜建模。

二、任务分析

本任务要求创建一个电视柜模型,基本采用长方体来创建主体部分,然后转换为可编辑的多边形,最后利用面、线等方式通过缩放和挤压等命令完成形体的创建。

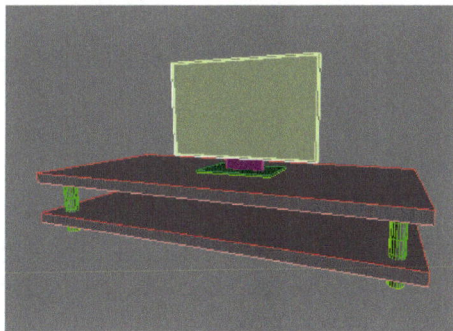

图 5-1-1 电视柜

三、方法与步骤

(1) 打开 3ds Max 9.0 软件,单击"Create"(建立)→"Geometry"(几何)图标,再单击"Box"(长方体)按钮,在"Top"(顶)视图中创建一个长方体,具体参数设置如图 5-1-2 所示。

(2) 在"Left"(左)视图中选中(1)中创建的长方体,按住 Shift 键不放并向下移动,如图 5-1-3 所示。

(3) 单击"Cylinder"(圆柱体)按钮,在"Top"(顶)视图中创建一个圆柱体,具体参数设置如图 5-1-4 所示。

(4) 在"Top"(顶)视图中,选中(3)中创建的圆柱体,按住 Shift 键同时复制三个,并选择移动工具将其摆放在如图 5-1-5 所示位置。

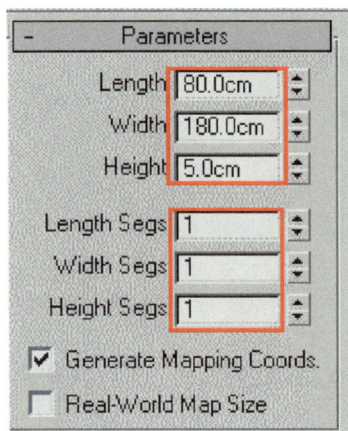

图 5-1-2 长方体参数

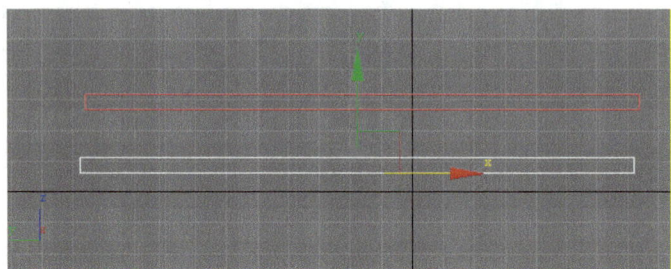

图 5-1-3 复制长方体

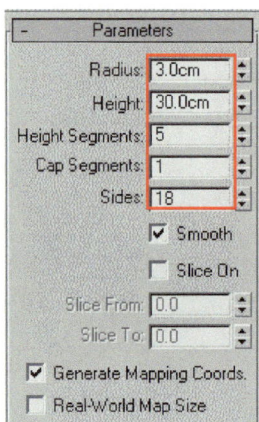

图 5-1-4 圆柱体参数

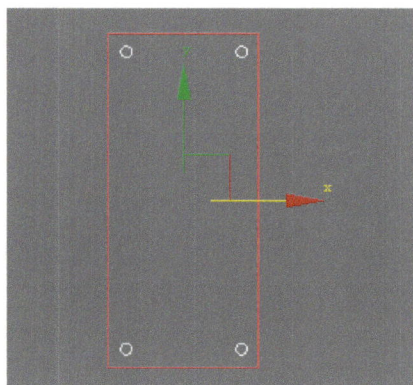

图 5-1-5 复制并移动

（5）在"Perspective"（透）视图中检查最终效果，如图 5-1-6 所示。

（6）开始制作电视机。单击"Create"（建立）→"Geometry"（几何）图标，再单击"Box"（长方体）按钮，在"Front"（前）视图中创建一个长方体，具体参数如图 5-1-7 所示。

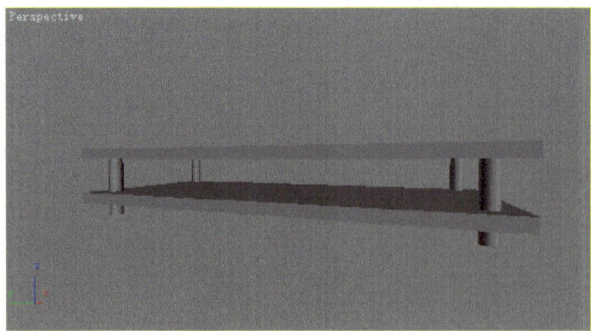

图 5-1-6 效果图

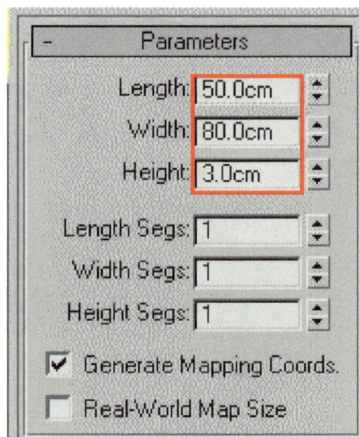

图 5-1-7 长方体参数

（7）选择（6）中创建物体，单击鼠标右键，选择"Convert To"（转换至）菜单→"Convert to Editable Poly"（转换至可编辑的多边形）命令，如图 5-1-8 所示。

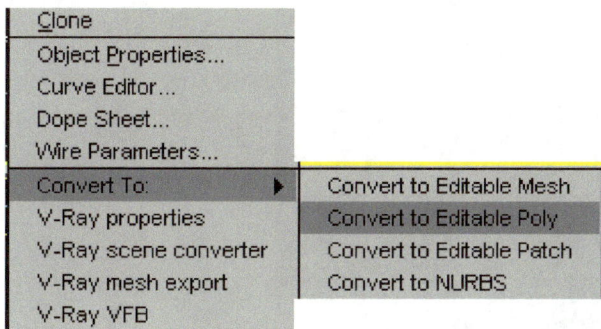

Clone
Object Properties...
Curve Editor...
Dope Sheet...
Wire Parameters...
Convert To: ▶
V-Ray properties
V-Ray scene converter
V-Ray mesh export
V-Ray VFB

Convert to Editable Mesh
Convert to Editable Poly
Convert to Editable Patch
Convert to NURBS

图 5-1-8　转换设置

（8）在展开的"Selection"（选项）卷展栏下，单击"Polygon"（多边形）图标进入面层级，再单击 Inset ▫ "Inset"（缩小）按钮，在"Perspective"（透）视图中对长方体的背面进行如图 5-1-9 所示操作。

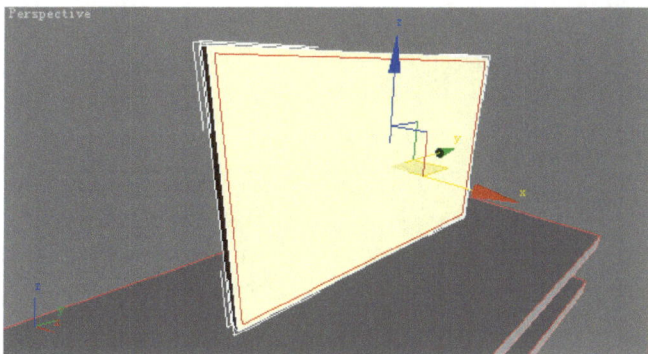

图 5-1-9　缩小操作

（9）在展开的"Edit Geometry"（编辑几何）卷展栏下，单击"Bevel"（倒角）按钮，效果如图 5-1-10 所示。

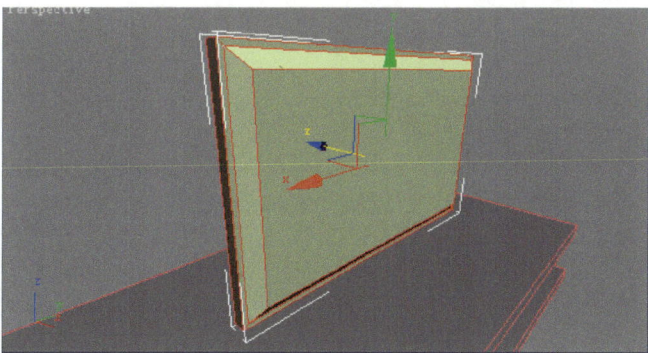

图 5-1-10　倒角效果

（10）选择长方体的正面，单击"Inset"（缩小）按钮，使其正面缩小，在展开的"Edit Geometry"（编辑几何）卷展栏下，单击"Extrude"（挤出）按钮，使其正面凹进去，效果如图 5-1-11 所示。

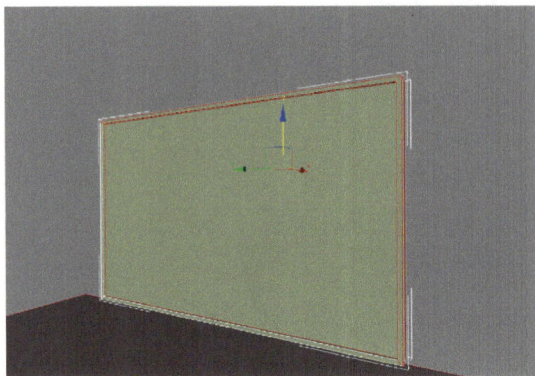

图 5-1-11　缩小并挤出

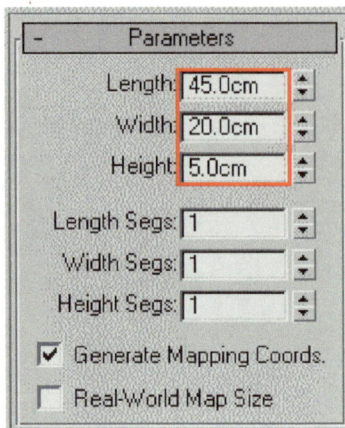

图 5-1-12　长方体参数

（11）在"Front"（前）视图中再创建一个长方体，具体参数设置如图 5-1-12 所示。

（12）选择（11）中创建物体，单击鼠标右键，选择"Convert To"（转换至）菜单→"Convert to Editable Poly"（可编辑的多边形）命令，如图 5-1-13 所示。

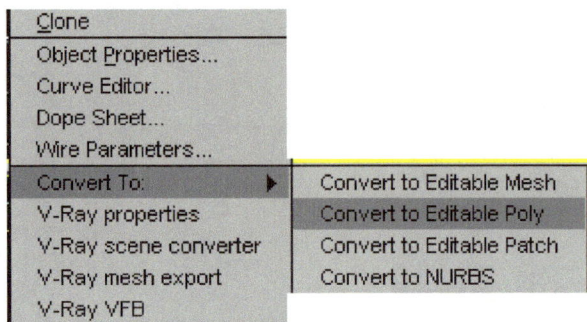

图 5-1-13　转换设置

（13）在展开的"Selection"（选择）卷展栏下，单击"Edge"（边）图标，进入线层级，选中需要修改的线（即长方体的背面线段），在展开的"Edit Geometry"（编辑几何）卷展栏下，单击"Chamfer"（倒角）按钮进行操作，效果如图 5-1-14 所示。

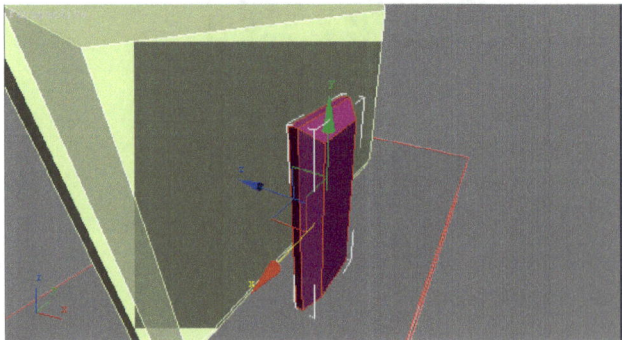

图 5-1-14　倒角操作

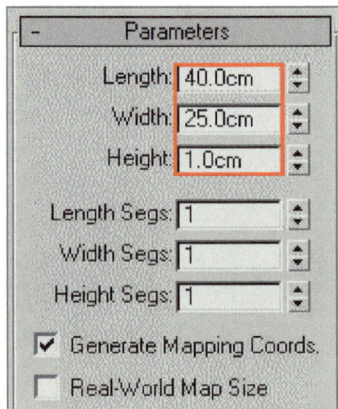

图 5-1-15　长方体参数

（14）最后在"Top"（顶）视图中，创建一个电视机座的长方体，具体参数设置如图 5-1-15 所示。

（15）摆放好各个物体的位置，最终效果如图 5-1-16 所示。

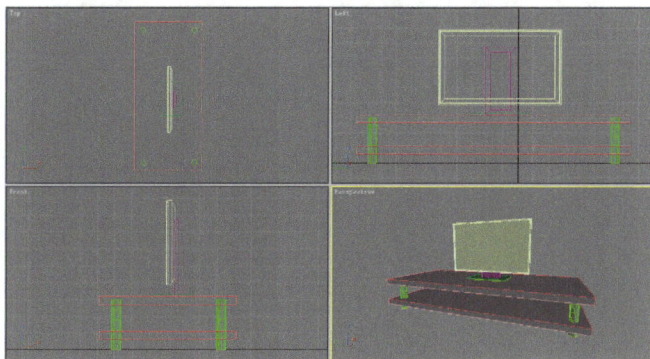

图 5-1-16 最终效果

四、拓展训练——"沙发组合"建模

利用 3ds Max 9.0 软件创建如图 5-1-17 所示的沙发组合模型。具体制作思路如下：

图 5-1-17 沙发组合

（1）首先创建如图 5-1-18 所示沙发模型。

图 5-1-18 沙发

图 5-1-19 单人沙发座

（2）创建单人沙发座，如图 5-1-19 所示。

（3）创建茶几，如图 5-1-20 所示。

3ds Max 9.0——室内设计

图 5-1-20　茶几

任务二　测试渲染设置及灯光布置

一、任务描述

先进行测试渲染参数设置,这样可以使较低的配置得到较快的渲染速度,提高工作效率,之后再进行灯光设置。灯光设置包括室外自然光和室内辅助光源的建立。本任务中,要求对已有素材进行渲染及灯光设置,最后效果如图 5-2-1 所示。

二、任务分析

本任务中的室外自然光可通过采用两盏 VRayLight 灯光进行模拟,而室内辅助光源运用三盏 VRayLight 模拟筒灯光源来表现。

图 5-2-1　最终效果

三、方法与步骤

打开配套光盘中的"项目五\任务二\初始文件. max",如图 5-2-2 所示。该文件是一个已创建好的客厅场景模型,并且场景中的摄像机也创建完毕。

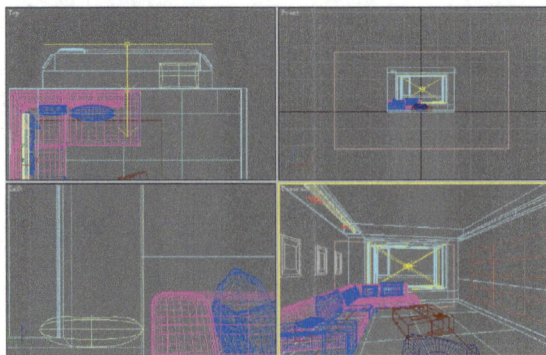

图 5-2-2　客厅场景模型

1. 设置测试渲染参数

（1）单击 F10 键，在弹出的"Render Scene"（渲染场景）对话框中，选择"Common"（常规）选项卡，在"Output Size"（输出尺寸）选项板中进行设置，具体参数如图 5-2-3 所示。

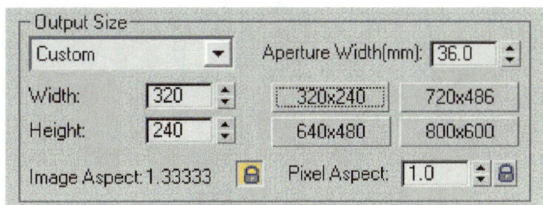

图 5-2-3　设置输出尺寸

（2）选择"Renderer"（渲染器）选项卡，在展开的"VRay：：Global switches"（全局开关）卷展栏下，如图 5-2-4 所示设置参数。

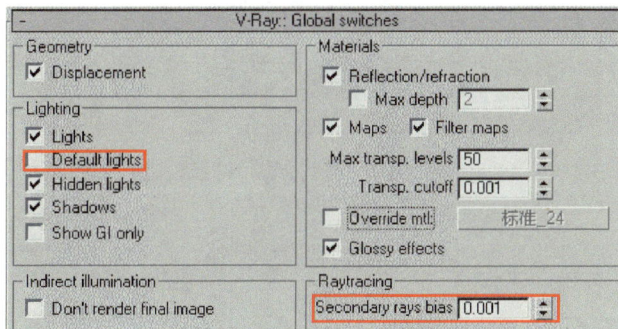

图 5-2-4　全局开关卷展栏

（3）在展开的"VRay：：Image sampler（Antialiasing）"（抗锯齿采样）卷展栏下，如图 5-2-5 所示设置参数。

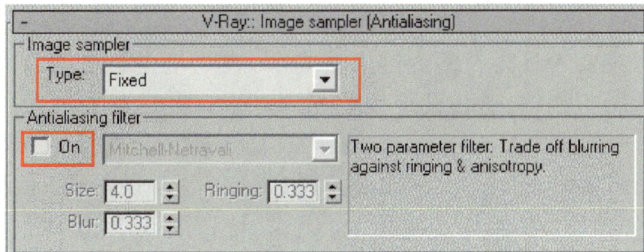

图 5-2-5　抗锯齿采样卷展栏

（4）在展开的"VRay：：Indirect illumination（GI）"（间接照明）卷展栏下，如图 5-2-6 所示设置参数。

（5）在展开的"VRay：：Irradiance map"（发光贴图）卷展栏下，如图 5-2-7 所示设置参数。

（6）在展开的"VRay：：Light cache"（灯光缓存）卷展栏下，如图 5-2-8 所示设置参数。

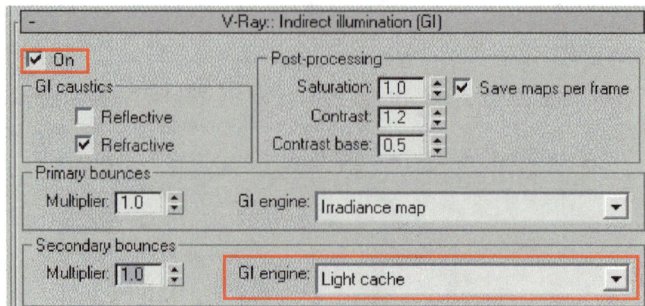

图 5-2-6　间接照明卷展栏

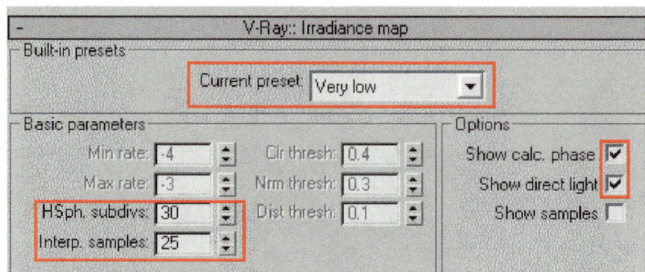

图 5-2-7　发光贴图卷展栏

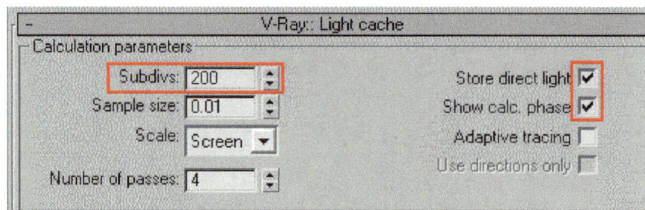

图 5-2-8　灯光缓存卷展栏

2. 布置场景灯光

本场景光线来源主要为日光及室内的人造光源,在为场景创建灯光前,首先应用一种白色材质覆盖场景中的所有物体,这样便于观察光源对于场景的影响。

(1) 单击 M 键,在弹出的"Material Editor"(材质编辑器)对话框中,选择第 1 个空白材质球,再单击"Standard"(标准)按钮,在弹出的"Material/Map Browser"(材质/贴图浏览器)对话框中选择"VRayMtl"(VRay 专业材质)材质,并将材质命名为"替换材质",具体参数设置如图 5-2-9 所示。

(2) 单击 F10 键,在弹出的"Render Scene"(渲染场景)对话框中,选择"Renderer"(渲染器)选项卡,在展开的"VRay∶∶Global switches"(全局开关)卷展栏下,勾选"Override mtl"(替换材质)复选框,然后单击"Material Editor"(材质编辑器)对话框中的贴图通道按钮,按住 Shift 键将材质球拖动至"Override mtl"(替换材质)复选框的按钮处并以"Instance"(关联)方式进行关联复制,具体参数设置如图 5-2-10 所示。

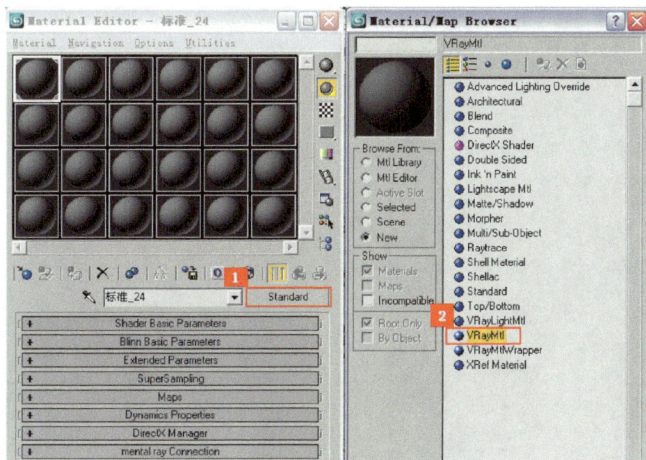

（a）选择材质

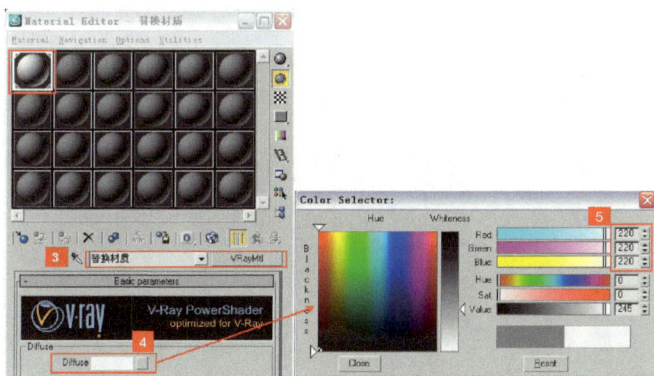

（b）设置参数

图 5-2-9　设置材质

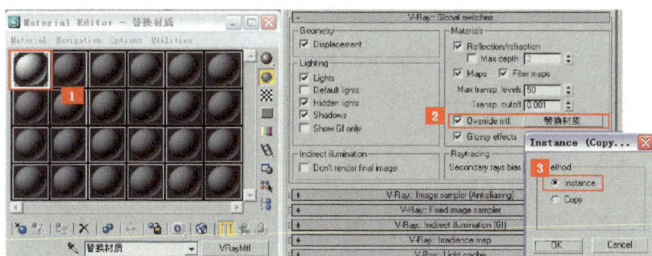

图 5-2-10　关联复制

（3）单击"Create"（建立）→"Lights"（灯光）图标，在下拉列表中选择"V-Ray"选项，然后在展开的"Object Type"（对象类型）卷展栏下，单击"VRayLight"（VRay 灯光）按钮，在场景中创建两盏 VRayLight，位置如图 5-2-11 所示。

（4）在"Top"（顶）视图中，从上到下依次设置两盏灯光，参数如图 5-2-12 所示。

（5）单击 F9 键，对摄影机视图 Camera01 进行渲染，效果如图 5-2-13 所示。

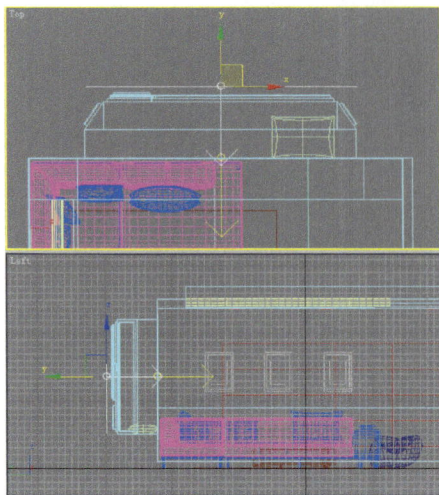

图 5-2-11　创建 VRayLight 灯光

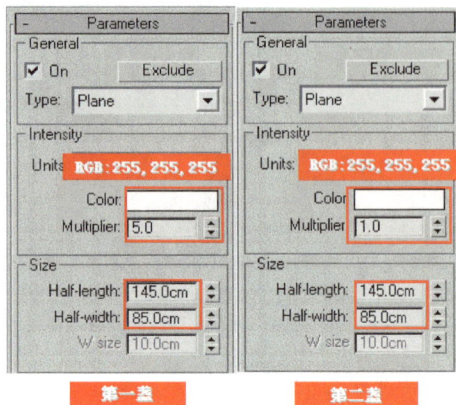

图 5-2-12　设置灯光参数

图 5-2-13　渲染效果

　　(6) 继续为场景创建灯光。单击"Create"(建立)→"Lights"(灯光)图标,在下拉列表中选择"Photometric"(光度学)子项,然后在展开的"Object Type"(对象类型)卷展栏下,单击"Target Point"(目标点光源)按钮,在如图 5-2-14 所示位置创建三个"目标点光源"作为室内辅助光源。

　　(7) 灯光参数设置如图 5-2-15 所示。在展开的"Web Parameters"(Web 参数)卷展栏下,调用一个"Web File"(光域网)文件。光域网文件为配套光盘中的"项目五\任务二\素材\贴图\30.ies"。

　　(8) 单击 F9 键,对摄影机视图 Camera01 进行渲染,效果如图 5-2-16 所示。

　　(9) 继续为场景创建灯光。在如图 5-2-17 所示位置创建一盏 VRayLight。

　　(10) 灯光参数设置如图 5-2-18 所示。

　　(11) 单击 F9 键,对摄影机视图 Camera01 进行渲染,最终效果如图 5-2-1 所示。

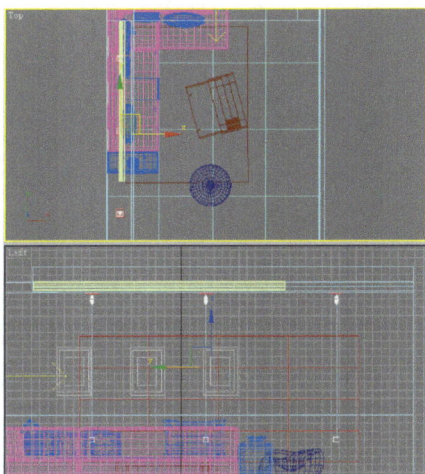

图 5-2-14　创建目标点光源

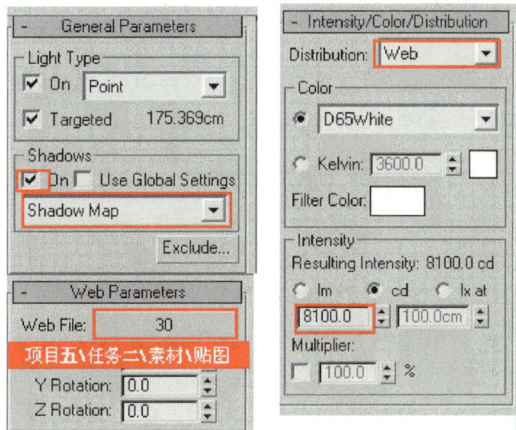

图 5-2-15　设置灯光参数

图 5-2-16　渲染效果

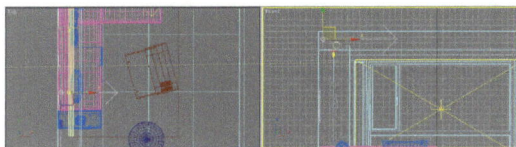

图 5-2-17　创建 VRayLight 灯光

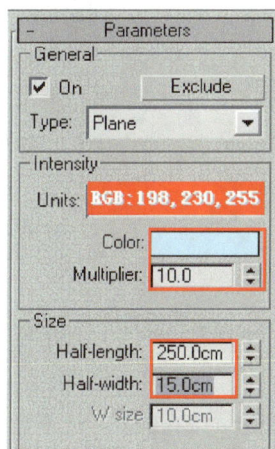

图 5-2-18　设置灯光参数

任务三　设置场景材质

一、任务描述

在客厅的设计过程中，有人喜欢简约大方、色彩简单，也有人喜欢色彩鲜艳，以表现出主人的热情。而在本任务中，则采用了色彩较为丰富的场景材质设置，效果如图 5-3-1 所示。

图 5-3-1　最终效果

二、任务分析

本任务在材质设置过程中,由于色彩较为丰富,因此需要注意色彩之间的搭配,不能使人产生凌乱的感觉。

三、方法与步骤

在设置场景材质前,首先要取消任务二中对场景物体的材质替换状态。单击 F10 键打开"Render Scene"(渲染场景)对话框,选择"Renderer"(渲染器)选项卡,在展开的"V-Ray::Global switches"(全局开关)卷展栏下,取消勾选"Override mtl"(替换材质)复选框,如图 5-3-2 所示。

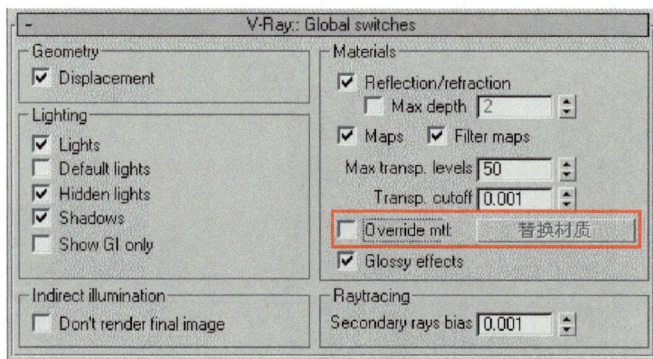

图 5-3-2　全局开关卷展栏

小贴士

选择"File"(文件)→"Merge"(合并)命令,可将场景中的电视柜、水果等物体导入到场景中,这些物体的材质已设置好。

1. 墙面材质设置

(1)单击 M 键打开"Material Editor"(材质编辑器)对话框,选择第 2 个材质球,再单击"Standard"(标准)按钮,在弹出的"Material/Map Browser"(材质/贴图浏览器)对话框中选择"VRayMtl"(VRay 专业材质)材质,并将材质命名为"白色乳胶漆",具体参数设置如图 5-3-3 所示。

(2)单击操作界面上方工具栏上的"Select and Name"(通过命名选择)图标,在弹出的"Select Objects"(对象选择)对话框中,选择"墙",单击"Select"(选择)按钮,如图 5-3-4 所示。在"Material Editor"(材质编辑器)对话框中单击"Assign Material to Selection"(将材质指定给对象)和"Show Map in Viewport"(视口显示贴图)图标,将材质附着给"墙面"物体。

2. 地面材质设置

(1)在"Material Editor"(材质编辑器)对话框中,选择第 3 个空白材质球,将其设置为

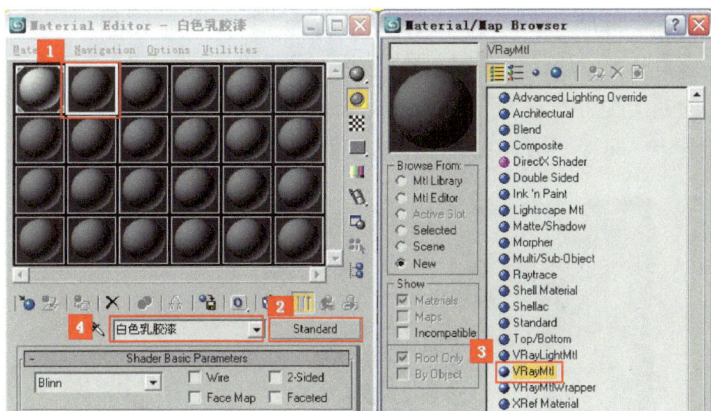

（a）选择材质

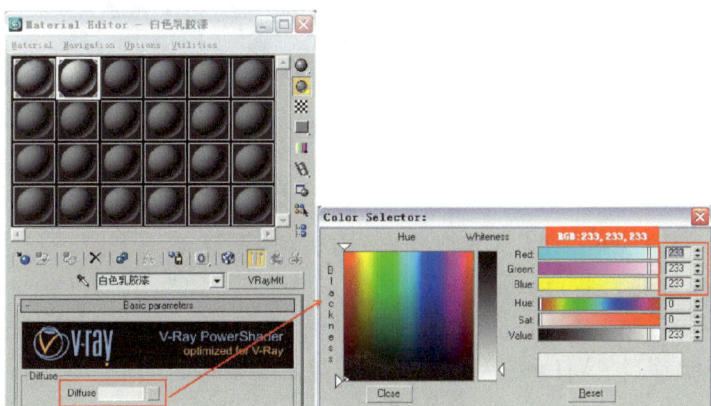

（b）设置参数

图 5-3-3 设置材质

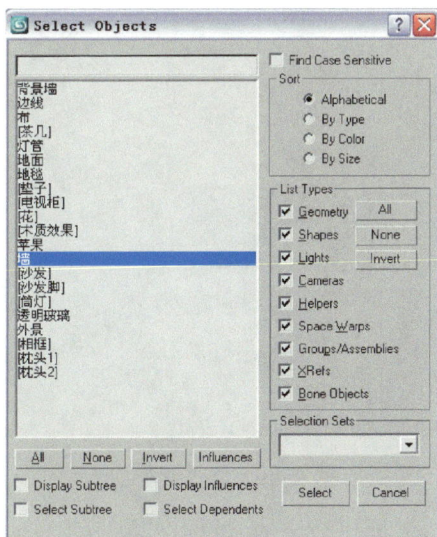

图 5-3-4 选择"墙面"

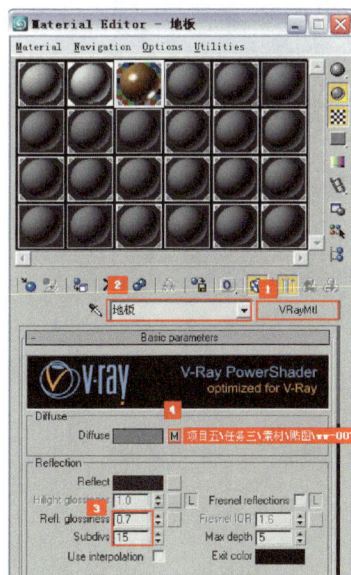

图 5-3-5 添加位图贴图

3ds Max 9.0——室内设计

"VRayMtl"（VRay 专业材质）材质,并将材质命名为"地板",单击"Diffuse"（漫反射）框右侧的贴图按钮,为其添加一个"Bitmap"（位图）贴图,具体参数设置如图 5-3-5 所示。贴图文件为配套光盘中的"项目五\任务三\素材\贴图\ww-007.jpg"。

（2）将材质指定给"地板"物体,并对摄像机视图进行渲染,此时地面效果如图 5-3-6 所示。

图 5-3-6　渲染效果

3. 背景墙材质设置

（1）在"Material Editor"（材质编辑器）对话框中,选择第 4 个空白材质球,将其设置为"VRayMtl"（VRay 专业材质）材质,并将材质命名为"背景墙",单击"Diffuse"（漫反射）框右侧的贴图按钮,为其添加一个"Bitmap"（位图）贴图,具体参数设置如图 5-3-7 所示。贴图文件为配套光盘中的"项目五\任务三\素材\贴图\背景墙条样线.jpg"。

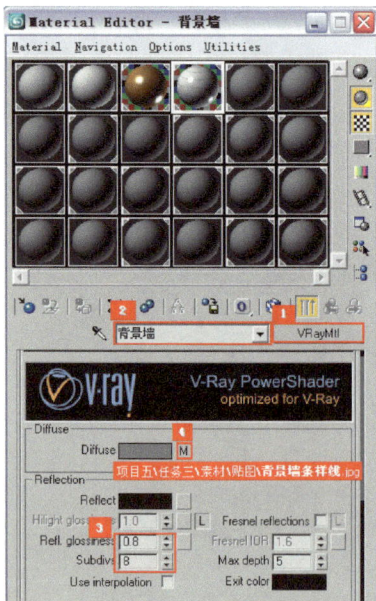

图 5-3-7　设置参数

图 5-3-8　渲染效果

（2）将材质指定给"背景墙"物体,并对摄像机视图进行渲染,此时效果如图 5-3-8 所示。

4. 相框材质设置

（1）在"Material Editor"（材质编辑器）对话框中，选择第 5 个空白材质球，将其设置为"VRayMtl"（VRay 专业材质）材质，并将材质命名为"相框"，参数设置如图 5-3-9 所示。

（2）将材质指定给"相框"物体。

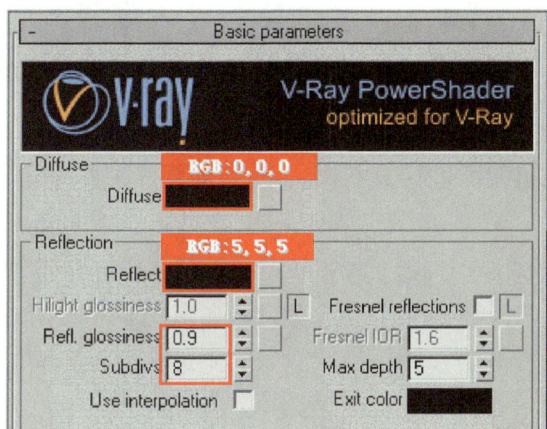

图 5-3-9　设置参数

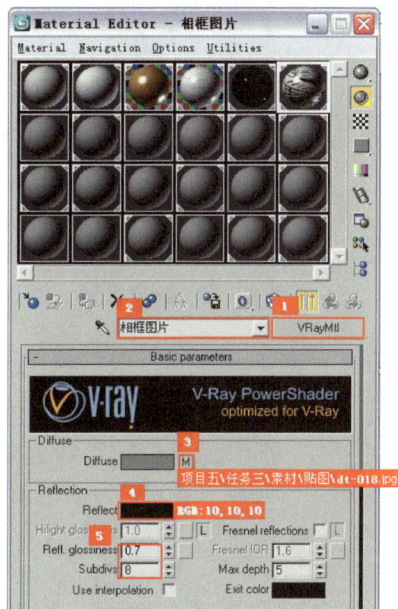

图 5-3-10　设置参数

5. 相框图片材质设置

（1）在"Material Editor"（材质编辑器）对话框中，选择第 6 个空白材质球，将其设置为"VRayMtl"（VRay 专业材质）材质，并将材质命名为"相框图片"，单击"Diffuse"（漫反射）框右侧的贴图按钮，为其添加一个"Bitmap"（位图）贴图，具体参数设置如图 5-3-10 所示。贴图文件为配套光盘中的"项目五\任务三\素材\贴图\dt-018.jpg"。

（2）将材质指定给"相框图片"物体。

6. 沙发材质设置

（1）在"Material Editor"（材质编辑器）对话框中，选择第 7 个空白材质球，将其设置为"VRayMtl"（VRay 专业材质）材质，并将材质命名为"沙发"，单击"Diffuse"（漫反射）框右侧的贴图按钮，选择"Falloff"（衰减）贴图，如图 5-3-11 所示设置参数。

（2）在展开的"Maps"（贴图）卷展栏下，单击"Bump"（凹凸）贴图框右侧的"None"（无）按钮，为其添加一个"Noise"（躁点）贴图，具体参数设置如图 5-3-12 所示。

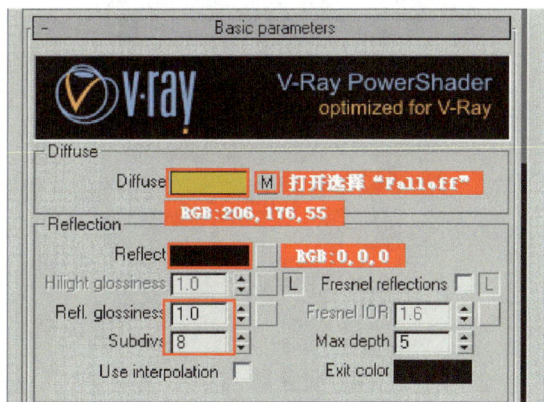

图 5-3-11　设置参数

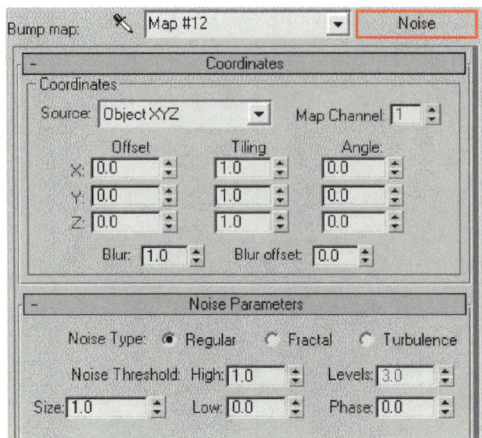

图 5-3-12　设置参数

图 5-3-13　渲染效果

（3）将材质指定给"沙发"物体，并对摄像机视图进行渲染，此时效果如图 5-3-13 所示。

7. 枕头 1 材质设置

（1）在"Material Editor"（材质编辑器）对话框中，选择第 8 个空白材质球，将其设置为"VRayMtl"（VRay 专业材质）材质，并将材质命名为"靠垫"，具体参数设置如图 5-3-14(a)所示。

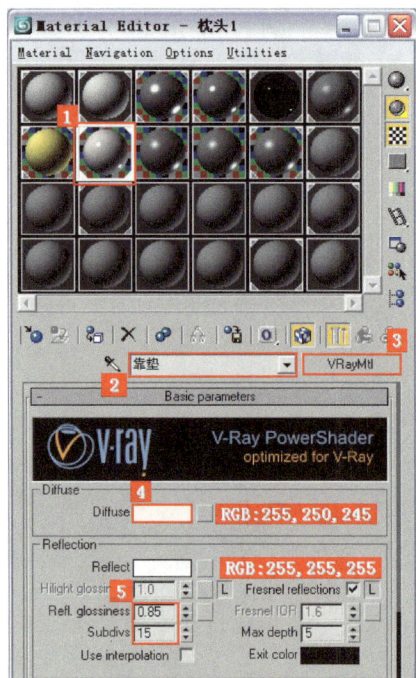

（a）设置参数

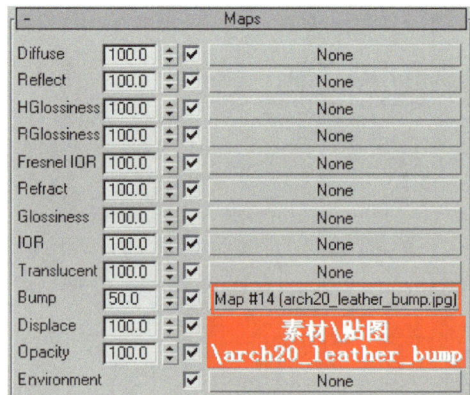

（b）添加位图贴图

图 5-3-14　设置材质

（2）在展开的"Maps"（贴图）卷展栏下，单击"Bump"（凹凸）贴图右侧的"None"（无）按钮，为其添加一个"Bitmap"（位图）贴图。贴图文件为配光盘中的"项目五\任务三\素材贴图\arch20_leather_bump.jpg"。

将材质指定给"靠垫"物体,并对摄像机视进行渲染,效果如图5-3-15所示。

图 5-3-15　渲染效果

小知识

在"Maps"(贴图)卷展栏中适当增加参数值,可提高表面的凹凸感。

8. 枕头 2 材质设置

(1)在"Material Editor"(材质编辑器)对话框中,选择第 9 个空白材质球,将其设置为"VRayMtl"(VRay 专业材质)材质,并将材质命名为"枕头 2",具体参数设置如图 5-3-16(a)所示。

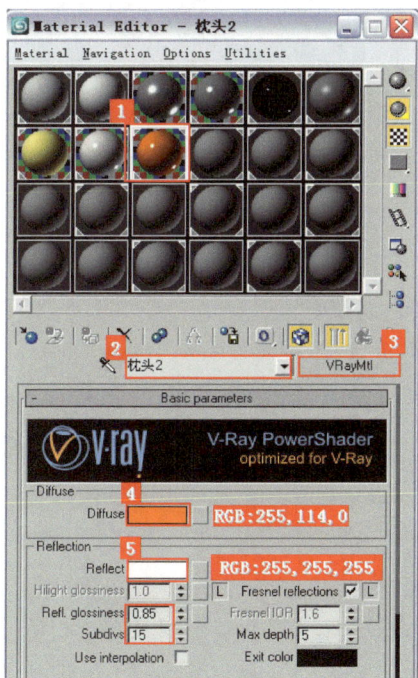

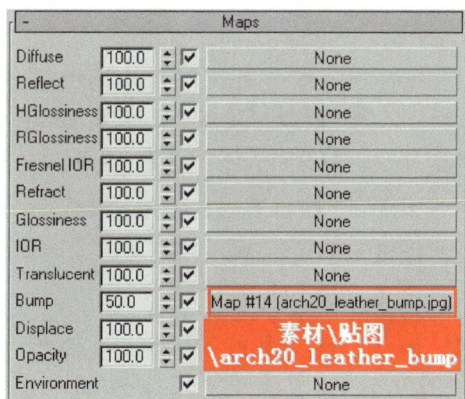

(a)设置参数　　　　　　　　　　(b)添加位图贴图

图 5-3-16　设置材质

3ds Max 9.0——室内设计

（2）在展开的"Maps"（贴图）卷展栏下，单击"Bump"（凹凸）贴图框右侧的"None"（无）按钮，为其添加一个"Bitmap"（位图）贴图。贴图文件在配套光盘中的"项目五\任务三\素材\贴图\arch20_leather_bump.jpg"。

（3）将材质指定给"枕头 2"物体。

9. 茶几材质设置

（1）在"Material Editor"（材质编辑器）对话框中，选择第 10 个空白材质球，将其设置为"VRayMtl"（VRay 专业材质）材质，并将材质命名为"茶几"，具体参数如图 5-3-17 所示。

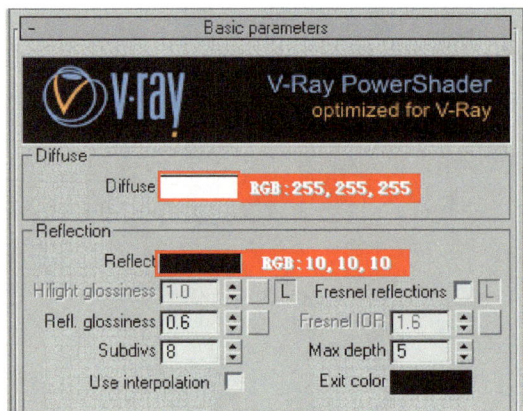

图 5-3-17   设置参数

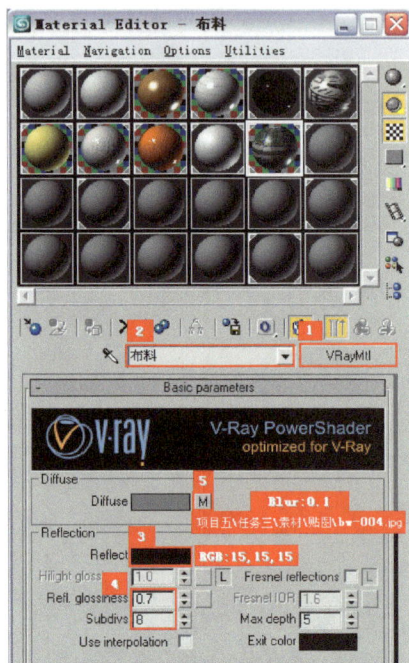

图 5-3-18   设置参数

（2）将材质指定给"茶几"物体。

10. 布材质设置

（1）在"Material Editor"（材质编辑器）对话框中，选择第 11 个空白材质球，将其设置为"VRayMtl"（VRay 专业材质）材质，并将材质命名为"布料"，单击"Diffuse"（漫反射）框右侧的贴图按钮，为其添加一个"Bitmap"（位图）贴图，具体参数设置如图 5-3-18 所示。贴图文件为配套光盘中的"项目五\任务三\素材\贴图\bw-004.jpg"。

（2）将材质指定给"布料"物体。

11. 沙发垫材质设置

（1）在"Material Editor"（材质编辑器）对话框中，选择第 12 个空白材质球，将其设置为"VRayMtl"（VRay 专业材质）材质，并将材质命名为"沙发垫"，具体参数设置如图 5-3-19 所示。

（2）在展开的"Maps"（贴图）卷展栏下，单击"Bump"（凹凸）贴图框右侧的"None"（无）按钮，为其添加一个"Speckle"（散斑）贴图，具体参数如图 5-3-20 所示。

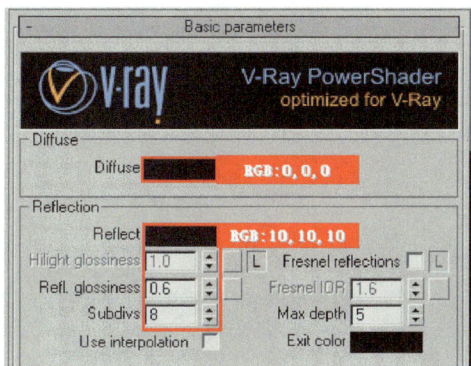

图 5-3-19　设置参数

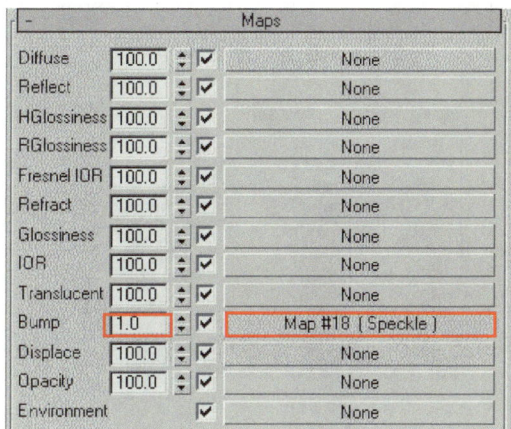

图 5-3-20　设置参数

（3）将材质指定给"沙发垫"物体。

12. 木材质边线材质设置

（1）在"Material Editor"（材质编辑器）对话框中，选择第 13 个空白材质球，将其设置为"VRayMtl"（VRay 专业材质）材质，并将材质命名为"边线"，单击"Diffuse"（漫反射）框右侧的贴图按钮，为其添加一个"Bitmap"（位图）贴图，具体参数设置如图 5-3-21 所示。贴图文件为配套光盘中的"项目五\任务三\素材\贴图\ww-006.jpg"。

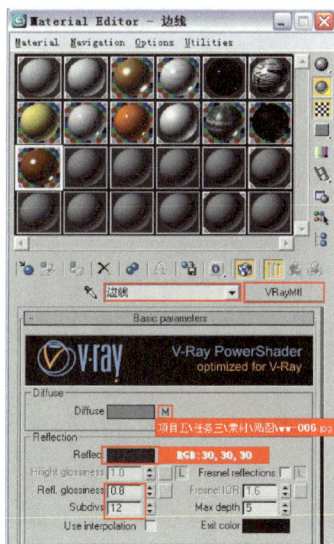

图 5-3-21　添加位图贴图

图 5-3-22　渲染效果

（2）将材质指定给"边线"物体，并对摄像机视图进行渲染，此时效果如图 5-3-22 所示。

13. 地毯材质设置

（1）在"Material Editor"（材质编辑器）对话框中，选择第 14 个空白材质球，将其设置为"VRayMtl"（VRay 专业材质）材质，并将材质命名为"地毯"，单击"Diffuse"（漫反射）框右侧的贴图按钮，为其添加一个"Bitmap"（位图）贴图，具体参数设置如图 5-3-23 所示。贴图文件为配套光盘中的"项目五\任务三\素材\贴图\dt-024.jpg"。

（2）将材质指定给"地毯"物体。

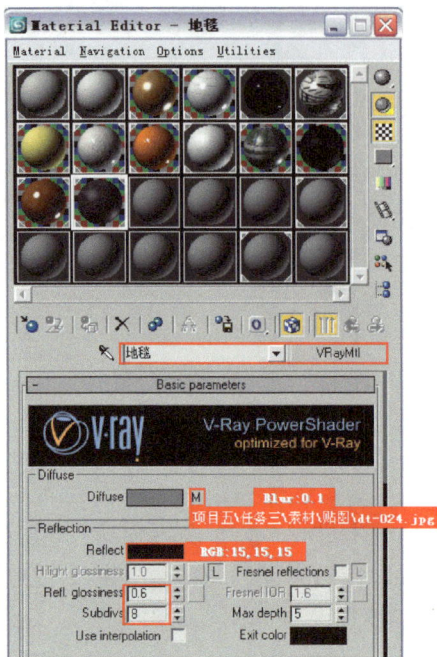

图 5-3-23　添加位图贴图

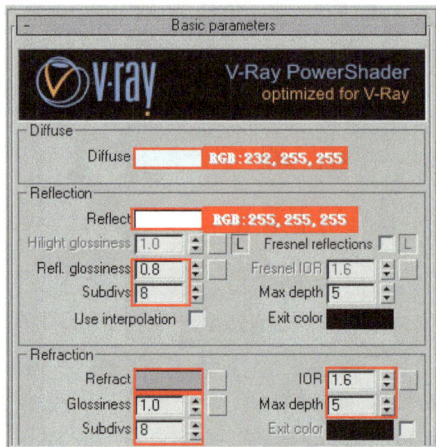

图 5-3-24　设置参数

14. 玻璃材质设置

（1）在"Material Editor"（材质编辑器）对话框中，选择第 15 个空白材质球，将其设置为"VRayMtl"（VRay 专业材质）材质，并将材质命名为"玻璃"，具体参数设置如图 5-3-24 所示。

（2）将材质指定给"玻璃"物体。

15. 沙发脚材质设置

（1）在"Material Editor"（材质编辑器）对话框中，选择第 16 个空白材质球，将其设置为"VRayMtl"（VRay 专业材质）材质，并将材质命名为"沙发脚"，具体参数设置如图 5-3-25 所示。

（2）将材质指定给"沙发脚"物体。

16. 外景材质设置

（1）在"Material Editor"（材质编辑器）对话框中，选择第 17 个空白材质球，将其设置为"VRayMtl"（VRay 专业材质）材质，并将材质命名为"外景"，单击"Color"（颜色）框右侧的贴图按钮，为其添加一个"Bitmap"（位图）贴图，具体参数设置如图 5-3-26 所示。贴图文件为配套光盘中的"项目五\任务三\素材\贴图\002-japan001.jpg"。

（2）将材质指定给"外景"物体。

17. 筒灯材质设置

（1）在"Material Editor"（材质编辑器）对话框中，选择第 18 个空白材质球，并将材质命名为"筒灯"，具体参数设置如图 5-3-27 所示。

图 5-3-25　设置参数

图 5-3-26　添加位图贴图

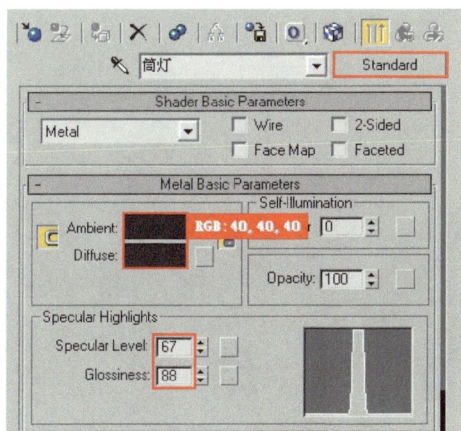

图 5-3-27　设置参数

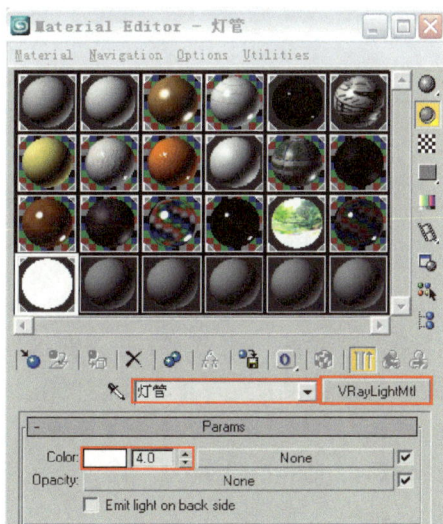

图 5-3-28　设置参数

（2）将材质指定给"筒灯"物体。

18. 自发光材质设置

（1）在"Material Editor"（材质编辑器）对话框中，选择第 19 个空白材质球，将其设置为"VRayLightMtl"（VRay 灯光材质）材质，并将材质命名为"灯管"，具体参数设置如图 5-3-28 所示。

（2）将材质指定给"灯管"物体。

打开配套光盘中的"项目五\任务三\拓展训练\初始文件.max"文件,效果如图5-3-29所示。对该文件进行材质设置,最终效果如图5-3-30所示。

（注:贴图文件均在配套光盘中的"项目五\任务三\拓展训练"文件夹内）

图 5-3-29　初始文件

图 5-3-30　最终效果

任务四　最终渲染设置

一、任务描述

利用VRay软件进行最终渲染是效果图设计中最重要的一个环节,将会直接影响到图像的渲染品质,但并非所有的参数设置越高越好,主要是之间需要相互平衡,从而达到高标准的视觉效果。图5-4-1所示为最终渲染的成品图效果。

二、任务分析

本任务中,对于最终渲染设置,为提高渲染速度,可在"发光贴图"和"灯光缓存"卷展栏中勾选"自动保存发光贴图",最后再以大图的形式渲染输出图片。

图 5-4-1　最终渲染效果

三、方法与步骤

上一个任务中，我们完成了对场景中材质的设置，而现在则需要对场景进行最终渲染。

（1）观察目前的场景效果，单击 F9 键对摄影机视图 Camera01 进行渲染，效果如图 5-4-2 所示。

图 5-4-2　渲染效果

（2）在展开的"Parameters"（参数）卷展栏下，进入"Sampling"（取样）选项板中，对场景中模拟自然光的两盏 VRayLight 灯光 VRayLight01 和 VRayLight05 进行"Subdivs"（阴影细分）值设置，输入 15，如图 5-4-3 所示。

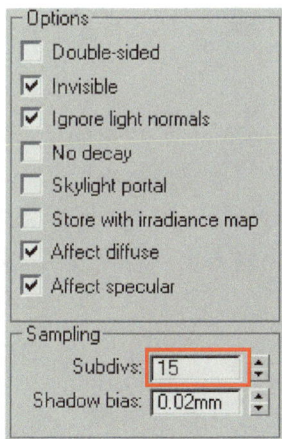

图 5-4-3　阴影细分值设置

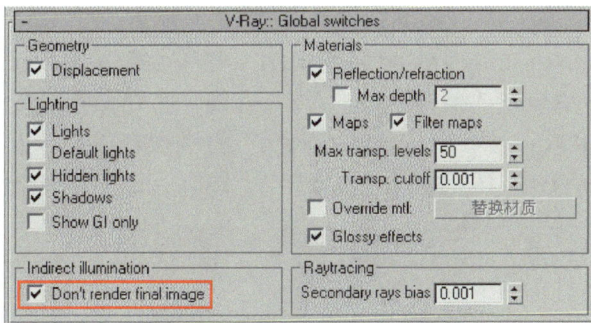

图 5-4-4　全局开关卷展栏

（3）单击 F10 键，在弹出的"Render Scene"（渲染场景）对话框，选择"Renderer"（渲染器）选项卡，在展开的"VRay∷Global switches"（全局开关）卷展栏下，勾选"Don't render final image"（不渲染最后图像）复选框，如图 5-4-4 所示。

（4）下面进行渲染级别设置。在展开的"VRay∷Irradiance map"（发光贴图）卷展栏下，如图 5-4-5 所示设置参数。

（5）在展开的"VRay∷Light cache"（灯光缓存）卷展栏下，如图 5-4-6 所示设置参数。

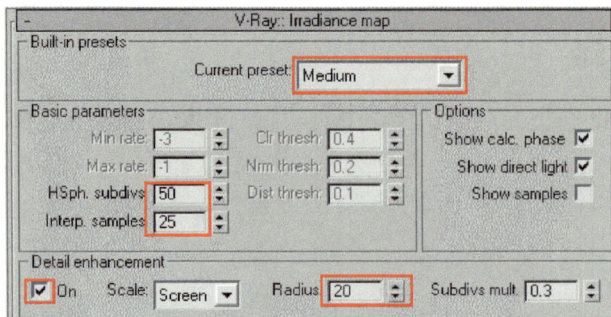

图 5-4-5　发光贴图卷展栏

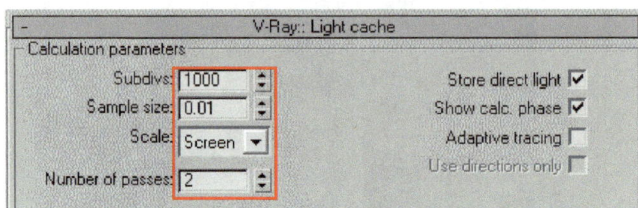

图 5-4-6　灯光缓存卷展栏

（6）在展开的"VRay∷rQMC Sampler"（准蒙特卡罗采样器）卷展栏下，如图 5-4-7 所示设置参数。这是模糊采样设置。

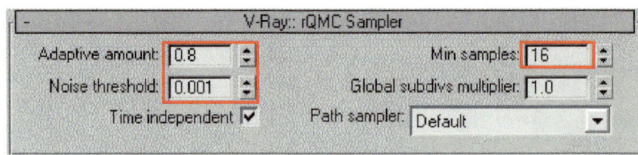

图 5-4-7　准蒙特卡罗采样器卷展栏

（7）保存发光贴图的参数设置。在展开的"VRay∷Irradiance map"（发光贴图）卷展栏下，勾选"On render end"（渲染结果）选项板中的"Don't delete"（不要删除）和"Auto save"（自动保存）复选框，再单击"Auto save"（自动保存）复选框后面的"Browse"（浏览器）按钮，在弹出的"Auto save irradiance map"（自动保存发光贴图）对话框中输入要保存的文件，文件名为"发光贴图 01. vrmap"并选择保存路径，如图 5-4-8 所示。

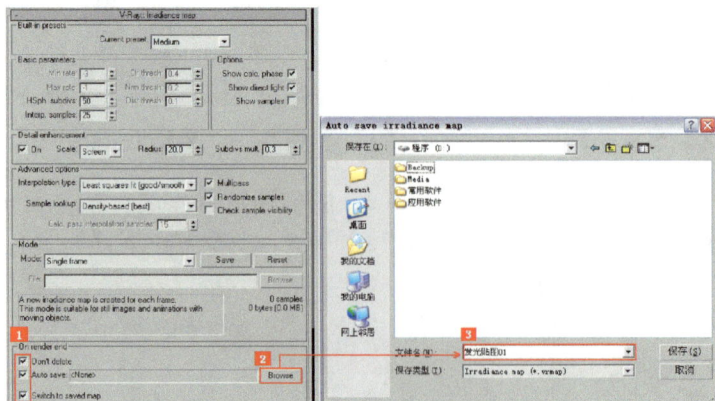

图 5-4-8　保存发光贴图

（8）在展开的"VRay：：Light cache"（灯光缓存）卷展栏下，勾选"On render end"（渲染结果）选项板中的"Don't delete"（不要删除）和"Auto save"（自动保存）复选框，再单击"Auto save"（自动保存）复选框后面的"Browse"（浏览器）按钮，在弹出的"Auto save irradiance map"（自动保存发光贴图）对话框中输入要保存的文件，文件名为"灯光贴图 01. vrmap"并选择保存路径，如图 5-4-9 所示。

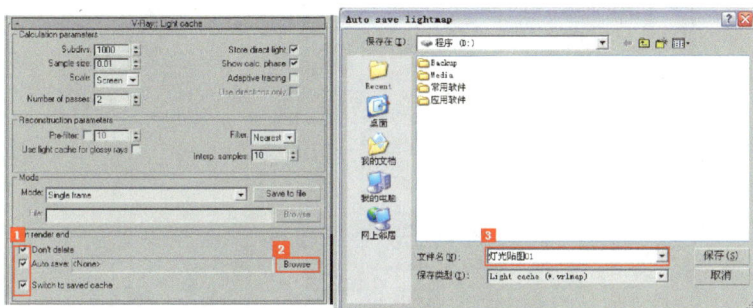

图 5-4-9　保存灯光贴图

（9）保持当前输出尺寸，单击 F9 键对摄像机视图进行渲染，效果如图 5-4-10 所示。由于这次设置了较高的渲染采样参数，渲染时间也就相应加长了。

图 5-4-10　渲染效果

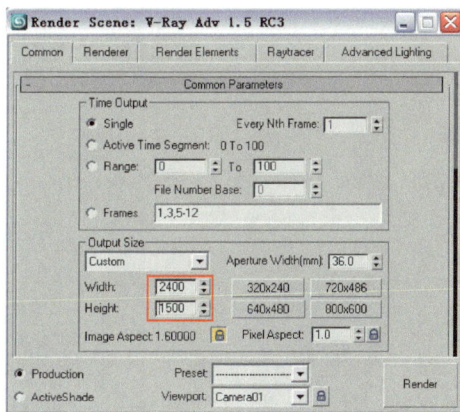

图 5-4-11　设置输出尺寸

（10）最终成品渲染设置。首先设置输出尺寸，单击 F10 键，在弹出的"Render Scene"（渲染场景）对话框中，选择"Common"（常规）选项卡，如图 5-4-11 所示参数设置最终渲染图像的输出尺寸。

（11）选择"Renderer"（渲染器）选项卡，在展开的"VRay：：Global switches"（全局开关）卷展览栏下，取消"Don't render final image"（不要渲染最后图像）复选框的勾选，如图 5-4-12所示。

（12）在展开的"VRay：：Image sampler（Antialiasing）"（抗锯齿采样）卷展栏下，如图5-4-13所示设置参数。

（13）最终渲染效果如图 5-4-1 所示。

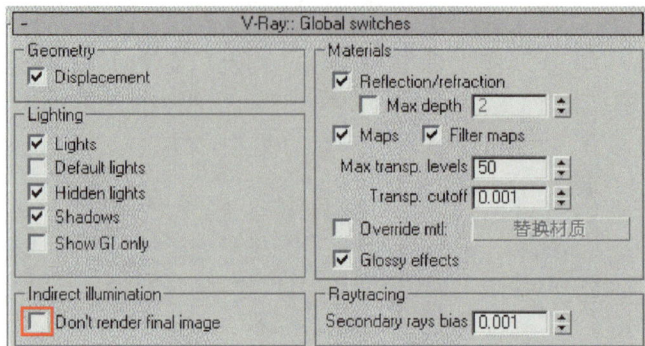

图 5-4-12　全局开关卷展栏

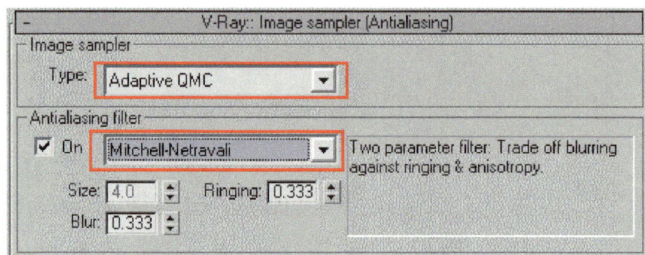

图 5-4-13　抗锯齿采样卷展栏

任务五　Photoshop 后期处理

一、任务描述

最后使用 Photoshop CS3 软件对图像的亮度、对比度以及饱和度进行调整，使效果更加生动和逼真，效果如图 5-5-1 所示。

二、任务分析

本任务中，主要使用"曲线"、"高斯模糊"以及"USM 锐化"等命令。

三、方法与步骤

图 5-5-1　渲染效果

（1）在 Photoshop CS3 软件中打开任务四中完成的渲染图，再按住 Ctrl＋M 键打开"曲线"对话框，如图 5-5-2 所示，适当调节参数加强图像明暗对比。

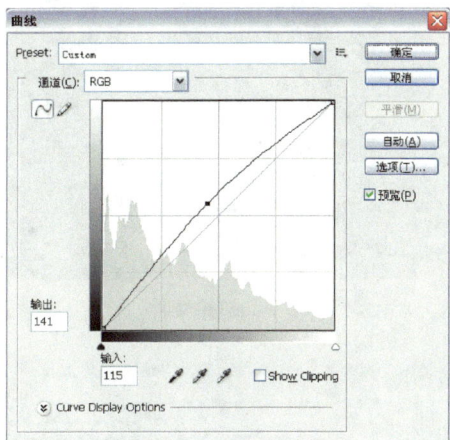

图 5-5-2 "曲线"对话框

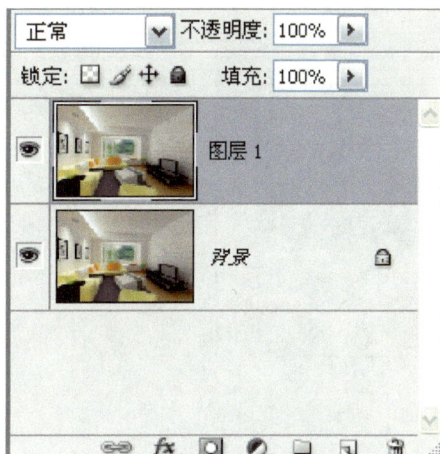

图 5-5-3 复制图层

（2）按住 Ctrl＋J 键复制图层，如图 5-5-3 所示。

（3）对（2）中复制出的图层进行高斯模糊处理，选择菜单栏中的"滤镜/模糊/高斯模糊"，设置半径为"6"像素，如图 5-5-4 所示。

图 5-5-4 高斯模糊处理

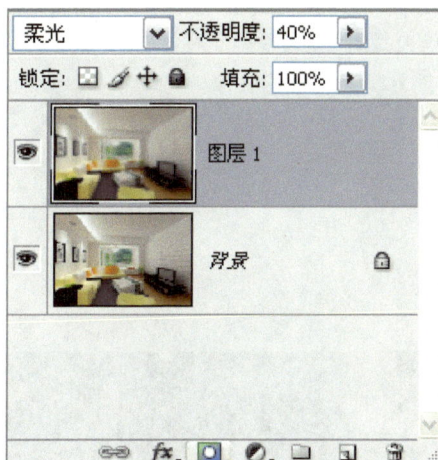

图 5-5-5 参数设置

（4）将图层 1 的混合模式设置为"柔光"、不透明度设置为"40％"，如图 5-5-5 所示。

（5）同时选中两个图层，按住 Ctrl＋E 键合并图层，然后选择菜单栏中的"滤镜/锐化/USM 锐化"，如图 5-5-6 所示。

（6）最终效果如图 5-5-1 所示。

四、拓展训练——Photoshop 后期制作

打开配套光盘中的"项目五\任务五\拓展训练\素材. max"文件，效果如图 5-5-7 所示。具体制作思路如下：

（1）打开 Photoshop CS3 软件，按住 Ctrl＋J 键，进行复制，再选择"图像/调整/亮度/USM 对比度"命令，如图 5-5-8 所示。

图 5-5-6 锐化

图 5-5-7 初始文件

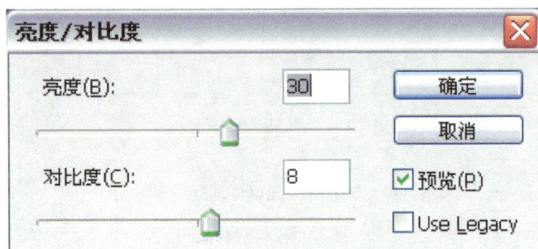

图 5-5-8 调节对比度

（2）选择图层样式"柔光"，用套索工具选择图片中暗色的部分，输入羽化值为 10，如图 5-5-9 所示。

图 5-5-9 羽化

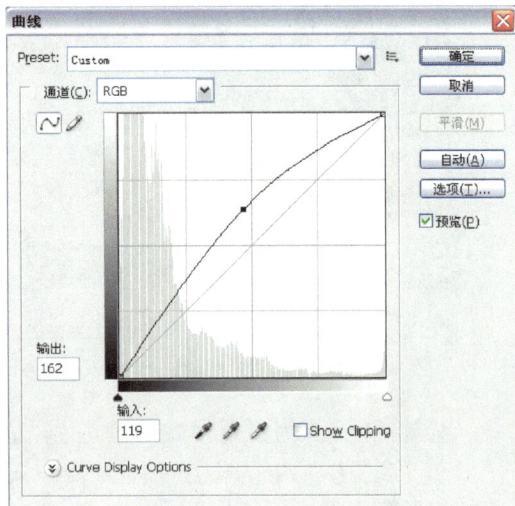

图 5-5-10 "曲线"对话框

（3）按住 Ctrl＋M 键，打开"曲线"对话框，如图 5-5-10 所示进行设置。

（4）按住 Ctrl＋D 键取消选区，再按住 Ctrl＋E 键合并图层。选择"滤镜/锐化/锐化"命令，如图 5-5-11 所示。

（5）按住 Ctrl＋J 键复制图层，再选择"图像/调整/亮度/对比度"命令，如图 5-5-12 所示设置参数。

（6）选择"滤镜/模糊/高斯模糊"命令，设置半径为"1"，如图 5-5-13 所示。

图 5-5-11　锐化

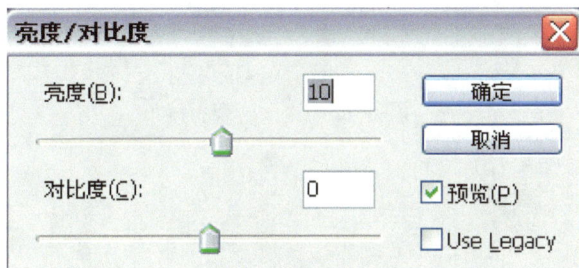

图 5-5-12　设置参数

图 5-5-13　高斯模糊处理

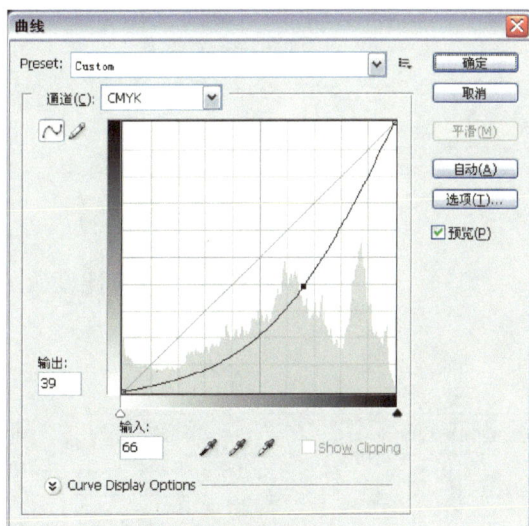

图 5-5-14　"曲线"对话框

（7）图层样式选择"柔光"，选择"图像/模式/CMYK 颜色"，不拼合图层。按住 Ctrl + M 键，打开"曲线"对话框，如图 5-5-14 所示。

（8）选择套索工具，设置羽化值为 10，选择图像中较暗的部分，如图 5-5-15 所示。

（9）按住 Ctrl + M 键打开"曲线"对话框，如图 5-5-16 所示。

（10）按住 Ctrl + D 键取消选区，选择"图像/模式/RGB 颜色"，再按住 Ctrl + M 键打开"曲线"对话框，如图 5-5-17 所示。

图 5-5-15 羽化

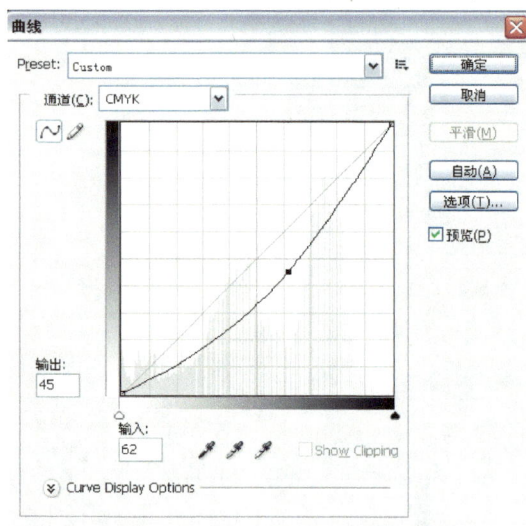

图 5-5-16 "曲线"对话框

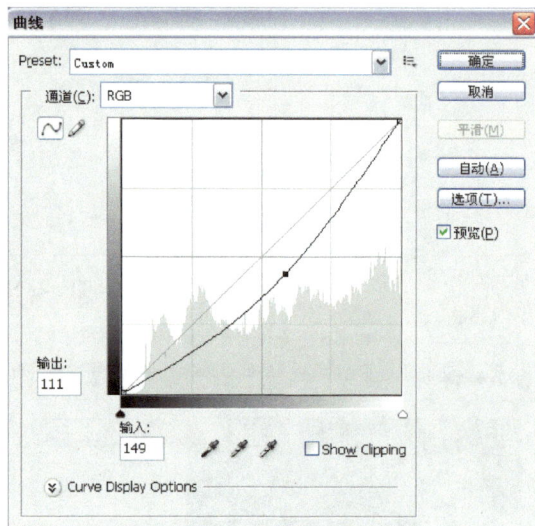

图 5-5-17 "曲线"对话框

（11）选择"图像/调整/亮度/对比度"，如图 5-5-18 所示设置参数。

图 5-5-18 调节对比度

图 5-5-19 最终效果

（12）最终效果如图 5-5-19 所示。

3ds Max 9.0——室内设计

项 目 实 训 四

一、项目描述

现代中式风格不局限于传统的结构形式，而是利用后现代手法，把传统的结构形式经过重新设计组合，将这些元素与现代元素一起融入到室内设计中，从而创作出符合现代人生活要求与审美趣味的室内环境。如图 5-6-1 所示即为现代中式风格的卧室。

图 5-6-1 现代中式风格

二、项目要求

（1）打开配套光盘中的"项目五\项目实训四"文件夹中的"客厅.max"文件。

（2）参照图 5-6-1 所示效果图设置材质，注意布材质的设置。

三、项目提示

（1）电视机和音响已做好，可直接导入调用。

（2）参照效果图，通过对材质球设置"Diffuse"（漫反射）贴图的方法，分别编辑材质并指定给相应的对象。

（3）添加一盏"目标平行光"作为日光，光源较为温和，另外，添加三盏 VRayLight 灯光作为筒灯光源。

（4）添加摄像机，渲染图片。

四、项目评价

项目实训评价表

内 容		评 价			
学习目标	评价项目	4	3	2	1
职业能力					
能熟练掌握材质编辑器的使用方法	熟悉材质编辑器界面				
	使用材质编辑器的常用工具				
	设置贴图				
	设置金属材质				
	设置木材质				
	设置玻璃材质				
布置和调节灯光	掌握灯光的使用效果				
	灯光的分布				
	设置灯光的常用参数				
	设置灯光阴影				
	光域网文件的运用				
能设置摄像机	添加和调整摄像机				
通用能力	交流表达能力				
	与人合作能力				
	沟通能力				
	组织能力				
	活动能力				
	解决问题能力				
	自我提高的能力				
	革新、创新能力				
综合评价					

项目六

简欧厨房设计

随着生活水平的日益提高，人们对于厨房的要求也越来越高，如何布置出一个简约、实用性强的厨房，是现代都市人一直在思考的问题。

任务一 油烟机建模

一、任务描述

油烟机除了要能很好地完成功能性作用外，还应融合现代厨房格局的装饰概念。本任务中，通过创建简单的基本体，完成如图 6-1-1 所示的油烟机建模操作。

二、任务分析

本任务要求创建一个油烟机模型，首先使用切角长方体创建油烟机的主体，然后转换为可编辑的多边形，最后利用顶点、面等方式通过移动和拉伸等命令将其形体创建完成。

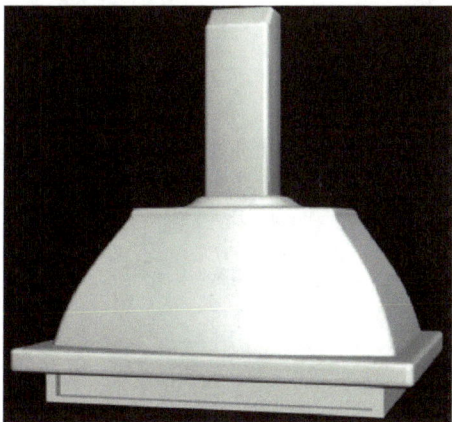

图 6-1-1　油烟机

三、方法与步骤

（1）打开 3ds Max 9.0 软件，单击"Create"（建立）→"Geometry"（几何）图标，如图 6-1-2 所示。

（2）在"Standard Primitives"（标准几何体）的下拉列表中选择"Extended Primitives"（扩展几何体）子项。

（3）在展开的"Object Type"（对象类型）卷展栏下，单击"ChamferBox"（切角长方体）按钮，如图 6-1-3 所示。

（4）在"Front"（前）视图中，如图 6-1-4 所示创建一个切角长方体。

3ds Max 9.0——室内设计

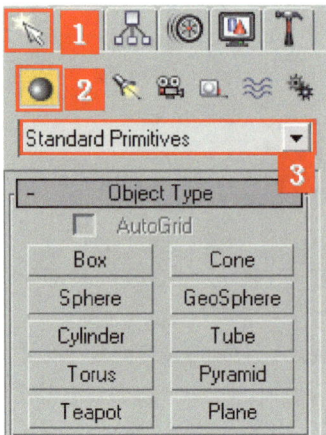

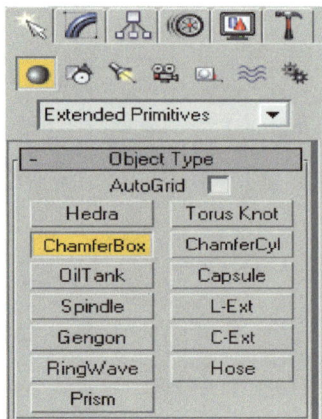

图 6-1-2　几何面板　　　　图 6-1-3　切角长方体　　　　图 6-1-4　创建切角长方体

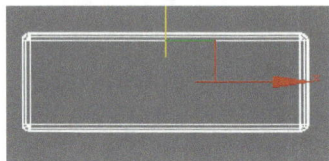

在 3ds Max 9.0 中创建物体时,可根据参数来确定对象的大小。但为了便于操作,在这里创建的物体并未指定其大小,同学们可自行创建,之后再使用缩放命令配合场景来改变其大小。

(5) 在展开的"Parameters"(参数)卷展栏下,如图 6-1-5 所示设置参数。

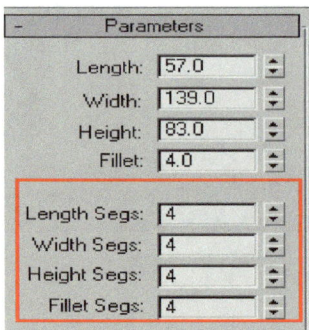

图 6-1-5　设置参数　　　　　　图 6-1-6　转换设置

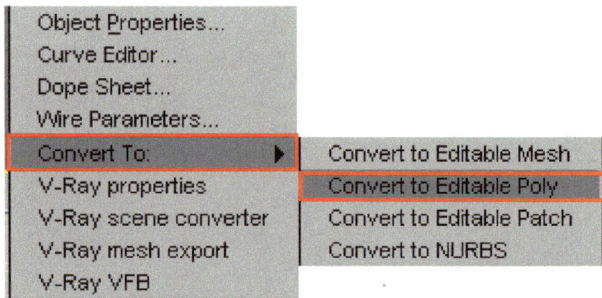

(6) 选择(5)中创建物体,单击鼠标右键,选择"Convert To"(转换至)菜单→"Convert to Editable Poly"(转换至可编辑的多边形)命令,如图 6-1-6 所示。

(7) 在"Modifier List"(修改器列表)下拉列表中,展开"Editable Poly"(可编辑的多边形)修改器,选择"Vertex"(顶点),进入点层级,如图 6-1-7 所示。

(8) 在"Front"(前)视图中选择需要修改的点,单击操作界面上方工具栏上的"Select and Uniform Scale"(选择并等比例缩放)图标修改点的位置(单击鼠标左键不放,选中需要的点向里移动直到得到图 6-1-8 所示效果)。

(9) 在"Top"(顶)视图中选择需要修改的点,如图 6-1-9 所示。

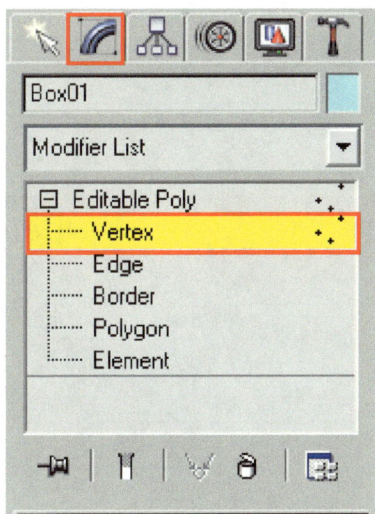

图 6-1-7 点层级

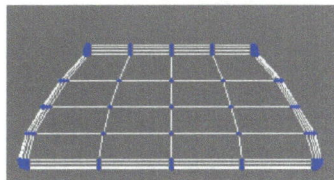

图 6-1-8 效果图

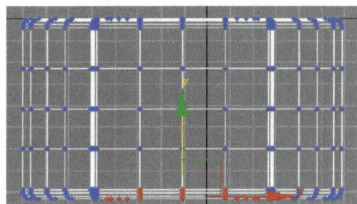

图 6-1-9 选择点

（10）在"Top"（顶）视图中选择需要修改的点继续修改,选择沿 y 轴向前拉伸如图 6-1-10 所示。

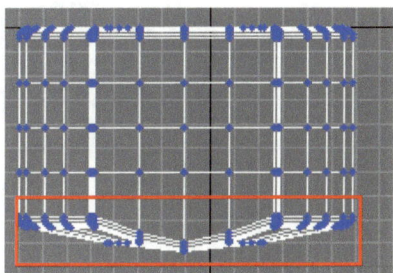

图 6-1-10 拉伸操作

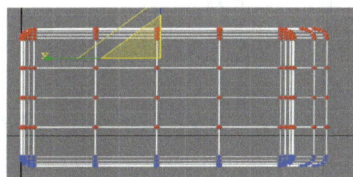

图 6-1-11 选择点

（11）在"Left"（左）视图中选择需要修改的点,如图 6-1-11 所示。

（12）单击"Select and Uniform Scale"（选择并等比例缩放）图标,在"Left"（左）视图中选择需要继续修改的点,点击 x 轴并向内缩小,如图 6-1-12 所示。

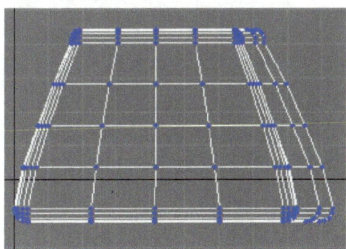

图 6-1-12 缩小

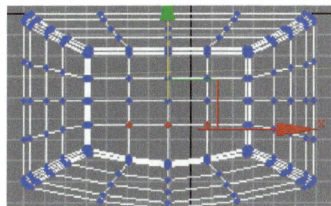

图 6-1-13 选择点

（13）在"Top"（顶）视图中选择需要修改的点,如图 6-1-13 所示。

（14）在"Top"（顶）视图中,点击 y 轴并向前拉伸,效果如图 6-1-14 所示。

（15）在展开的"Selection"（选择）卷展栏下,单击"Polygon"（多边形）图标,进入面层级,

项目六 简欧厨房设计 **173**

选择需要修改的面如图 6-1-15 所示(按住 Ctrl 键不放可以同时选多个面)。

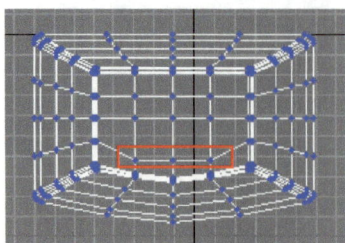
图 6-1-14　拉伸操作

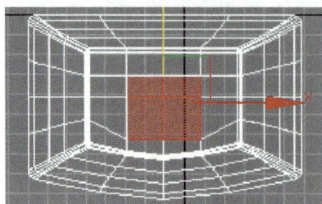
图 6-1-15　选择面

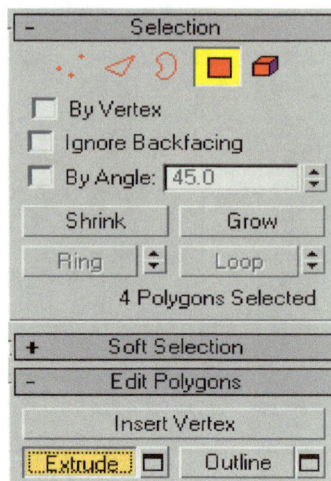
图 6-1-16　编辑多边形卷展栏

(16) 在展开的"Edit Polygons"(编辑多边形)卷展栏下,单击"Extrude"(挤出)按钮,如图 6-1-16 所示。

(17) 选中需要挤出的部分,按住鼠标左键不放并向上拖动,得到如图6-1-17所示效果。

(18) 在"Modifier List"(修改器列表)的下拉列表中,选择"TurboSmooth"(涡轮平滑)修改器,如图 6-1-18 所示。

(19) 在展开的"TurboSmooth"(涡轮平滑)卷展栏中,如图6-1-19所示进行设置。

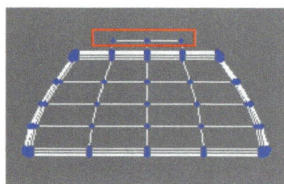
图 6-1-17　挤出效果

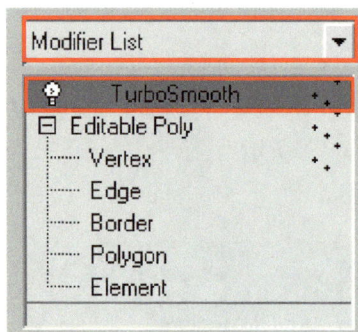
图 6-1-19　设置参数

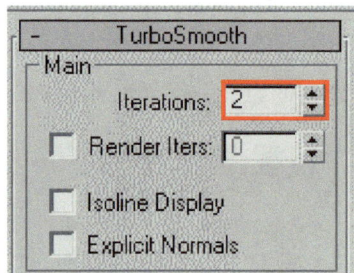
图 6-1-20　涡轮平滑修改器

(20) 单击"Create"(建立)→"Geometry"(几何)图标,如图 6-1-20 所示。

(21) 在"Standard Primitives"(标准几何体)的下拉列表中选择"Extended Primitives"(扩展几何体)选项。

(22) 在展开的"Object Type"(物体类型)卷展栏下,单击"ChamferBox"(切角长方体)按钮,如图 6-1-21 所示。

图 6-1-20　几何面板

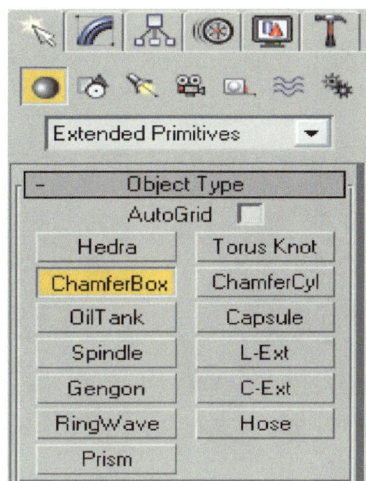

图 6-1-21　切角长方体

（23）在"Top"（顶）视图中，结合其余三个视图，如图 6-1-22 所示创建一个倒角长方体。

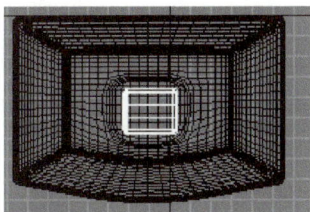

图 6-1-22　创建倒角长方体

图 6-1-23　效果图

（24）在"Front"（前）视图中选中（23）中制作的物体，继续修改得到如图 6-1-23 所示效果。

（25）选择（24）中创建物体，单击鼠标右键，选择"Convert To"（转换至）菜单→"Convert to Editable Poly"（转换至可编辑的多边形）命令，如图 6-1-24 所示。

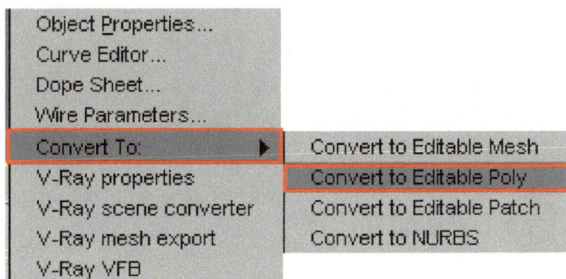

图 6-1-24　转换设置

（26）在展开的"Selection"（选择）卷展栏下，单击"Vertex"（顶点）图标进入点层级。在"Left"（左）视图选择需要修改的点如图 6-1-25 所示。

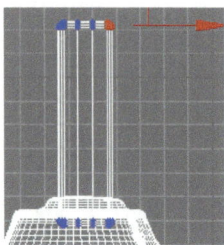

图 6-1-25 选择点

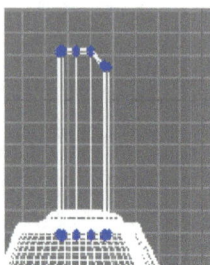

图 6-1-26 效果图

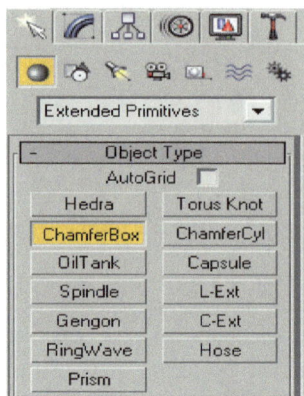

图 6-1-27 选择切角长方体

（27）单击操作界面上方工具栏上的"Select and Move"（选择并移动）图标，点击 y 轴并向下移动，得到如图 6-1-26 所示效果。

（28）单击"Create"（建立）→"Geometry"（几何）图标，在下拉列表中选择"Extended Primitives"（扩展几何体）选项，在展开的"Object Type"（物体类型）卷展栏下，单击"Chamfer-Box"（切角长方体）按钮，如图 6-1-27 所示。

（29）在"Top"（顶）视图中，结合其余三个视图，如图 6-1-28 所示，创建新的切角长方体。

（30）在"Front"（前）视图中，选择（29）中创建的物体，修改其大小得到如图 6-1-29 所示效果。

（31）在展开的"Parameters"（参数）卷展栏下，如图 6-1-30 所示修改参数。

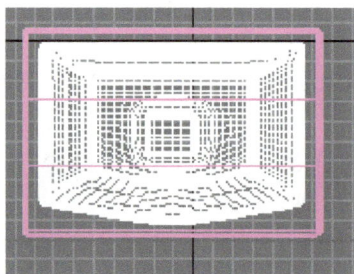

图 6-1-28 创建切角长方体

图 6-1-29 效果图

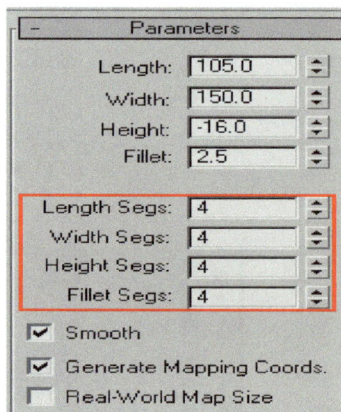

图 6-1-30 修改参数

（32）选择（31）中创建物体，单击鼠标右键，选择"Convert To"（转换至）菜单→"Convert to Editable Poly"（转换至可编辑的多边形）命令，如图 6-1-31 所示。

（33）在展开的"Selection"（选择）卷展栏下，选择"Vertex"（顶点），进入点层级。在"Front"（前）视图中选择需要修改的点，如图 6-1-32 所示（按住 Ctrl 键不放，可以同时选多个点）。

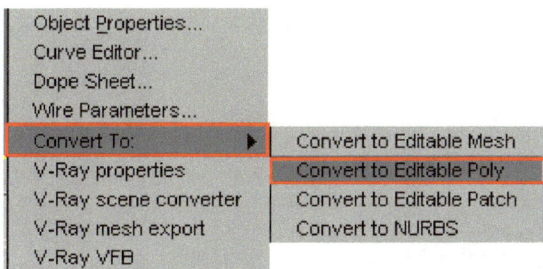

图 6-1-31　转换设置

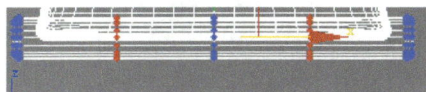

图 6-1-32　修改点

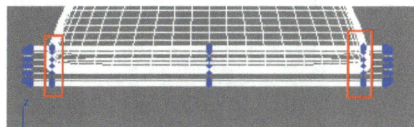

图 6-1-33　拉伸

（34）单击操作界面上方工具栏上的"Select and Uniform Scale"（选择并等比例缩放）图标，再单击 x 轴向外拉伸，得到如图 6-1-33 所示效果。

（35）在"Top"（顶）视图中选择需要修改的点（按住 Ctrl 键不放可以同时选多个面）如图 6-1-34 所示。

（36）单击操作界面上方工具栏上的"Select and Uniform Scale"（选择并等比例缩放）按钮，再点击 y 轴向外拉伸，得到如图 6-1-35 所示效果。

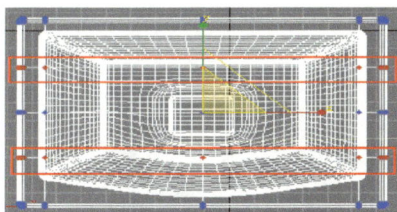

图 6-1-34　选择点

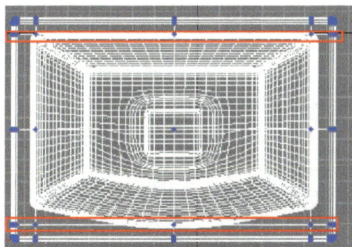

图 6-1-35　拉伸操作

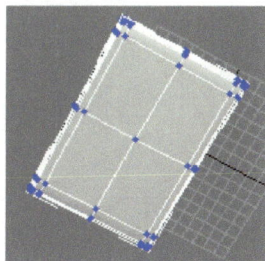

图 6-1-36　缩放操作

（37）单击操作界面上的工具栏上的"Select and Uniform Scale"（选择并等比例缩放）图标，在"Perspective"（透）视图中按住 Alt 键和鼠标滚轴，切换视角，显示油烟机底部如图 6-1-36 所示。

（38）在展开的"Selection"（选择）卷展栏下，单击"Poly"（多边形）图标进入面层级，然后在"Edit Polygons"（编辑多边形）卷展栏下，单击"Extrude"（挤出）按钮，如图 6-1-37 所示。

（39）选择需要修改的面，如图 6-1-38 所示。

（40）按住鼠标左键不放，向下拖动得到如图 6-1-39 所示效果。

（41）在展开的"Selection"（选择）卷展栏下，单击"Edge"（边）图标进入边层级，在"Front"（前）视图中选择需要的边（按住 Ctrl 键不放可以同时选多条边）如图 6-1-40 所示。

（42）在展开的"Edit Edge"（编辑边）卷展栏下，单击"Connect"（连接）按钮可得到如图 6-1-41所示效果。

177

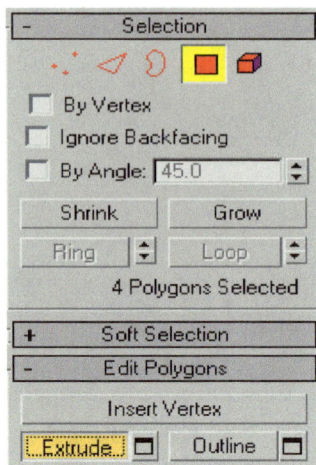

图 6-1-37　挤压操作

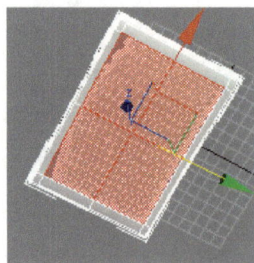

图 6-1-38　选择面

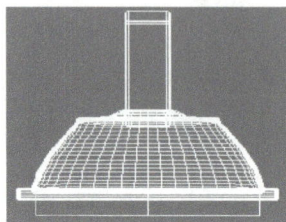

图 6-1-39　效果图

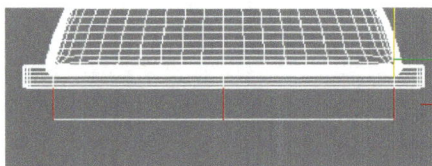

图 6-1-40　选择边

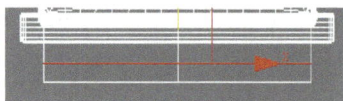

图 6-1-41　连接操作

（43）继续选择需要的边,如图 6-1-42 所示。

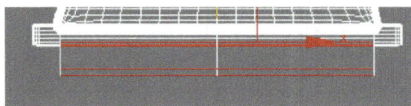

图 6-1-42　选择边

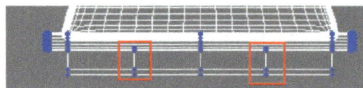

图 6-1-43　连接操作

（44）在展开的"Edit Edge"（编辑边）卷展栏下,单击"Connect"（连接）按钮可得到如图 6-1-43所示效果。

（45）将选中的点拖曳到两侧,得到如图 6-1-44 所示效果。

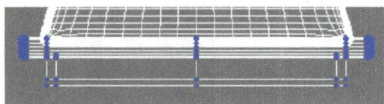

图 6-1-44　拖曳点

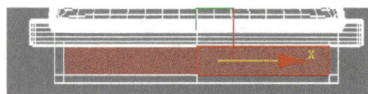

图 6-1-45　选择面

（46）在展开的"Selection"（选择）卷展栏下,单击"Polygon"（多边形）图标,进入面层级,选择需要修改的面如图 6-1-45 所示。

（47）在展开的"Edit Polygons"（编辑多边形）卷展栏下，单击"Extrude"（挤出）按钮，如图6-1-46所示。

（48）在"Front"（前）视图中，按住鼠标左键不放，向下拖动得到如图6-1-47所示效果。

（49）最终效果如图6-1-1所示。

图 6-1-47　效果图

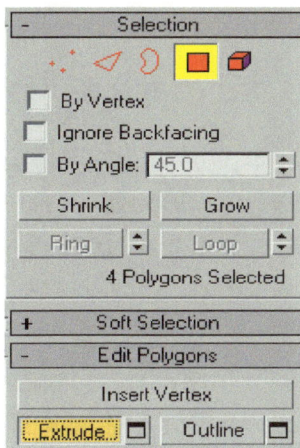

图 6-1-46　挤压

四、拓展训练——"消毒柜"的设计

利用 3ds Max 9.0 软件创建如图 6-1-48 所示的消毒柜模型。

图 6-1-48　消毒柜

任务二　测试渲染设置及灯光布置

一、任务描述

先进行测试渲染参数设置，此目的是为了能够以较低的配置得到较快的渲染速度，提高工作效率。之后进行灯光设置，此场景采用了日光渲染的表现手法，灯光设置包括室外自然光、日光和室内辅助光源。本任务中，要求对已有素材进行渲染及灯光设置，最后效果如图

6-2-1 所示。

二、任务分析

本任务中,首先在渲染场景中设置好较低参数,再进行灯光的创建,场景中的主光源即日光,可用目标平行光来表现,而在室内创建三盏辅助光源,均采用 VRayLight 灯光来表现。

三、方法与步骤

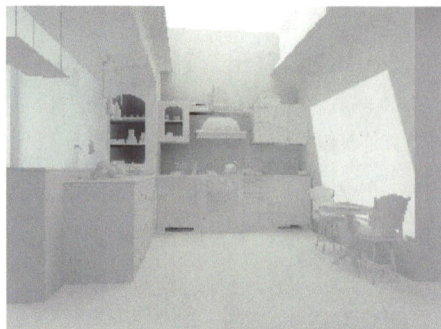

图 6-2-1　最终效果

打开配套光盘中的"项目六\任务二\初始文件. max",如图 6-2-2 所示为一个已创建好的客厅场景模型,并且场景中的摄像机也创建完毕。

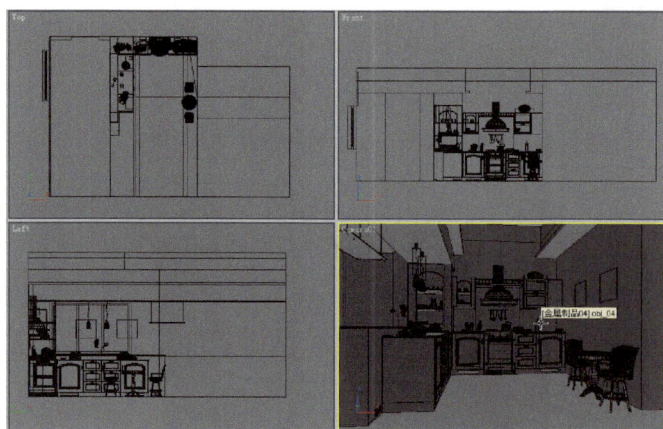

图 6-2-2　客厅场景模型

1. 设置测试渲染参数

(1)单击 F10 键,在弹出的"Render Scene"(渲染场景)对话框中,选择"Common"(常规)选项卡,在"Output Size"(输出尺寸)选项板中进行设置,如图 6-2-3 所示。

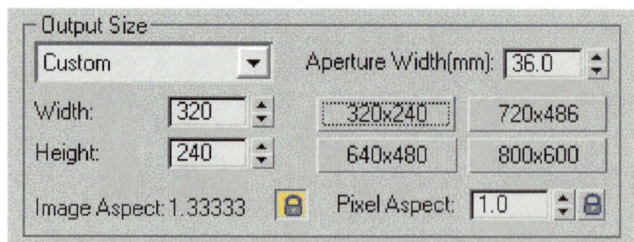

图 6-2-3　设置输出尺寸

(2)选择"Renderer"(渲染器)选项卡,在展开的"VRay：Global switches"(全局开关)卷展览栏下,如图 6-2-4 所示设置参数。

(3)在展开的"VRay：Image sampler（Antialiasing）"(抗锯齿采样)卷展栏下,如图 6-2-5 所示设置参数。

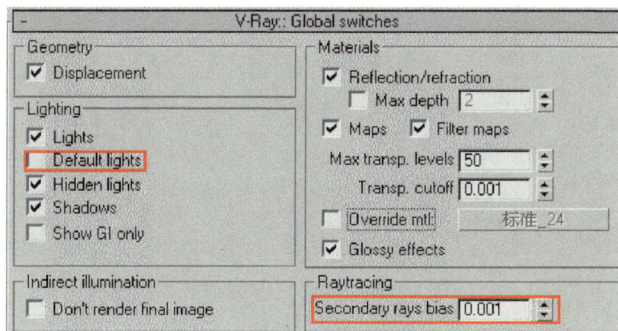

图 6-2-4　全局开关卷展栏

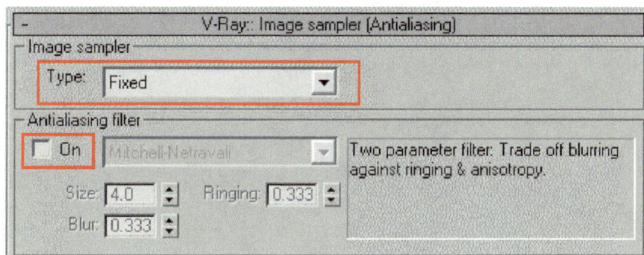

图 6-2-5　抗锯齿采样卷展栏

（4）在展开的"VRay∷Indirect illumination（GI）"（间接照明）卷展栏下，如图 6-2-6 所示设置参数。

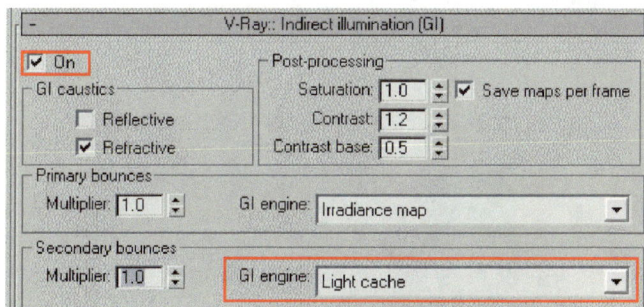

图 6-2-6　间接照明卷展栏

（5）在展开的"VRay∷Irradiance map"（发光贴图）卷展栏下，如图 6-2-7 所示设置参数。

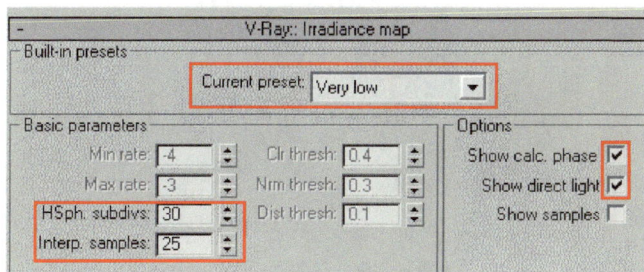

图 6-2-7　发光贴图卷展栏

（6）在展开的"VRay∷Light cache"（灯光缓存）卷展栏下，如图6-2-8所示设置参数。

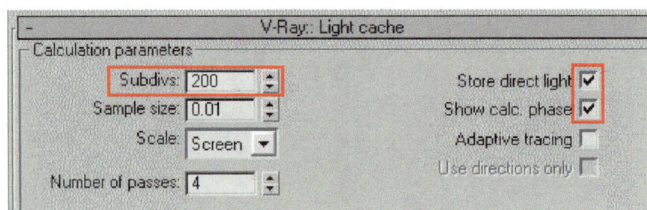

图6-2-8　灯光缓存卷展栏

预设测试渲染参数是根据自己的经验和计算机本身的硬件配置而得到的一个相对较低的渲染设置，同学们可以作为参考，也可以自己尝试设置一些其他的参数设置，这里不再一一列举。

（7）在展开的"V-Ray∷Environment"（VRay环境）卷展栏下，如图6-2-9所示设置参数。

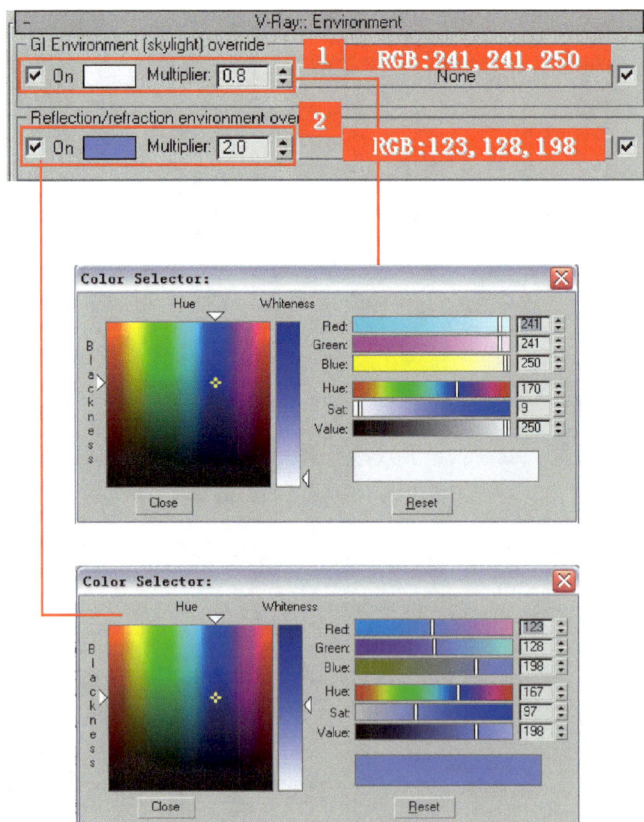

图6-2-9　环境卷展栏

2. 布置场景灯光

本场景光线来源主要为室外自然光及日光,在为场景创建灯光前,首先应用一种白色材质覆盖场景中的所有物体,这样便于观察光源对于场景的影响。

(1) 单击 M 键,在弹出的"Material Editor"(材质编辑器)对话框中,选择第 1 个空白材质球,再单击"Standard"(标准)按钮,在弹出的"Material/Map Browser"(材质/贴图浏览器)对话框中选择"VRayMtl"(VRay 专业材质)材质,并将材质命名为"替换材质",具体参数设置如图 6-2-10 所示。

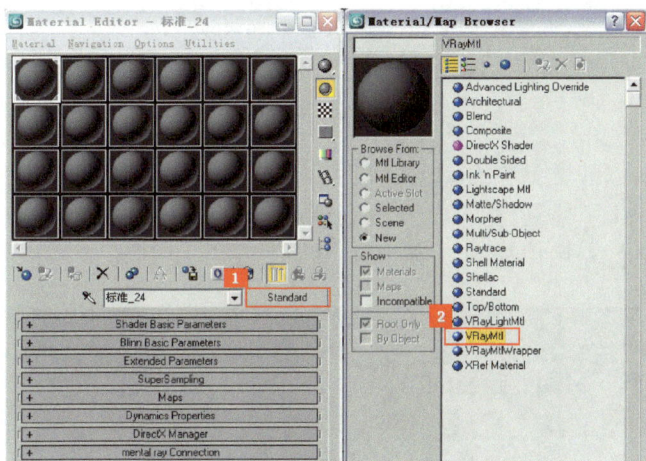

(a) 选择材质

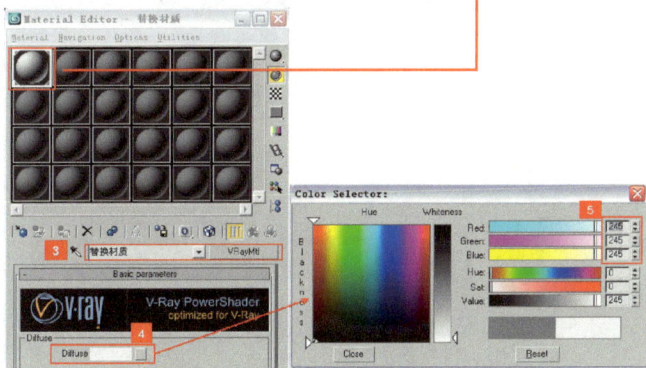

(b) 设置参数

图 6-2-10　设置材质

　　"Diffuse"(漫反射):设置材质的漫反射颜色。注意:实际的漫反射颜色也受到反射或者折射颜色的影响。

(2) 单击 F10 键,在弹出的"Render Scene"(渲染场景)对话框中,选择"Renderer"(渲染器)选项卡,在展开的"VRay::Global switches"(全局开关)卷展览栏下,勾选"Override mtl"(替换材质)复选框,然后单击"Material Editor"(材质编辑器)对话框中的贴图通道按钮,按

3ds Max 9.0——室内设计

住 Shift 键将材质球拖动至"Override mtl"(替换材质)复选框的按钮处并以"Instance"(关联)方式进行关联复制,具体参数设置如图 6-2-11 所示。

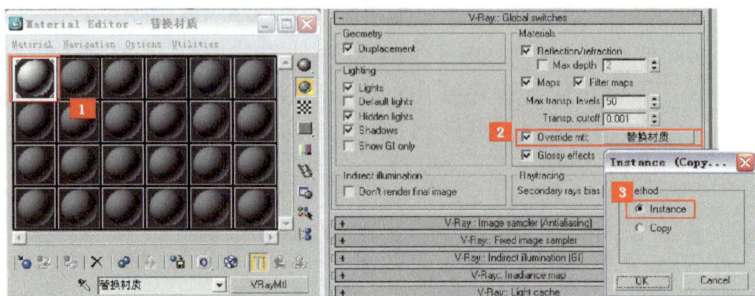

图 6-2-11　关联复制

（3）单击"Create"(建立)→"Lights"(灯光)图标,在下拉列表中选择"VRay"子项,然后在展开的"Object Type"(对象类型)卷展栏下,单击"Target Direct"(目标平行光)按钮,在场景中创建一盏目标平行光用以模拟自然光,位置如图 6-2-12 所示。

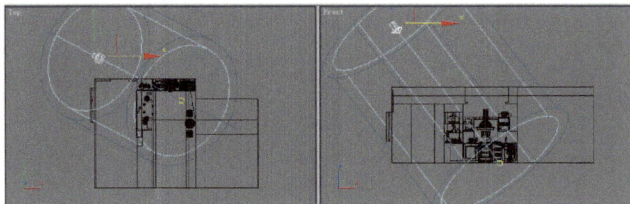

图 6-2-12　创建目标平行光

（4）灯光参数设置如图 6-2-13 所示。

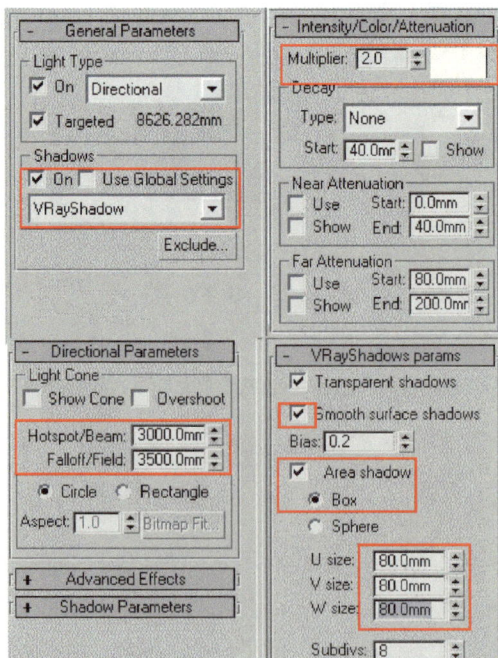

图 6-2-13　设置灯光参数

（5）单击 F9 键，对摄影机视图 Camera01 进行渲染，效果如图 6-2-14 所示。

图 6-2-14　渲染效果

（6）继续为场景布置灯光。单击"Create"（建立）→"Lights"（灯光）图标，在下拉列表中选择"VRay"子项，然后在展开的"Object Type"（对象类型）卷展栏下，单击"VRayLight"（VRay 灯光）按钮，在场景中创建一盏 VRayLight 用以模拟自然光，位置如图 6-2-15 所示。

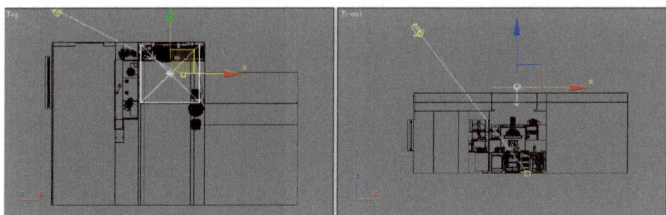

图 6-2-15　创建 VRayLight 灯光

（7）灯光参数设置如图 6-2-16 所示。

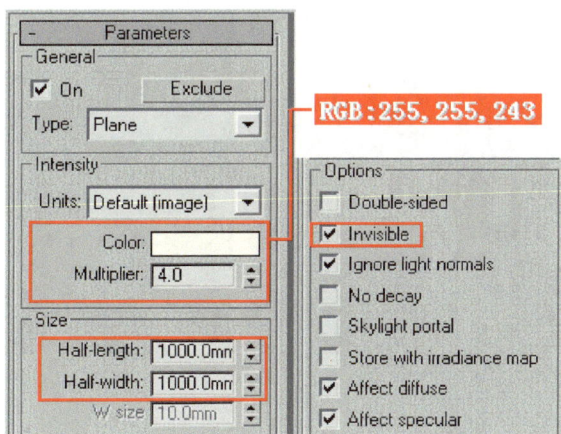

图 6-2-16　设置灯光参数

3ds Max 9.0——室内设计

（8）单击 F9 键，对摄影机视图 Camera01 进行渲染，效果如图 6-2-17 所示。

图 6-2-17　渲染效果

从渲染效果图中可以看到场景曝光非常严重，下面通过修改曝光类型来解决曝光问题。

（9）单击 F10 键，在弹出的"Render Scene"（渲染场景）对话框中，选择"Renderer"（渲染器）选项卡，在展开的"V-Ray∷Color mapping"（颜色映射）卷展栏下，如图 6-2-18 所示进行参数设置。

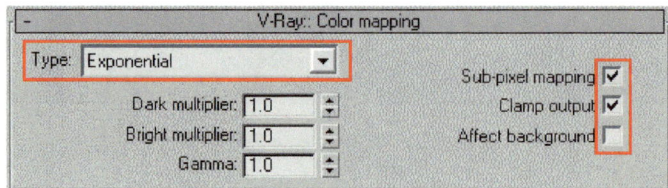

图 6-2-18　颜色映射卷展栏

（10）单击 F9 键再次进行渲染，效果如图 6-2-19 所示。

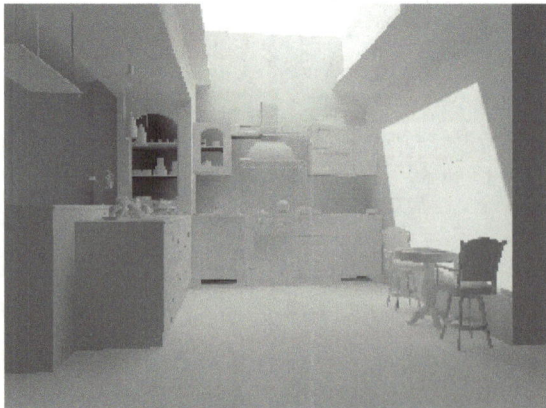

图 6-2-19　渲染效果

从渲染效果图中可以看到场景曝光有了很大的改善,光照效果比较理想。曝光调整有很多方法,希望同学们多加练习,了解相关知识,这里不再一一列举。

(11) 继续为场景创建灯光。在如图 6-2-20 所示位置创建一盏 VRayLight。

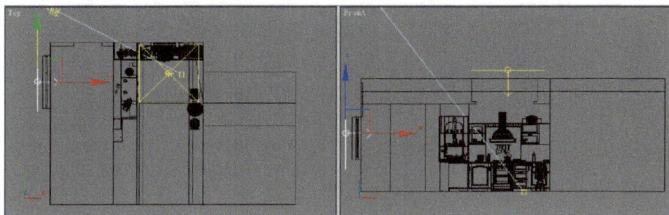

图 6-2-20　创建灯光

(12) 灯光参数设置如图 6-2-21 所示。

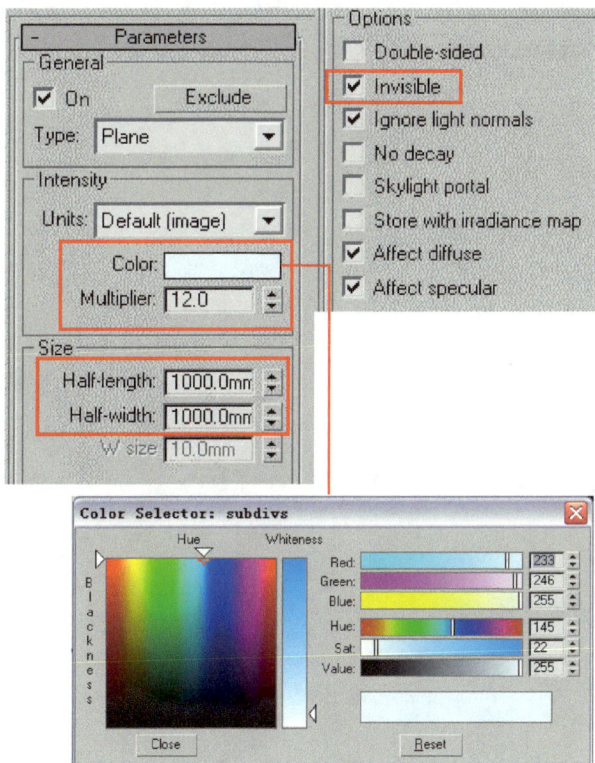

图 6-2-21　设置灯光参数

(13) 单击 F9 键进行渲染,效果如图 6-2-22 所示。(注意:红色区域可以明显看到光照的效果)

(14) 在如图 6-2-23 所示位置创建一盏 VRayLight 灯光作为辅助光源。

3ds Max 9.0——室内设计

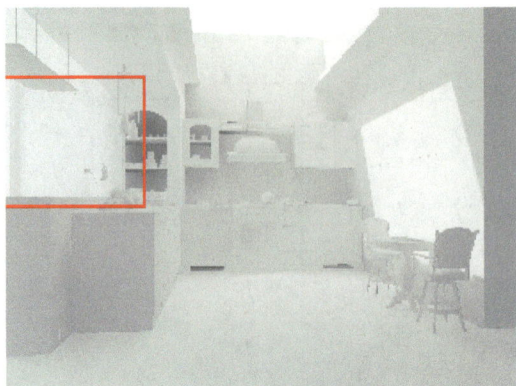

图 6-2-22　渲染效果

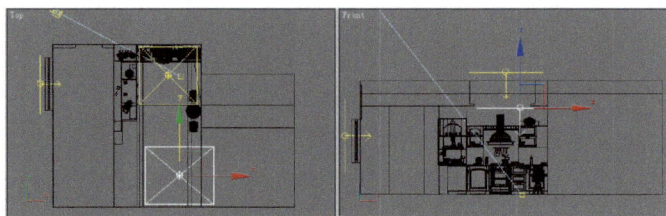

图 6-2-23　创建 VRayLight 灯光

（15）灯光参数设置如图 6-2-24 所示。

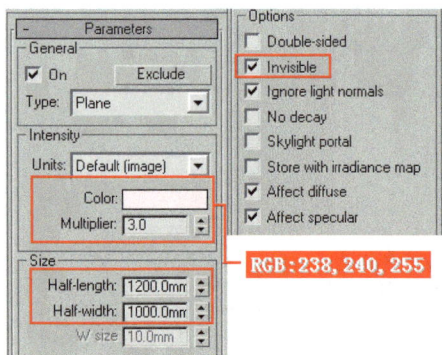

RGB：238, 240, 255

图 6-2-24　设置灯光参数

图 6-2-25　渲染效果

（16）单击 F9 键进行渲染，效果如图 6-2-25 所示。

从渲染效果图中可以看到场景整体很亮，没有什么明暗对比，这是由于场景中材质全部被白色材质替代所造成的。下面将通过降低次级漫射反弹倍增值来控制场景的亮度。

（17）单击 F10 键，在弹出的"Render Scene"（渲染场景）对话框中，选择"Renderer"（渲染器)选项卡,在展开的"VRay::Indirect illumination(GI)"(间接照明)卷展栏下,如图 6-2-26 所示对其进行参数设置。

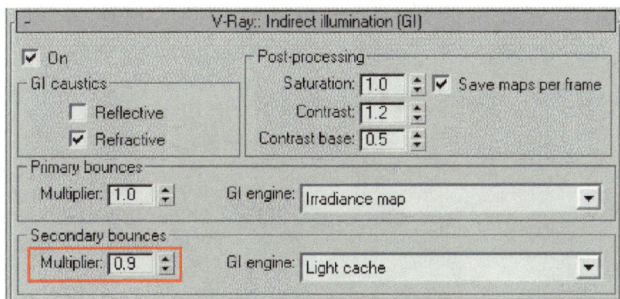

图 6-2-26　间接照明卷展栏

（18）单击 F9 键,对摄影机视图 Camera01 进行渲染,最终效果如图 6-2-1 所示。

任务三　设置场景材质

一、任务描述

厨房布置应根据厨房的面积、使用的灶具以及水龙头的位置等情况设计出一个整体的方案。因此,从视觉效果上,材质的运用以及厨房色彩的设计相当重要,合理地运用材质,可使厨房显得更加简洁。本任务中,要求对场景中的材质进行设置,最终效果如图 6-3-1 所示。

图 6-3-1　最终效果

二、任务分析

厨房的材质是比较丰富的,包括体现在木质、石材、金属、陶瓷和食品类的材质等,如何很好地表现这些材质的效果是本任务的重点与难点。

三、方法与步骤

在设置场景材质前,首先要取消任务二中对场景物体的材质替换状态。单击 F10 键,在弹出的"Render Scene"(渲染场景)对话框中,选择"Renderer"(渲染器)选项卡,在展开的"V-Ray::Global switches"(全局开关)卷展栏下,取消勾选"Override mtl"(替换材质)复选框,如图 6-3-2 所示。

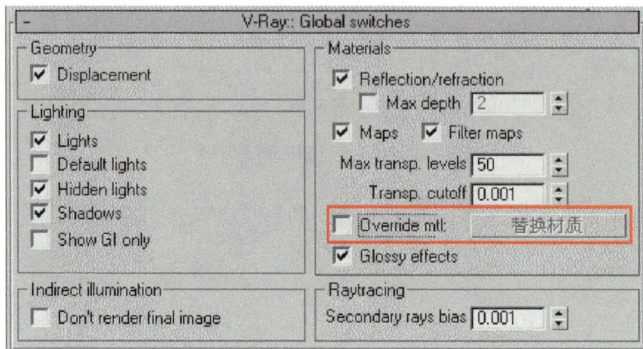

图 6-3-2　全局开关卷展栏

1. 墙面材质设置

(1)单击 M 键打开"Material Editor"(材质编辑器)对话框,选择第 2 个材质球,再单击"Standard"(标准)按钮,在弹出的"Material/Map Browser"(材质/贴图浏览器)对话框中选择"VRayMtl"(VRay 专业材质)材质,将材质命名为"木墙纸",具体参数设置如图 6-3-3 所示。

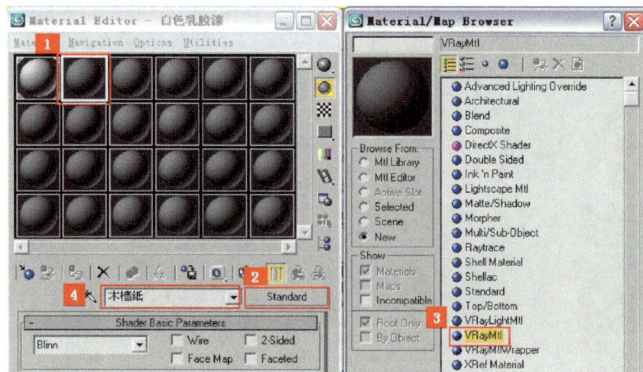

图 6-3-3　设置材质

(2)单击"Diffuse"(漫反射)框右侧的贴图按钮,在弹出的对话框中为其添加一个"Bitmap"(位图)贴图。贴图文件为配套光盘中的"项目六\任务三\素材\贴图\002.jpg",如图 6-3-4 所示。

(3)单击操作界面上方工具栏上的"Select by Name"(通过命名选择)图标,在弹出的"Select Objects"(对象选择)对话框中,选择"墙面",单击"Select"(选择)按钮,如图 6-3-5 所示。在"Material Editor"(材质编辑器)中单击"Assign Material to Selection"(将材质指定给

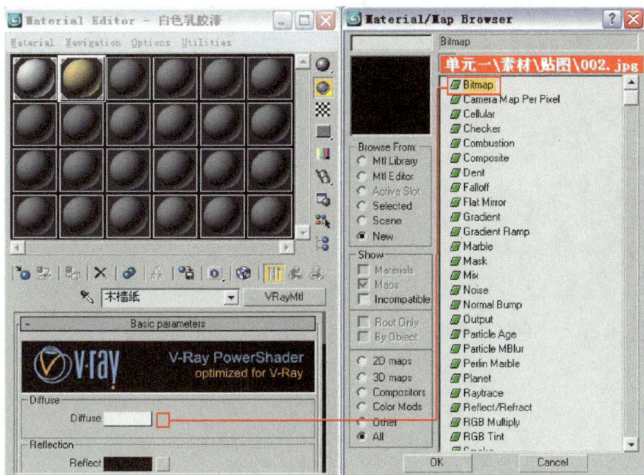

图 6-3-4　添加位图贴图

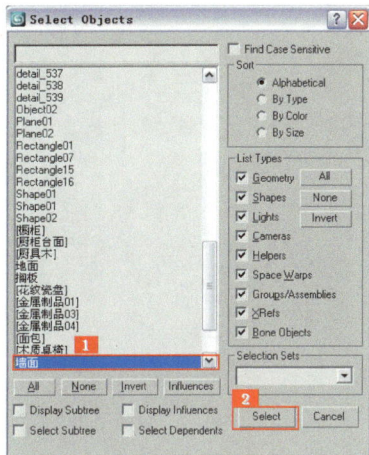

图 6-3-5　指定材质

对象）和"Show Map in Viewport"（视口显示贴图）图标，将材质附着给"墙面"物体。

2. 地砖材质设置

（1）在"Material Editor"（材质编辑器）对话框中，选择第 3 个空白材质球，将其设置为"VRayMtl"（VRay 专业材质）材质，并将材质命名为"釉面砖"，单击"Diffuse"（漫反射）框右侧的贴图按钮，为其添加一个"Tiles"（平铺）贴图，具体参数设置如图 6-3-6 所示。

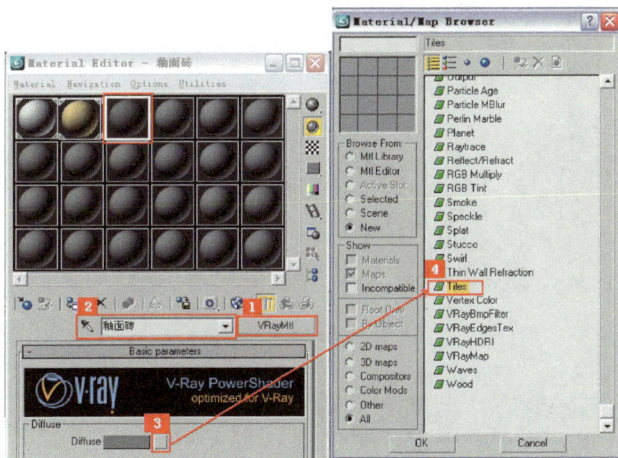

图 6-3-6　添加平铺贴图

（2）在展开的"Coordinates"（坐标）卷展栏下设置"Blur"（模糊）的参数为 0.1，如图 6-3-7 所示。

（3）在展开的"Advanced Controls"（高级控制）卷展栏下设置两个"Texture"（纹理）的颜色，如图 6-3-8 所示。

（4）单击"Go to Parent"（返回上一级）图标，返回"VRayMtl"（VRay 专业材质）层级，在展开的"Basic Parameters"（基本参数）卷展栏下，单击"Reflect"（反射）框右侧的贴图按钮，为其添加一个"Falloff"（衰减）贴图，具体参数设置如图 6-3-9 所示。

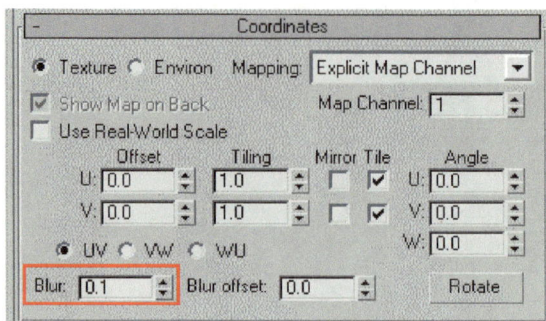

图 6-3-7　设置参数

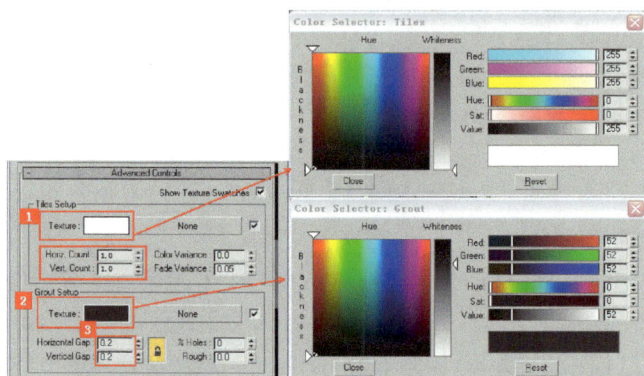

图 6-3-8　设置颜色

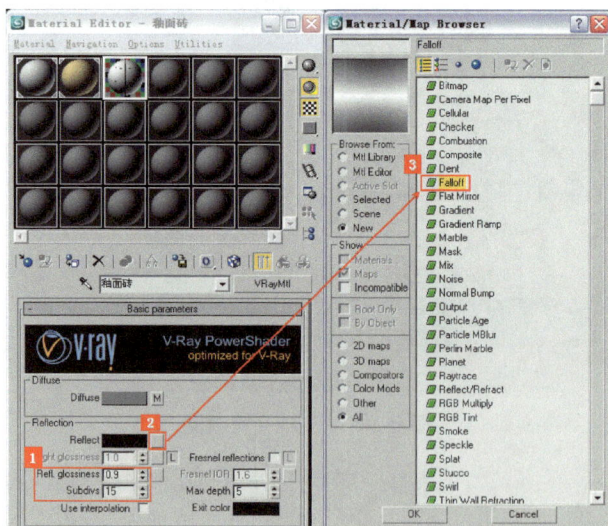

图 6-3-9　添加衰减贴图

（5）在展开的"Falloff Parameters"（衰减参数）卷展栏下，如图 6-3-10 所示设置参数。

（6）单击"Go to Parent"（返回上一级）图标，回到"VRayMtl"（VRay 专业材质）层级，在展开的"Map"（贴图）卷展栏下，将"Diffuse"（漫反射）框右侧的贴图按钮拖动到"Bump"（凹凸）贴图框右侧的"None"（无）贴图按钮上进行"Copy"（拷贝）复制，如图 6-3-11 所示。

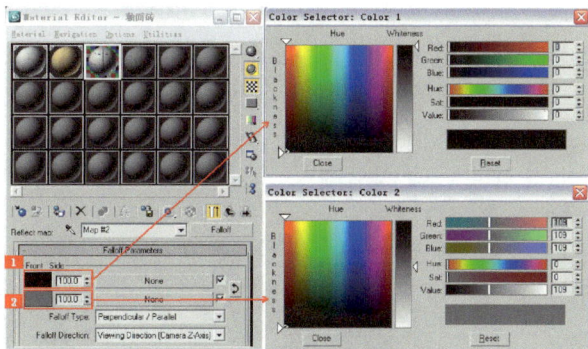

图 6-3-10 设置颜色

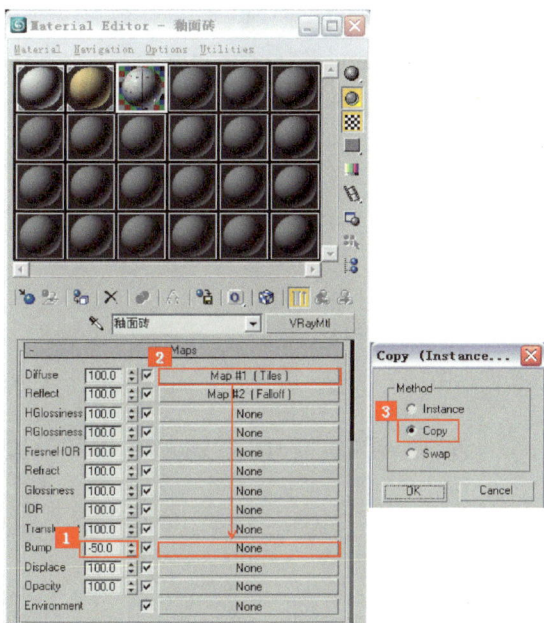

图 6-3-11 复制

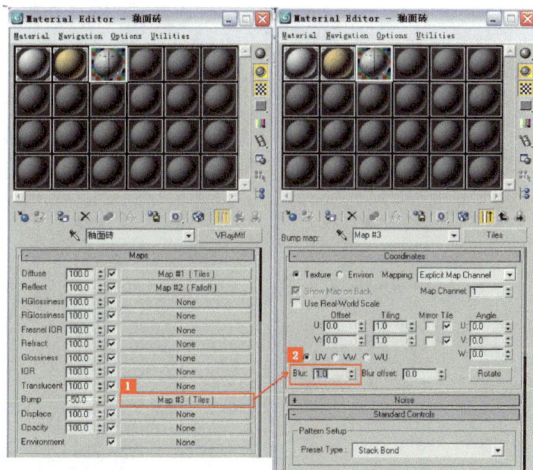

图 6-3-12 设置参数

（7）单击"Bump"（凹凸）贴图框右侧的按钮，将"Blur"（模糊）设置为 1.0，如图 6-3-12 所示。单击操作界面上方工具栏上的"Select by Name"（通过命名选择）图标，在弹出的"Object Selection"（对象选择）对话框中，选择"地面"，单击"Select"（选择）按钮。然后在"Material Editor"（材质编辑器）中单击"Assign Material to Selection"（将材质指定给对象）和"Show Map in View port"（视口显示贴图）图标，将材质附着给"地面"物体。

（8）单击 F9 键，对摄像机视图进行渲染，效果如图 6-3-13 所示。

图 6-3-13 渲染效果

3ds Max 9.0——室内设计

3. 砖墙材质设置

（1）在"Material Editor"（材质编辑器）对话框中，选择第4个空白材质球，将其设置为"VRayMtl"（VRay专业材质）材质，并将材质命名为"砖墙"，单击"Diffuse"（漫反射）框右侧的贴图按钮，为其添加一个"Bitmap"（位图）贴图，具体参数设置如图6-3-14所示。贴图文件为配套光盘中的"项目六\任务三\素材\贴图\砖.jpg"。

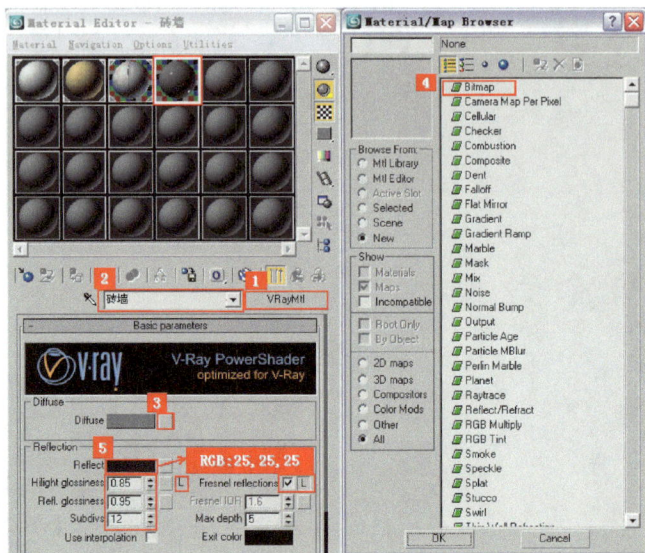

图6-3-14　添加位图贴图

（2）在展开的"Coordinates"（坐标）卷展栏下，设置"Blur"（模糊）的参数为0.1，并设置"Tiling"（平铺）的参数为7.0，如图6-3-15所示。

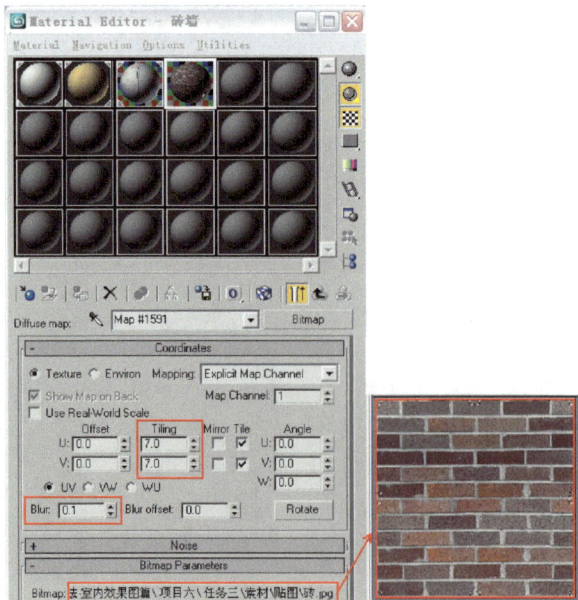

图6-3-15　设置参数

（3）单击"Go to Parent"（返回上一级）图标，回到"VRayMtl"（VRay专业材质）层级，在展开的"Maps"（贴图）卷展栏下，单击"Bump"（凹凸）贴图框右侧的"None"（无）按钮，为其添加一个"Bitmap"（位图）贴图，如图6-3-16所示。贴图文件为配套光盘中的"项目六\任务三\素材\贴图\砖BUMP.jpg"。

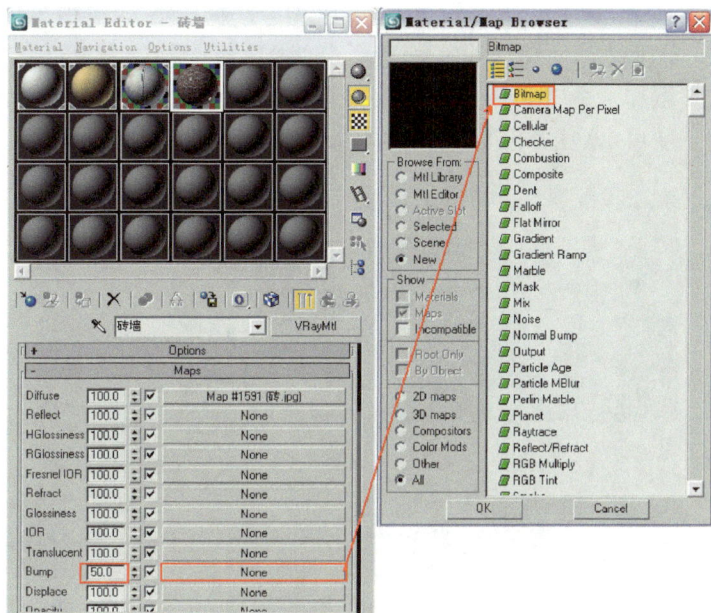

图6-3-16　添加贴图贴图

（4）在展开的"Coordinates"（坐标）卷展栏下，设置"Blur"（模糊）的参数为1.0，并设置"Tiling"（平铺）参数为7.0，如图6-3-17所示。最后单击"Select by Name"（通过命名选择）

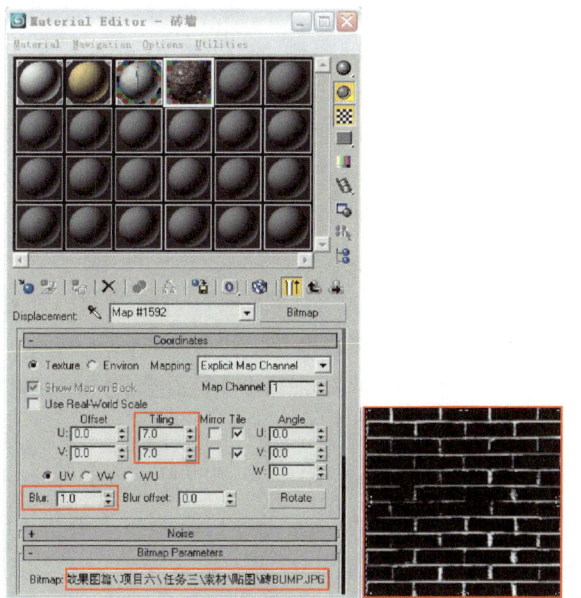

图6-3-17　设置参数

图标,在弹出的"Object Selection"(对象选择)对话框中,选择"砖墙",单击"Select"(选择)按钮。然后在"Material Editor"(材质编辑器)中单击"Assign Material to Selection"(将材质指定给对象)和"Show Map in Viewport"(视口显示贴图)图标,将材质附着给"砖墙"物体。

4. 墙裙马赛克材质设置

(1)在"Material Editor"(材质编辑器)对话框中,选择第 5 个空白材质球,将其设置为"VRayMtl"(VRay 专业材质)材质,并将材质命名为"马赛克",单击"Diffuse"(漫反射)框右侧的贴图按钮,为其添加一个"Bitmap"(位图)贴图,具体参数设置如图 6-3-18 所示。贴图文件为配套光盘中的"项目六\任务三\素材\贴图\mosaic.jpg"。

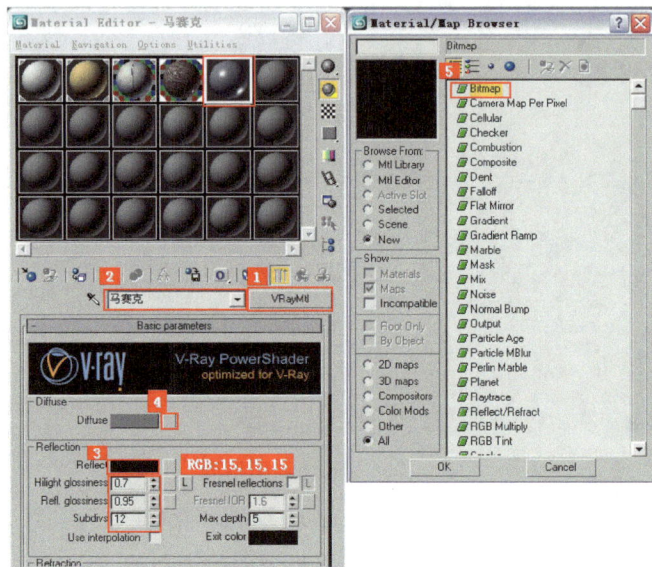

图 6-3-18　添加位图贴图

(2)在展开的"Coordinates"(坐标)卷展栏下,设置"Blur"(模糊)的参数为 0.1,并设置"Tiling"(平铺)的参数为 1.0 如图 6-3-19 所示。

(3)单击"Go to Parent"(返回上一级)图标,回到"VRayMtl"(VRay 专业材质)层级,在展开的"Map"(贴图)卷展栏下,单击"Bump"(凹凸)贴图框右侧的"None"(无)按钮,为其添加一个"Bitmap"(位图)贴图,参数设置如图 6-3-20 所示。贴图文件为配套光盘中的"项目六\任务三\素材\贴图\砖 mosaic_b.jpg"。然后单击"Select by Name"(通过命名选择)图标,在弹出的"Object Selection"(对象选择)对话框中,选择"墙裙",单击"Select"(选择)按钮,然后在"Material Editor"(材质编辑器)对话框中,单击"Assign Material to Selection"(将材质指定给对象)和"Show Map in Viewport"(视口显示贴图)图标,将材质附着给"墙裙"物体。

5. 橱柜木材质设置

(1)在"Material Editor"(材质编辑器)对话框中,选择第 6 个空白材质球,将其设置为"VRayMtl"(VRay 专业材质)材质,并将材质命名为"橱柜木",单击"Diffuse"(漫反射)框右侧的贴图按钮,为其添加一个"Bitmap"(位图)贴图,具体参数设置如图 6-3-21 所示。贴图文件为配套光盘中的"项目六\任务三\素材\贴图\003.jpg"。(注意:进入"Bitmap"(位图)贴图层级后,将"Blur"(模糊)参数设置为 0.5)。

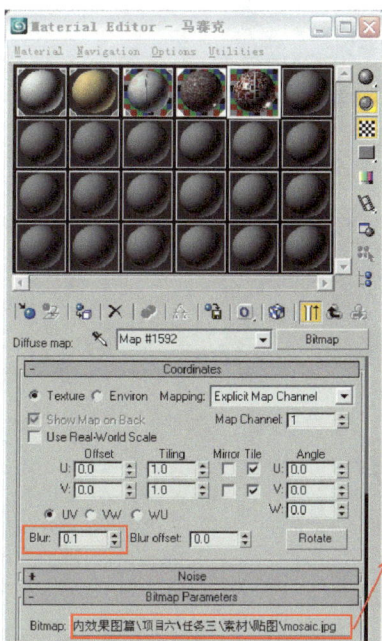

图 6-3-19　设置参数

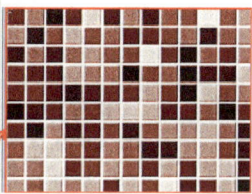

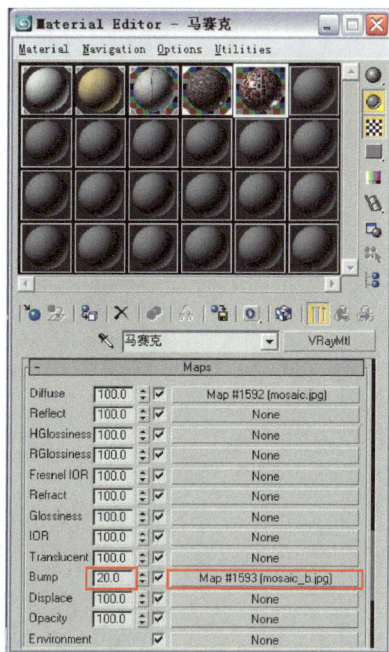

图 6-3-20　添加位图贴图

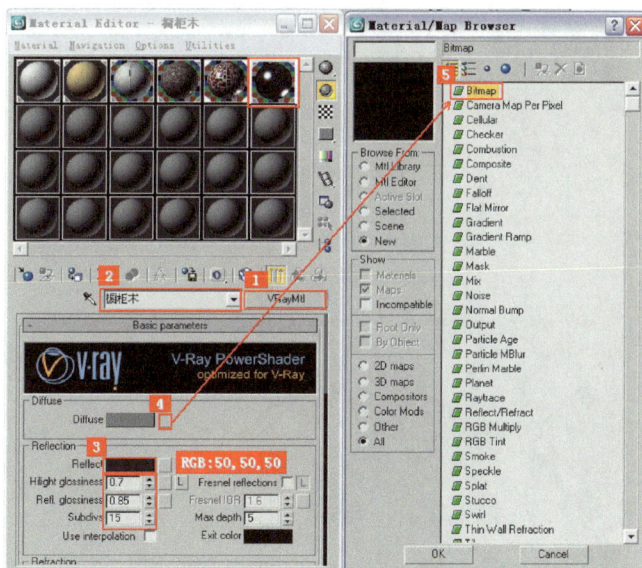

图 6-3-21　添加位图贴图

（2）将材质指定给"橱柜"和"木质桌椅"物体。

（3）单击 F9 键，对摄像机 Camera01 视图进行渲染，效果如图 6-3-22 所示。

6. 抽油烟机道口木材质设置

（1）在"Material Editor"（材质编辑器）对话框中，选择第 7 个空白材质球，将其设置为"VRayMtl"（VRay 专业材质）材质，并将材质命名为"浅色木 01"，单击"Diffuse"（漫反射）框右侧的贴图按钮，为其添加一个"Bitmap"（位图）贴图，具体参数设置如图 6-3-23 所示。贴图

图 6-3-22　渲染效果

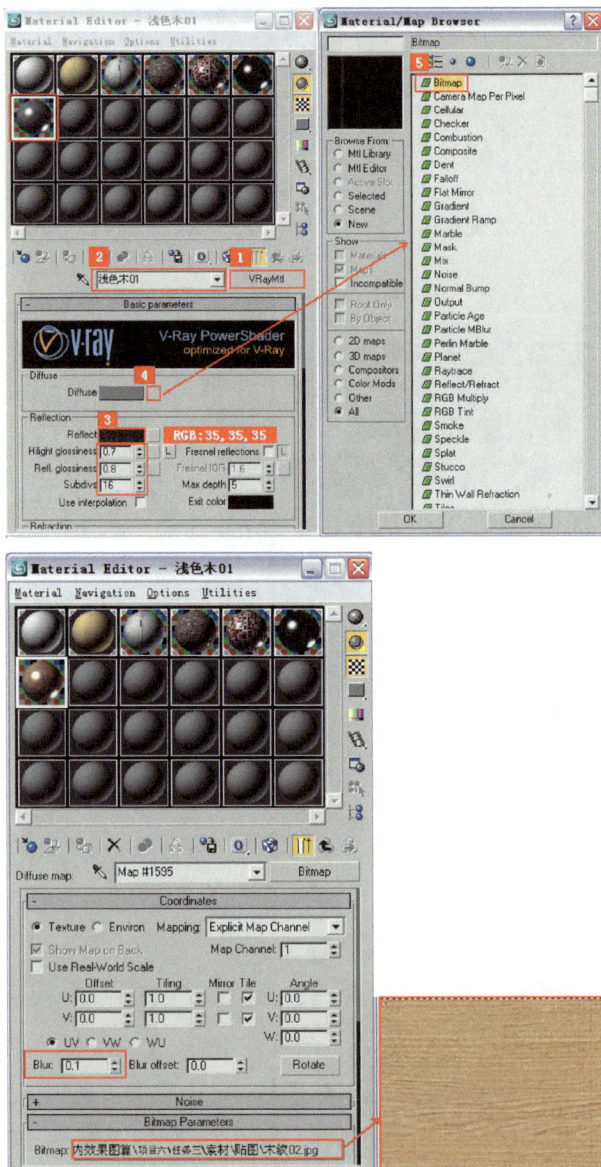

图 6-3-23　添加位图贴图

文件为配套光盘中的"项目六\任务三\素材\贴图\木纹 02. jpg"。（注意：进入"Bitmap"（位图）贴图层级后，将"Blur"（模糊）参数设置为 0.1）。

（2）将材质指定给"烟道口"物体。

7. 厨具木材质设置

（1）在"Material Editor"（材质编辑器）对话框中，选择第 8 个空白材质球，将其设置为"VRayMtl"（VRay 专业材质）材质，并将材质命名为"浅色木 02"，单击"Diffuse"（漫反射）框右侧的贴图按钮，为其添加一个"Bitmap"（位图）贴图，具体参数设置如图 6-3-24 所示。贴图文件为配套光盘中的"项目六\任务三\素材\贴图\木纹 03. jpg"。（注意：进入"Bitmap"（位

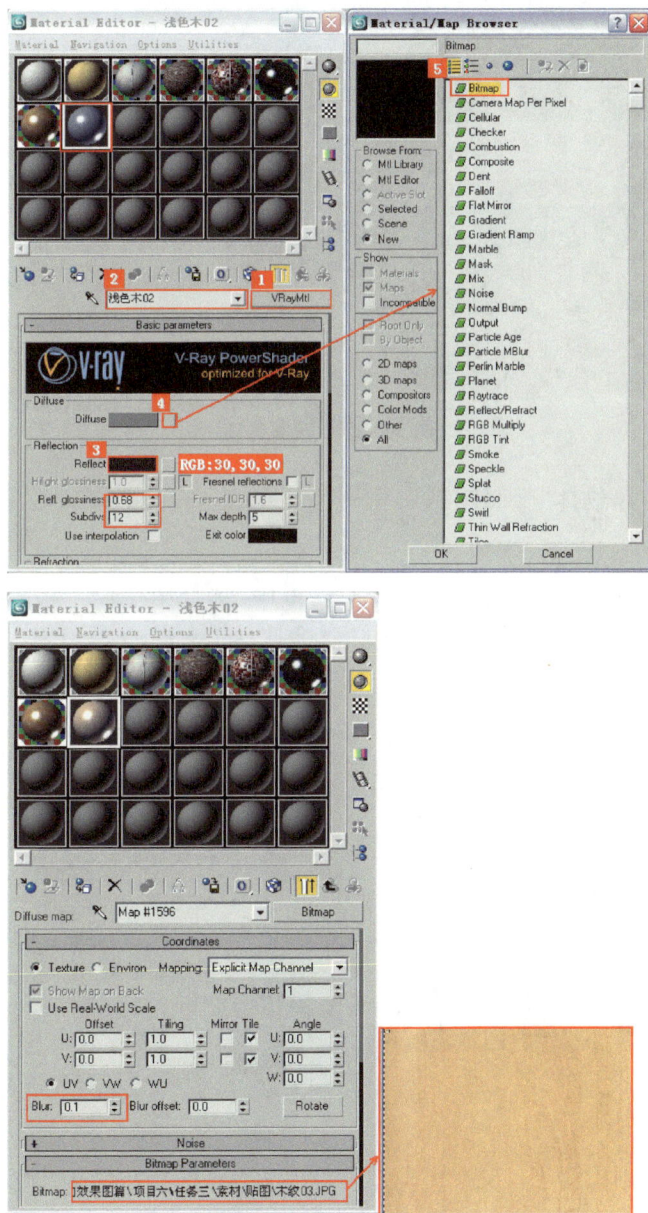

图 6-3-24　添加位图贴图

图)贴图层级后,将"Blur"(模糊)参数设置为 0. 1)。

（2）将材质指定给"厨具木"物体。

8. 镜面金属材质设置

（1）在"Material Editor"(材质编辑器)对话框中,选择第 9 个空白材质球,将其设置为"VRayMtl"(VRay 专业材质)材质,并将材质命名为"镜面金属",具体参数设置如图 6-3-25 所示。

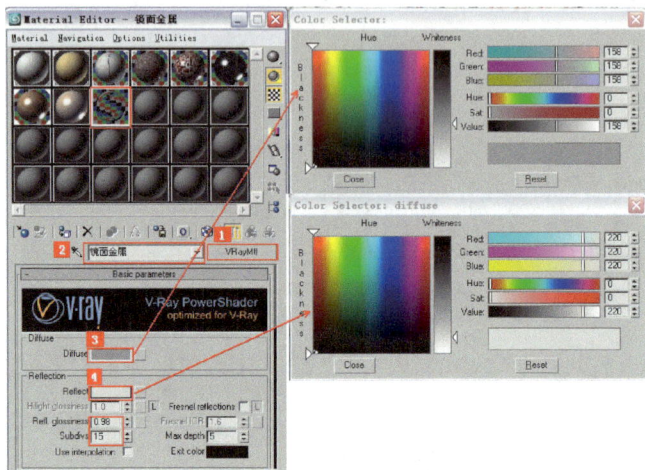

图 6-3-25　设置参数

（2）将材质指定给物体"金属制品 01"。

9. 高反射的磨砂金属材质设置

（1）在"Material Editor"(材质编辑器)对话框中,选择第 10 个空白材质球,将其设置为"VRayMtl"(VRay 专业材质)材质,并将材质命名为"磨砂金属 01",具体参数设置如图 6-3-26 所示。

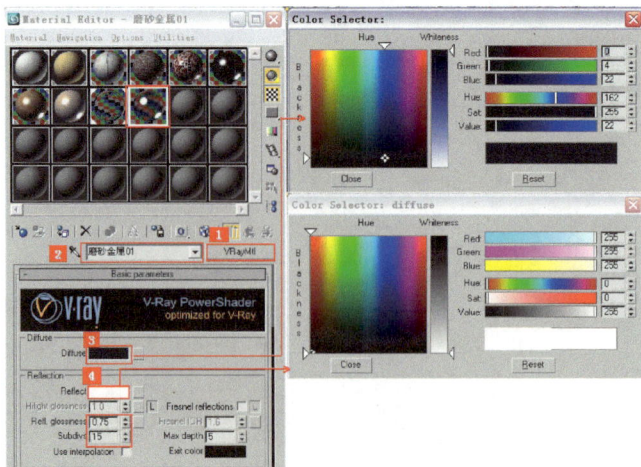

图 6-3-26　设置参数

（2）将材质指定给"金属制品02"物体。

10. 低反射的磨砂金属材质设置

（1）在"Material Editor"（材质编辑器）对话框中,选择第11个空白材质球,将其设置为"VRayMtl"（VRay专业材质）材质,并将材质命名为"磨砂金属02",具体参数设置如图6-3-27所示。

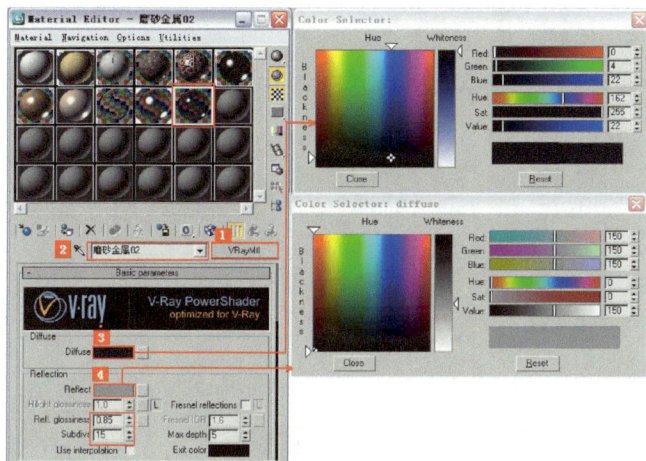

图 6-3-27　设置参数

（2）将材质指定给"金属制品03"物体。

11. 金属刚材质设置

（1）在"Material Editor"（材质编辑器）对话框中,选择第12个空白材质球,将其设置为"VRayMtl"（VRay专业材质）材质,并将材质命名为"金属刚",具体参数设置如图6-3-28所示。

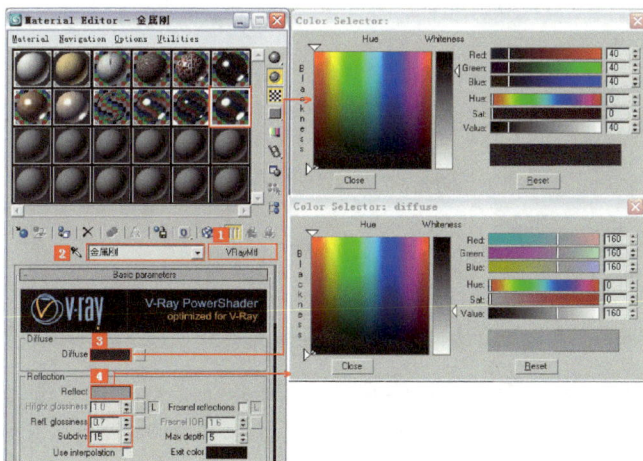

图 6-3-28　设置参数

（2）将材质指定给"金属制品04"物体。

上面通过"Diffuse"(漫反射)颜色、"Reflect"(反射)颜色和"Refl. glossiness(反射光泽度)"3个参数的不同组合制作了4种不同的金属材质。

"Refl. glossiness"(反射光泽度)值为1时,材质将产生镜面反射;此参数值小于1时,材质将产生模糊反射。值越小,模糊程度越厉害,同时渲染速度越慢。

"Subdivs"(细分)控制着反射光泽度的品质。值越小,渲染速度越快,但容易产生噪点;值越大,效果越平滑,但渲染速度大幅增加。

12. 花纹瓷盘材质设置

(1) 在"Material Editor"(材质编辑器)对话框中,选择第13个空白材质球,将其设置为"VRayMtl"(VRay专业材质)材质,并将材质命名为"花纹瓷盘",单击"Diffuse"(漫反射)框右侧的贴图按钮,为其添加一个"Bitmap"(位图)贴图,具体参数设置如图6-3-29所示。贴图文件为配套光盘中的"项目六\任务三\素材\贴图\cipan.jpg"。

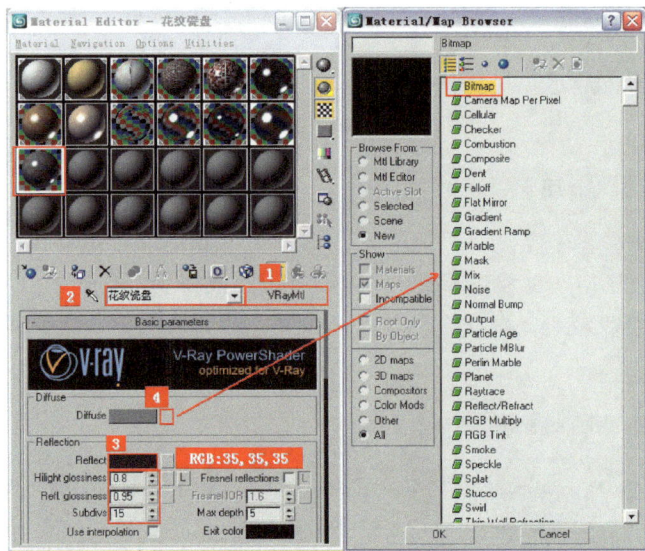

图6-3-29 添加位图贴图

(2) 将材质指定给"花纹瓷盘"物体。

透明玻璃材质中需要注意"Affect shadows"(影响阴影),该设置可以控制透明物体产生的阴影。勾选该复选框后,透明物体将产生真实的阴影。这个复选框仅对VRay灯光或者VRay阴影类型有效。

13. 橱柜玻璃材质设置

(1) 在"Material Editor"(材质编辑器)对话框中,选择第14个空白材质球,将其设置为

"VRayMtl"（VRay专业材质）材质，并将材质命名为"橱柜玻璃"，具体参数设置如图6-3-30所示。

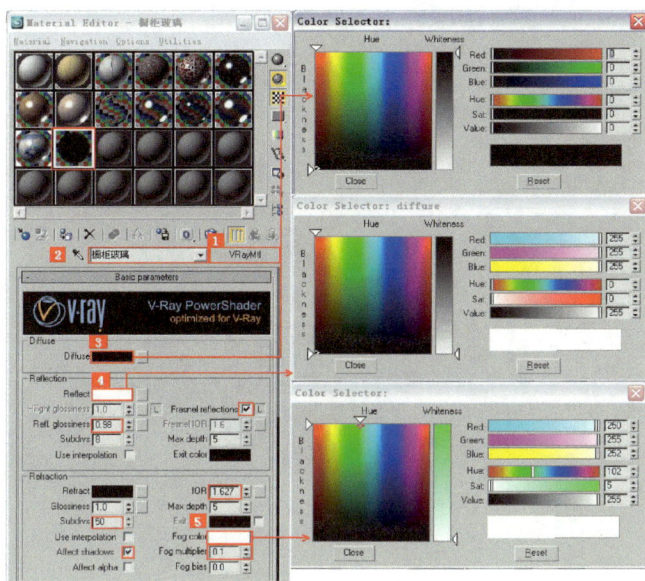

图6-3-30　设置参数

（2）单击"Refract"（折射）框右侧的贴图按钮，为其添加一个"Falloff"（衰减）贴图，具体参数设置如图6-3-31所示。

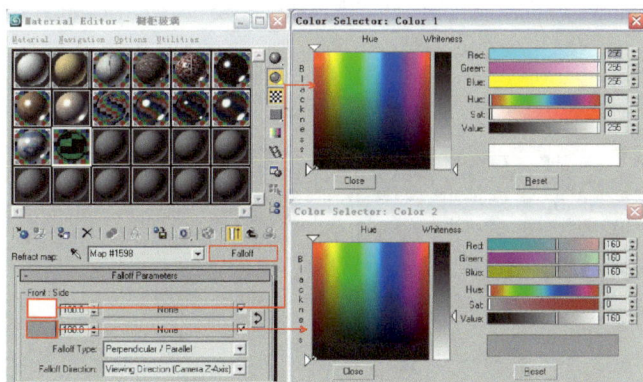

图6-3-31　添加衰减贴图

（3）将材质指定给"橱柜玻璃"物体。

14. 玻璃隔板材质设置

（1）在"Material Editor"（材质编辑器）对话框中，选择第15个空白材质球，将其设置为"VRayMtl"（VRay专业材质）材质，并将材质命名为"玻璃隔板"，具体参数设置如图6-3-32所示。

（2）将材质指定给"隔板"物体。

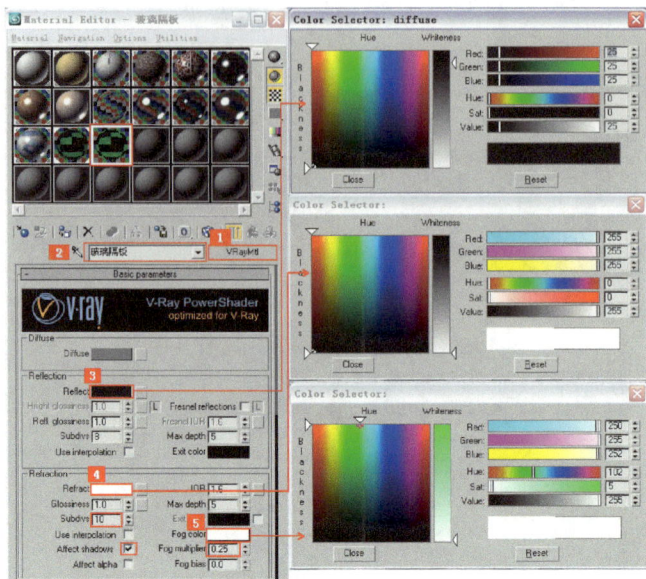

图 6-3-32　设置参数

15. 大理石材质设置

（1）在"Material Editor"（材质编辑器）对话框中，选择第 16 个空白材质球，将其设置为"VRayMtl"（VRay 专业材质）材质，并将材质命名为"大理石"，单击"Diffuse"（漫反射）框右侧的贴图按钮，为其添加一个"Bitmap"（位图）贴图，具体参数设置如图 6-3-33 所示。贴图文件为配套光盘中的"项目六\任务三\素材\贴图\004.jpg"。（注意：进入"Bitmap"（位图）贴图层级后，将"Blur"（模糊）参数设置为 0.2）。

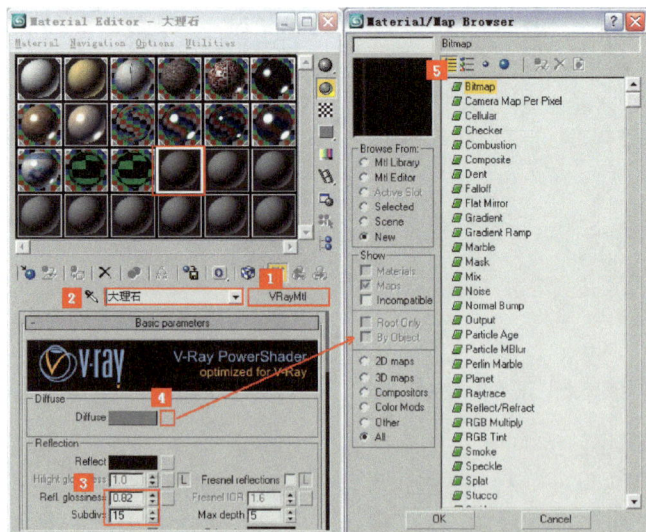

图 6-3-33　添加位图贴图

（2）单击"Go to Parent"（返回上一级）图标，回到"VRayMtl"（VRay 专业材质）层级，再单击"Reflect"（反射）框右侧的贴图通道按钮，为其添加一个"Falloff"（衰减）贴图，具体参数设置如图 6-3-34 所示。

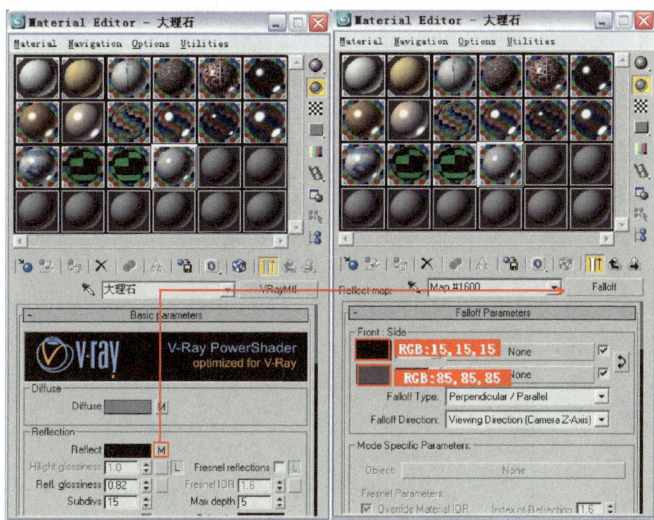

图 6-3-34 添加衰减贴图

（3）将材质指定给"橱柜台面"物体。

16. 坐垫材质设置

（1）在"Material Editor"（材质编辑器）对话框中，选择第 17 个空白材质球，将其设置为"VRayMtl"（VRay 专业材质）材质，并将材质命名为"坐垫"，具体参数设置如图 6-3-35 所示。

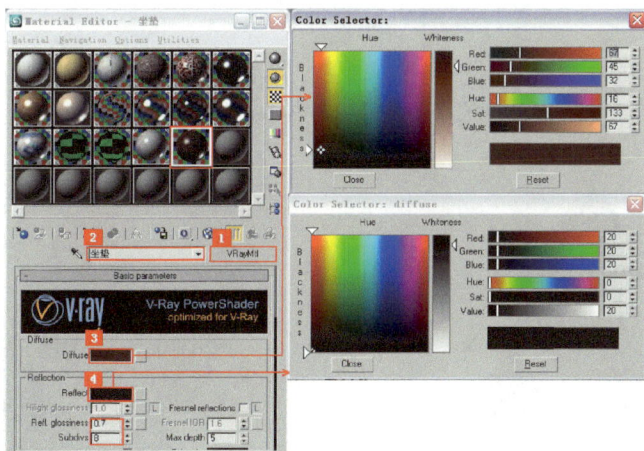

图 6-3-35 设置参数

（2）将材质指定给"坐垫"物体。

17. 墙画贴图材质设置

（1）在"Material Editor"（材质编辑器）对话框中，选择第 18 个空白材质球，将其设置为"VRayMtl"（VRay 专业材质）材质，并将材质命名为"墙画 1"，单击"Diffuse"（漫反射）框右侧的贴图按钮，为其添加一个"Bitmap"（位图）贴图，具体参数设置如图 6-3-36 所示。贴图文件为配套光盘中的"项目六\任务三\素材\贴图\Q1.jpg"。

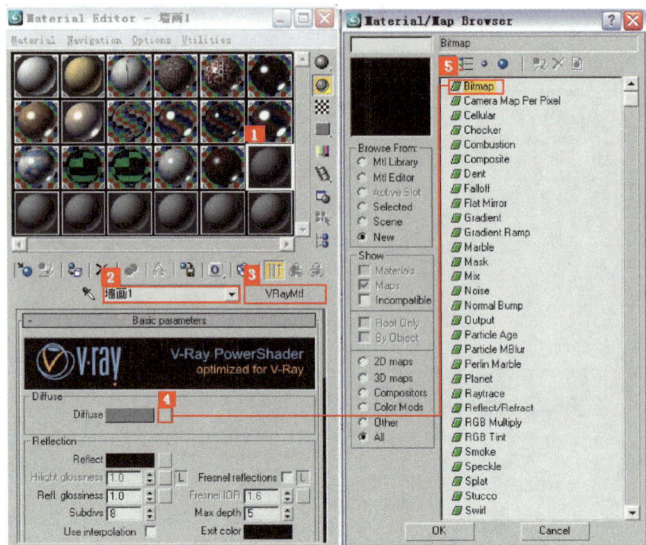

图 6-3-36　添加位图贴图

（2）将材质指定给"墙画 1"物体。

（3）创建一个空白材质球,命名为"墙画 2"。"墙画 2"的贴图材质与"墙画 1"相同,贴图文件为配套光盘中的"项目六\任务三\素材\贴图\Q2.jpg"。

（4）最后单击 F9 键,对摄像机视图 Camera01,进行渲染效果如图 6-3-1 所示。

四、拓展训练——"卡通人物"的材质设置

打开配套光盘中的"项目六\任务三\拓展训练\初始文件.max"文件,效果如图 6-3-37 所示。对其进行材质设置后,最终渲染效果如图 6-3-38 所示。

图 6-3-37　初始文件

图 6-3-38　最终效果

任务四 最终渲染设置

一、任务描述

利用 VRay 软件进行最终渲染,因此需要设置较高的参数,从而达到高标准的视觉效果。图 6-4-1 所示为最终渲染的成品图效果。

图 6-4-1 最终渲染效果

图 6-4-2 渲染效果

二、任务分析

本任务中,对于最终渲染设置,为提高渲染速度,可在"发光贴图"和"灯光缓存"卷展栏中勾选"自动保存发光贴图",最后再以大图的形式渲染输出图片。

三、方法与步骤

上一个任务中,我们完成了对场景中材质的设置,而现在则需要对场景进行最终渲染。

(1)观察目前的场景效果,单击 F9 键对摄影机视图 Camera01 进行渲染,效果如图 6-4-2 所示。

(2)观察渲染效果可以发现场景整体偏暗,需要通过提高曝光参数来提高场景亮度,在展开的"V-Ray::Color mapping"(颜色映射)卷展栏下,如图 6-4-3 所示设置参数。

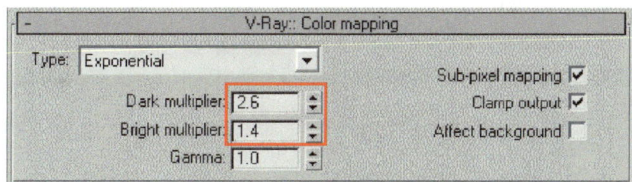

图 6-4-3 颜色映射卷展栏

(3)单击 F9 键,渲染效果图如图 6-4-4 所示。

(4)在展开的"VRayShadows params"(VRay 阴影参数)卷展栏下,对场景中模拟自然光的"Target Direct"(目标平行光),进行"Subdivs"(阴影细分)值设置,输入 24,如图

图 6-4-4　渲染效果

6-4-5 所示。

（5）在"Sampling"（取样）选项板中，对场景中模拟两盏日光的 VRayLight 灯光进行 "Subdivs"（阴影细分）值设置，输入 24，如图 6-4-6 所示。

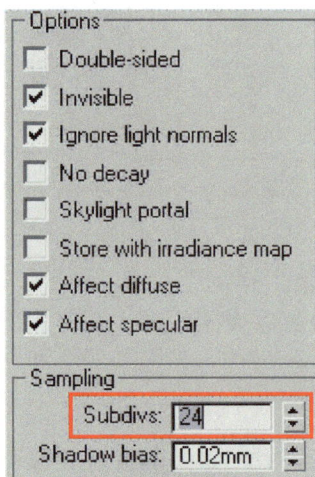

图 6-4-5　设置参数　　　　　图 6-4-6　设置参数　　　　　图 6-4-7　设置参数

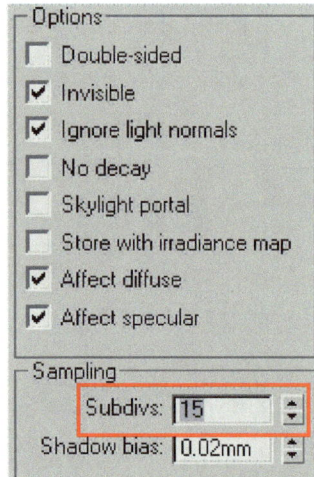

（6）将室内的辅助光源 VRayLight 灯光的"Subdivs"（阴影细分）值设置为 15，如图 6-4-7 所示。

小贴士

为了更快的渲染出大尺寸的最终图像，可以先使用小的图像尺寸渲染并保存发光贴图和灯光贴图，然后调用，最后渲染大尺寸的最终图像。

（7）在展开的"VRay∷Global switches"（全局开关）卷展栏下，勾选"Don't render final image"（不渲染最后图像）复选框，如图 6-4-8 所示。

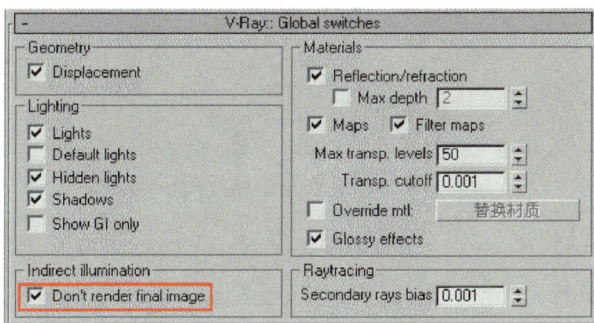

图 6-4-8 全局开关卷展栏

勾选该复选框后,VRay 将只计算相应的全局光子贴图,而不渲染最终图像,从而可以节省大量的渲染时间。

(8)下面进行渲染级别设置。在展开的"VRay∶∶Irradiance map"(发光贴图)卷展栏下,如图 6-4-9 所示设置参数。

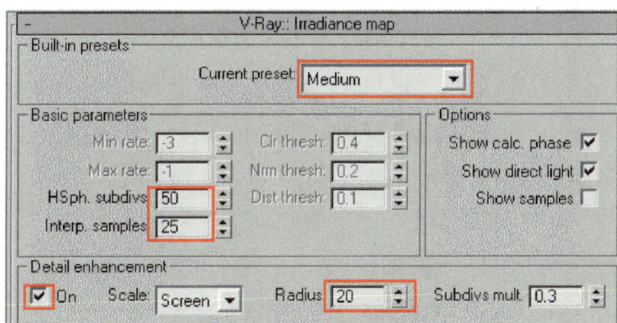

图 6-4-9 发光贴图卷展栏

(9)在展开的"VRay∶∶Light cache"(灯光缓存)卷展栏下,如图 6-4-10 所示设置参数。

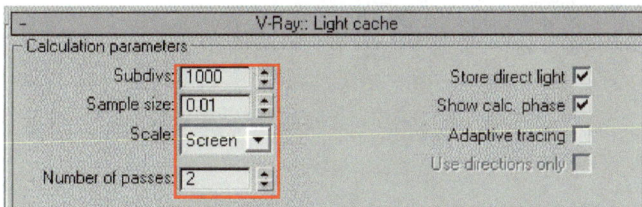

图 6-4-10 灯光缓存卷展栏

(10)在展开的"VRay∶∶rQMC Sampler"(准蒙特卡罗采样器)卷展栏下,如图 6-4-11 所示设置参数。这是模糊采样设置。

(11)保存发光贴图的参数设置。在展开的"VRay∶∶Irradiance map"(发光贴图)卷展栏下,勾选"On render end"(渲染结果)选项板中的"Don't delete"(不要删除)和"Auto save"

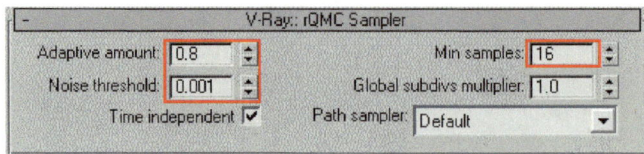

图 6-4-11　准蒙特卡罗采样器卷展栏

（自动保存）复选框，再单击"Auto save"（自动保存）复选框后面的"Browse"（浏览器）按钮，在弹出的"Auto save irradiance map"（自动保存发光贴图）对话框中输入要保存的文件，文件名为"发光贴图01.vrmap"并选择保存路径，如图6-4-12所示。

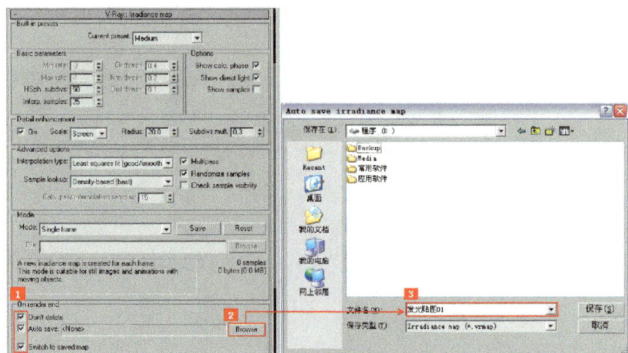

图 6-4-12　保存发光贴图

　　（12）在展开的"VRay：：Light cache"（灯光缓存）卷展栏下，勾选"On render end"（渲染结果）选项板中的"Don't delete"（不要删除）和"Auto save"（自动保存）复选框，再单击"Auto save"（自动保存）复选框后面的"Browse"（浏览器）按钮，在弹出的"Auto save irradiance map"（自动保存发光贴图）对话框中输入要保存的文件，文件名为"灯光贴图01.vrmap"并选择保存路径，如图6-4-13所示。

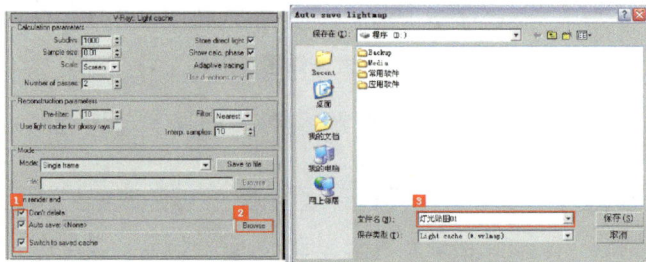

图 6-4-13　保存灯光贴图

　　激活发光贴图和灯光贴图的"Switch to saved map"复选框，当渲染结束之后，当前的发光贴图模式将自动转换为"From file"类型，并直接调用之前保存的发光贴图文件。

　　（13）保持当前输出尺寸，对摄像机视图进行渲染，效果如图6-4-14所示。由于这次设置了较高的渲染采样参数，渲染时间也就相应加长了。

图 6-4-14　渲染效果

　　由于勾选了"Don't render final image"复选框,可以发现系统并没有渲染最终图像。渲染完毕的发光贴图和灯光贴图将保存到指定的路径中,并在下一次渲染时自动调用。

　　(14)最终成品渲染设置。首先设置输出尺寸,单击 F10 键,在弹出的"Render Scene"(渲染场景)对话框中,选择"Common"(常规)选项卡,如图 6-4-15 所示参数设置最终渲染图像的输出尺寸。

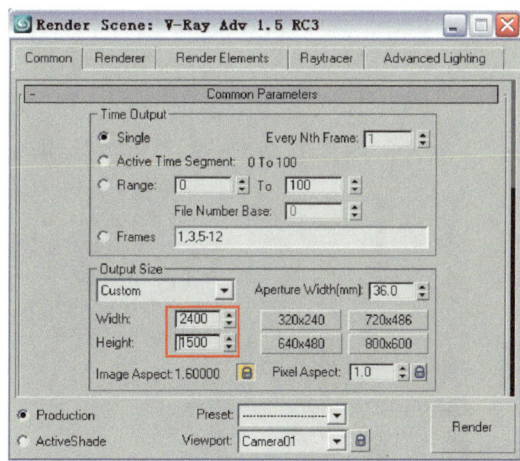

图 6-4-15　设置输出尺寸

　　(15)选择"Renderer"(渲染器)选项卡,在展开的"VRay∷Global switches"(全局开关)卷展览栏下,取消"Don't render final image"(不要渲染最后图像)复选框的勾选,如图 6-4-16 所示。

　　(16)在展开的"VRay∷Image sampler(Antialiasing)"(抗锯齿采样)卷展栏下,如图 6-4-17 所示设置参数。

　　(17)最终渲染完成的效果如图 6-4-1 所示。

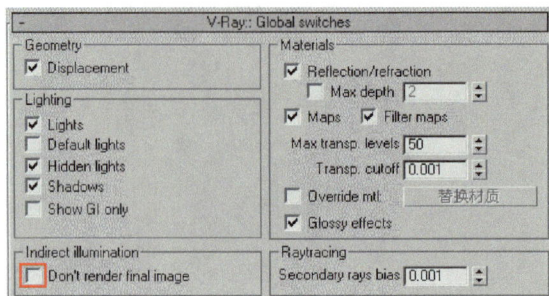

图 6-4-16　全局开关卷展栏

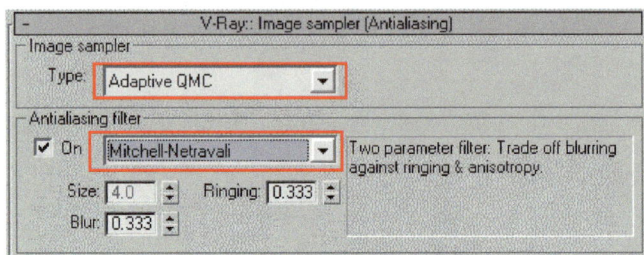

图 6-4-17　抗锯齿采样卷展栏

任务五　Photoshop 后期处理

一、任务描述

　　最后使用 Photoshop CS3 软件对图像的亮度、对比度以及饱和度进行调整，使效果更加生动和逼真，效果如图 6-5-1 所示。

图 6-5-1　最终效果

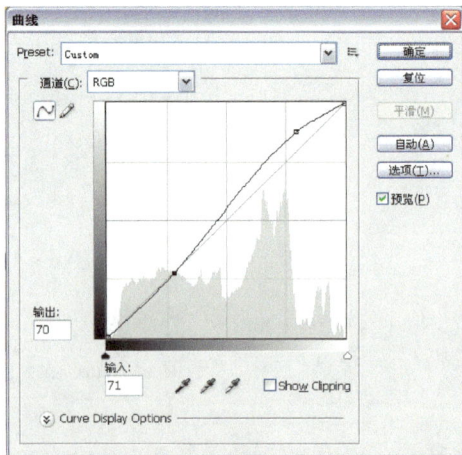

图 6-5-2　"曲线"对话框

本任务中,主要使用"曲线"、"高斯模糊"以及"USM 锐化"等命令。

(1) 在 Photoshop CS3 软件中打开任务四中完成的渲染图,再按住 Ctrl + M 键打开"曲线"对话框,如图 6-5-2 所示,适当调节参数加强图像明暗对比。

曲线是一个色调修正工具。曲线将整体的色调分为 16 个小方块,可以更精确的控制每一个亮度层次光点的变化,更有效地调整图像的色调。

(2) 按住 Ctrl + Alt + Shift 键选择图像高光区域,如图 6-5-3 所示。

图 6-5-3 选择高光区域

(3) 按住 Ctrl + J 键将选区部分新建到一个图层中,如图 6-5-4 所示。

(4) 选择新建的"图层 1",单击 Ctrl + M 键打开"曲线"对话框,适当调节参数使"图层 1"整体变亮,如图 6-5-5 所示。

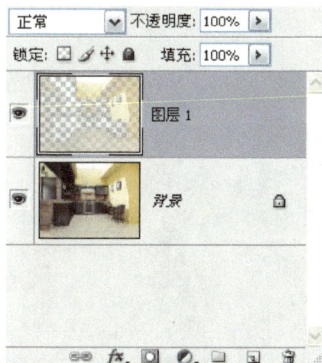

图 6-5-4 复制图层

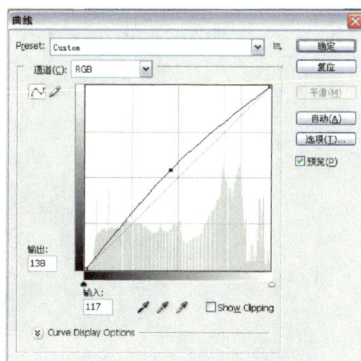

图 6-5-5 "曲线"对话框

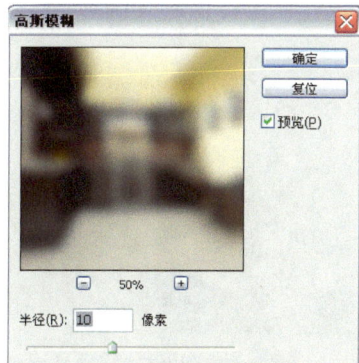

图 6-5-6 高斯模糊

3ds Max 9.0——室内设计

（5）同时选中两个图层，按住 Ctrl＋E 键合并图层，再按 Ctrl＋E 键合并图层，然后选择菜单栏中的"滤镜/锐化/USM 锐化"，如图 6-5-6 所示。

高斯模糊是用途广泛的一种模糊滤镜之一。它是依据高斯中曲线对图像中的像素值进行计算，控制模糊效果。

（6）将图层 1 的混合模式设置为"柔光"、不透明度设置为"40％"，如图 6-5-7 所示。

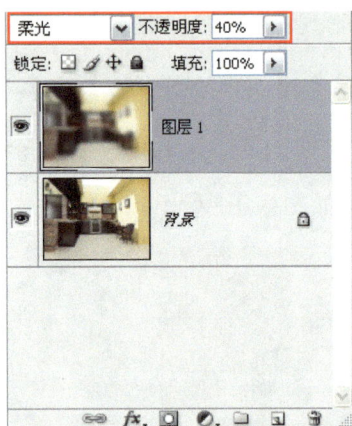

图 6-5-7　设置参数

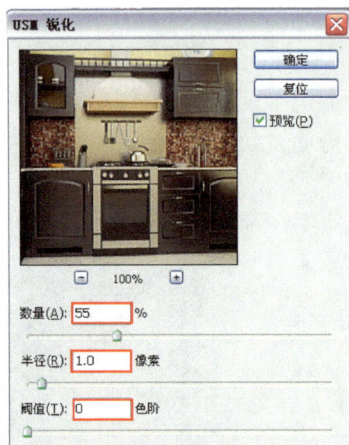

图 6-5-8　USM 锐化

（7）同时选中两个图层，按住 Ctrl＋E 键合并图层，然后选择菜单栏中的"滤镜/锐化/USM 锐化"，如图 6-5-8 所示。

（8）最终效果如图 6-5-1 所示。

四、拓展训练——Photoshop 后期制作

打开配套光盘中的"项目六\任务五\拓展训练\素材. max"文件，效果如图 6-5-9 所示。经过 Photoshop CS3 软件后期制作后，最终效果如图 6-5-10 所示。

图 6-5-9　初始文件

图 6-5-10　最终效果

项 目 实 训 五

一、项目描述

开放式厨房是指巧妙利用空间、将实用美观的厨房与餐桌紧密相连,形成一个开放式的烹饪就餐空间。开放式厨房营造出温馨的就餐环境,让居家生活的贴心快乐从清晨开始就伴随家人。本项目要求渲染的是一个现代风格的开放式厨房,场景采用了日光的表现手法,时间大约为正午12点左右,因此场景中的光线充足、亮度适中。图6-6-1所示即为开放式厨房。

图 6-6-1　开放式厨房

二、项目要求

(1) 打开配套光盘中的"项目六\项目实训五"文件夹中的"厨房.max"文件。
(2) 参照图6-6-1所示效果图设置材质,注意灯光的参数设置。

三、项目提示

(1) 吧台椅、部分厨具器皿及油烟机已做好,可直接导入调用。
(2) 通过对材质球设置"Diffuse"(漫反射)贴图的方法,分别编辑材质指定给相应的对象。
(3) 添加一盏"目标平行光"作为日光,另外,添加一盏VRayLight灯光作为室内光源。
(4) 添加摄像机,渲染图片。

项目实训评价表

内　容		评　价			
学习目标	评价项目	4	3	2	1
职业能力					
能熟练掌握材质编辑器的使用方法	熟悉材质编辑器界面				
	使用材质编辑器的常用工具				
	设置贴图				
	设置金属材质				
	设置木材质				
	设置玻璃材质				
布置和调节灯光	掌握灯光的使用效果				
	灯光的分布				
	设置灯光的常用参数				
	设置灯光阴影				
	光域网文件的运用				
能设置摄像机	添加和调整摄像机				
通用能力	交流表达能力				
	与人合作能力				
	沟通能力				
	组织能力				
	活动能力				
	解决问题能力				
	自我提高的能力				
	革新、创新能力				
综合评价					

3ds Max 9.0——室内设计